中等职业教育示范专业系列教材

机械识图与CAD技术

主　编　王道广
参　编　李　群　薛玉者　高海源　李　廷

机 械 工 业 出 版 社

本书按照模块式教学特点设计教学内容，介绍了投影知识和制图基础知识，讲述了基本体、组合体、常用机件的表达，分析了零件图、装配图的画法等，并且还介绍了 CAD 绘图技术，通过实践练习，使读者能够初步掌握相关方法和技巧。本书充分利用人的认知规律设计教学内容，采用分层实现教学目的的办法，逐步建立起学生的识图能力；充分结合职业教育的特点设计教学内容，突出“知识浅显化”、“内容实用化”和“教学方便化”，利于读者学习。

图书在版编目（CIP）数据

机械识图与 CAD 技术/王道广主编. —北京：机械工业出版社，2008.9（2023.2 重印）

中等职业教育示范专业系列教材

ISBN 978-7-111-25178-1

Ⅰ. 机… Ⅱ. 王… Ⅲ. ①机械图—识图法—专业学校—教材②机械设计：计算机辅助设计—专业学校—教材 Ⅳ. TH126.1 TH122

中国版本图书馆 CIP 数据核字（2008）第 146462 号

机械工业出版社（北京市百万庄大街 22 号 邮政编码 100037）

策划编辑：高 倩 责任编辑：高 倩 刘远星

版式设计：霍永明 责任校对：姜 婷

封面设计：鞠 杨 责任印制：郜 敏

北京富资园科技发展有限公司印刷

2023 年 2 月第 1 版第 11 次印刷

184mm×260mm · 12.5 印张 · 306 千字

标准书号：ISBN 978-7-111-25178-1

定价：35.00 元

电话服务 网络服务

客服电话：010-88361066 机 工 官 网：www.cmpbook.com

010-88379833 机 工 官 博：weibo.com/cmp1952

010-68326294 金 书 网：www.golden-book.com

 机工教育服务网：www.cmpedu.com

前　言

“机械识图与CAD技术”是电工电子类专业的技术基础课程，是学生进校后涉足工程领域的第一门课，也是技术人员的启蒙课。

本书是在江苏省全面推行课程改革实验学校的背景下，顺应职业教育课程改革，在创建开发精品课程过程中，组织人员，采用模块分解式的思路进行编写的。本书具有以下几个突出的特点：

1. 按照模块式教学特点设计教学内容，按照模块分解教学任务，结构形式新颖，具有科学性和实用性。

2. 充分利用人的认知规律设计教学内容，采用分层实现教学目的的办法，由直观认识到理论分析，由要点知识的记忆理解到练习巩固，由知识的接受到知识的拓展，讲与练相结合，强调用眼看、用脑想、动手做、由浅入深。

3. 充分结合职业教育的特点设计教学内容，突出“知识浅显化”、“内容实用化”和“教学方便化”。

4. 把传统的理论与现代高新技术进行完美结合，CAD机械绘图知识的融入给这门“古老”的课程带来了新的活力。

5. 内容设计框架为：看一看→记一记→想一想→做一做→再了解。“看一看”形成直观感性认识，“记一记”是对感性认识的升华，“想一想”是感性与理性认识的融合，“做一做”是在实践中检验认识，“再了解”是对知识的加深和拓宽，其中一些简单基本的内容和拓宽加深的内容被安排在“再了解”部分。

6. 本书同时开发了配套习题册和教学课件。

本书由王道广主编，参加编写的还有：李群（江苏省徐州技师学院）、薛玉者（徐州机电工程学校）、高海源（徐州机电工程高职校）、李廷（江苏昆山南亚电子材料有限公司）。

在此对为本书出版提供支持的机械工业出版社领导和编辑、兄弟学校的领导和同事表示衷心感谢。

由于编者水平有限，书中难免存在缺点和不足，恳请读者批评指正，以便进行改进和完善。

编　者

目　录

第一模块　投影基础

基本要求：

1. 掌握点的三面投影规律、点的“二求三（已知点的两面投影，求第三投影）”、点的投影与直角坐标的关系，能正反作图、判断重影点及可见性。

2. 掌握直线的投影作图、特殊位置直线的投影特性、直线上点的投影规律及作图、两直线相对位置的投影特性。

3. 了解平面的投影和平面的迹线表示法，掌握特殊位置平面的投影特性。

4. 理解属于平面的点和直线的投影规律，掌握平面投影的“二求三”及在平面上作点、直线的方法。

任务一　点的投影

了解点的三面投影及其投影规律、点的投影与直角坐标的关系、两点相对位置、点的直观图画法。

看一看

物体在光照下，会在墙上或地上产生影子，根据这种现象，人们创造了投影法，如图1-1～图1-4所示。

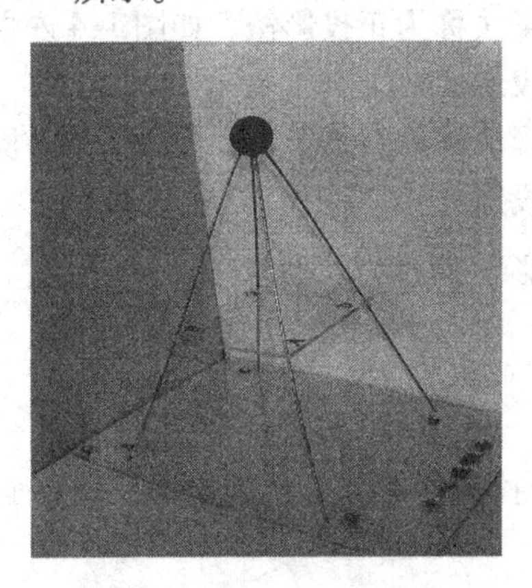

图1-1　点的中心投影模型

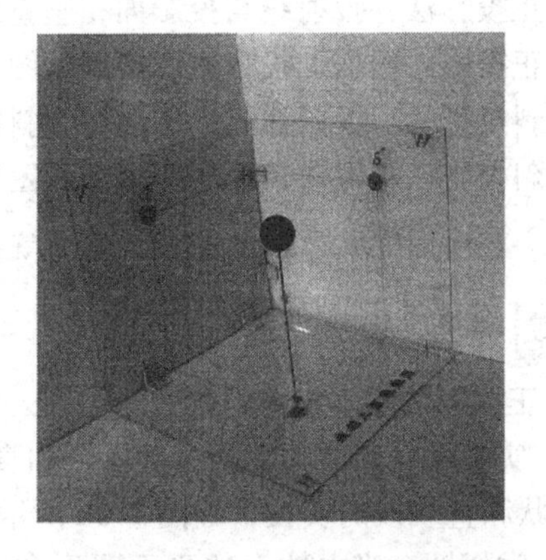

图1-2　点的三面投影模型

记一记

● 投射线：空间不在平面 H 上的一点 A，过点 A 作一直线 l，令其向 H 面投射，得交点

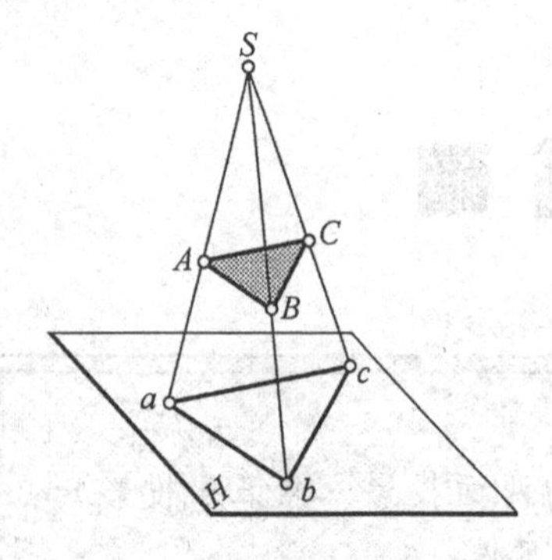

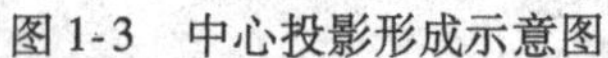
图1-3　中心投影形成示意图

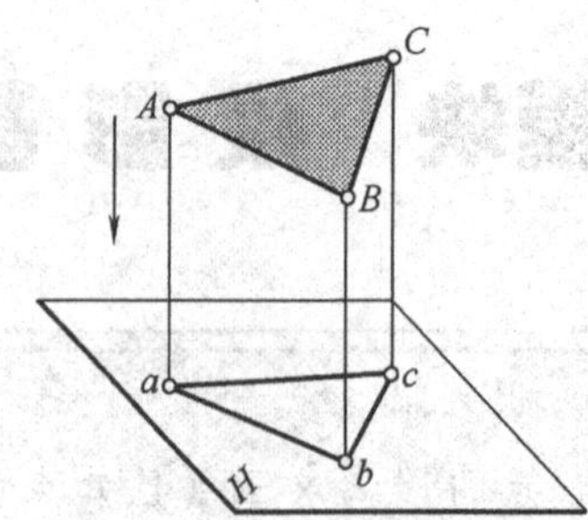

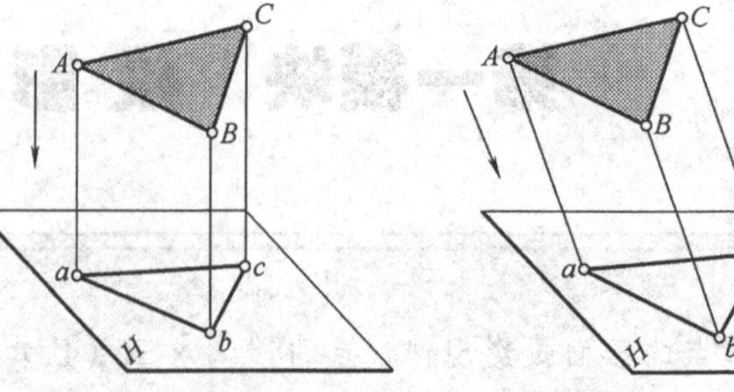

图1-4　平行投影形成示意图

a，*a* 就是 *A* 在 *H* 面上的对应图形，通过空间点 *A* 的直线 *l* 称为投射线，如图1-5所示。

● 投影法：这种利用投射线通过物体向选定的面投射，并在该面上得到图形的方法称为投影法。

● 投影：根据投影法所得到的图形称为投影（投影图）。

● 投影面：得到投影的面称为投影面。

● 投影法分类：投影法分为中心投影法和平行投影法。

● 中心投影法：投射线交汇于一点的投影法称为中心投影法，如图1-3所示。

● 中心投影：根据中心投影法得到的投影称为中心投影。

● 投影中心：投射线交汇点 *S*，即所有投射线的起源点称为投影中心，如图1-3所示。

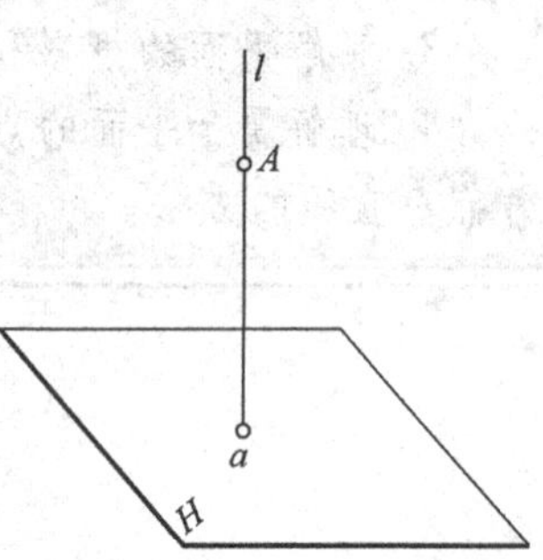

图1-5　投影示意图

● 透视图：中心投影通常用来绘制建筑物或产品的富有逼真感的立体图，也称为透视图。

● 平行投影法：投射线相互平行的投影法称为平行投影法，如图1-4所示。

● 正投影法：投射线与投影面相垂直的平行投影法称为正投影法，如图1-4左图所示。

● 正投影：根据正投影法所得到的图形称为正投影。

● 斜投影法：投射线与投影面相倾斜的平行投影法称为斜投影法，如图1-4右图所示。

● 斜投影：根据斜投影法所得到的图形称为斜投影。

工程图样主要用正投影，本书就将“正投影”简称为“投影”。

想一想

1. 正投影的基本投影特性

1）实形性：当立体上的平面图形和直线平行于投影面时，它们的投影反映平面图形的真实形状和直线段的实长，如图1-6a所示。

2）类似性：当立体上的平面图形和直线倾斜于投影面时，平面的投影为平面的类似形，如图1-6b所示。即两图形间对应线段保持定比，表现为边数、平行、凸凹、曲直关系不变。直线的投影仍为直线，但长度缩短。

3）积聚性：当立体上的平面图形和直线垂直于投影面时，它们的投影分别积聚成直线和点，如图1-6c所示。

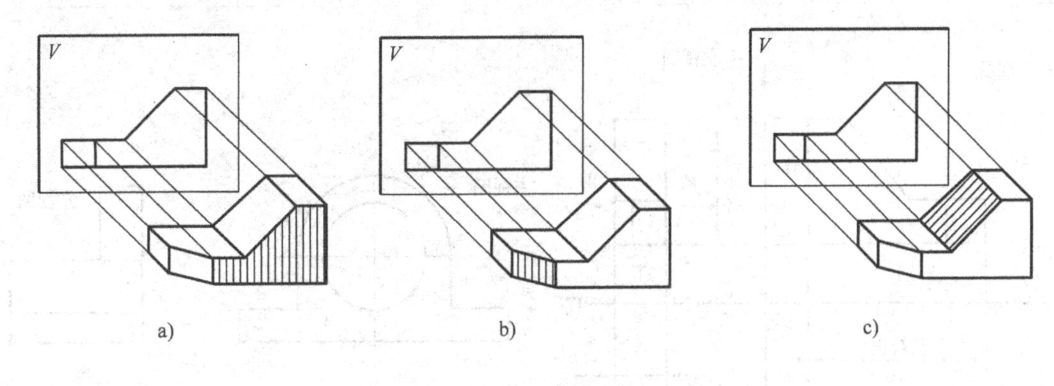

图1-6 投影特性示意图

2. 三面正投影体系及特性

三面正投影图：将空间物体向三个互相垂直的投影面上作正投影，然后将这些投影面和其上的投影按照一定的规则展开到同一平面上，就得到了物体三个面的正投影图，如图1-7所示。

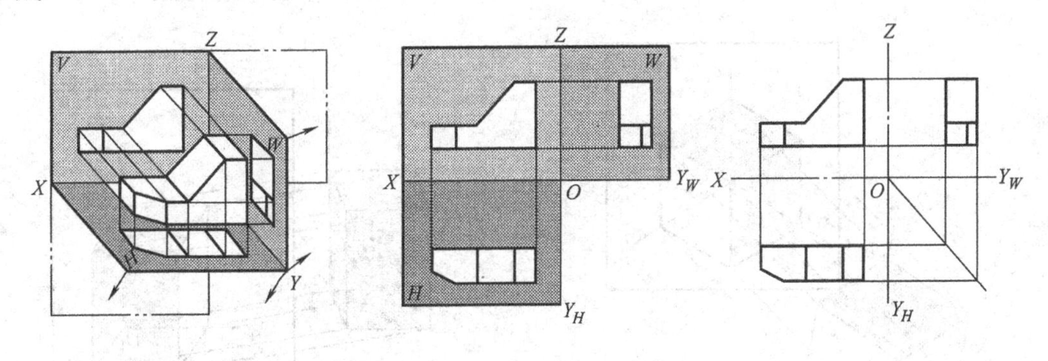

图1-7 三面正投影的形成

如果把形体沿 OX（左右）方向的尺寸称为长，沿 OY（前后）方向的尺寸称为宽，沿 OZ（上下）方向的尺寸称为高，则从图1-8中可以看出：正面投影反映形体的长和高；水平投影反映形体的长和宽；侧面投影反映形体的宽和高。

三个投影表达的是同一个形体，它们之间存在着以下关系：正面投影与水平投影，长对正；正面投影与侧面投影，高平齐；水平投影与侧面投影，宽相等。

视图：在机械制图中，把机件的多面正投影称为视图，如图1-9所示。

主视图：机件的正面投影称为主视图。

俯视图：水平投影称为俯视图。

左视图：侧面投影称为左视图。

3. 轴测投影（轴测图）

1）轴测投影：将物体连同其参考直角坐标系，沿不平行于任一坐标平面的方向，用平行投影法将其投射在单一投影面上所得到的图形。

2）正轴测投影：用正投影法得到的轴测投影称为正轴测投影，如图1-10所示。

3）斜轴测投影：用斜投影法得到的轴测投影称为斜轴测投影，如图1-11所示。

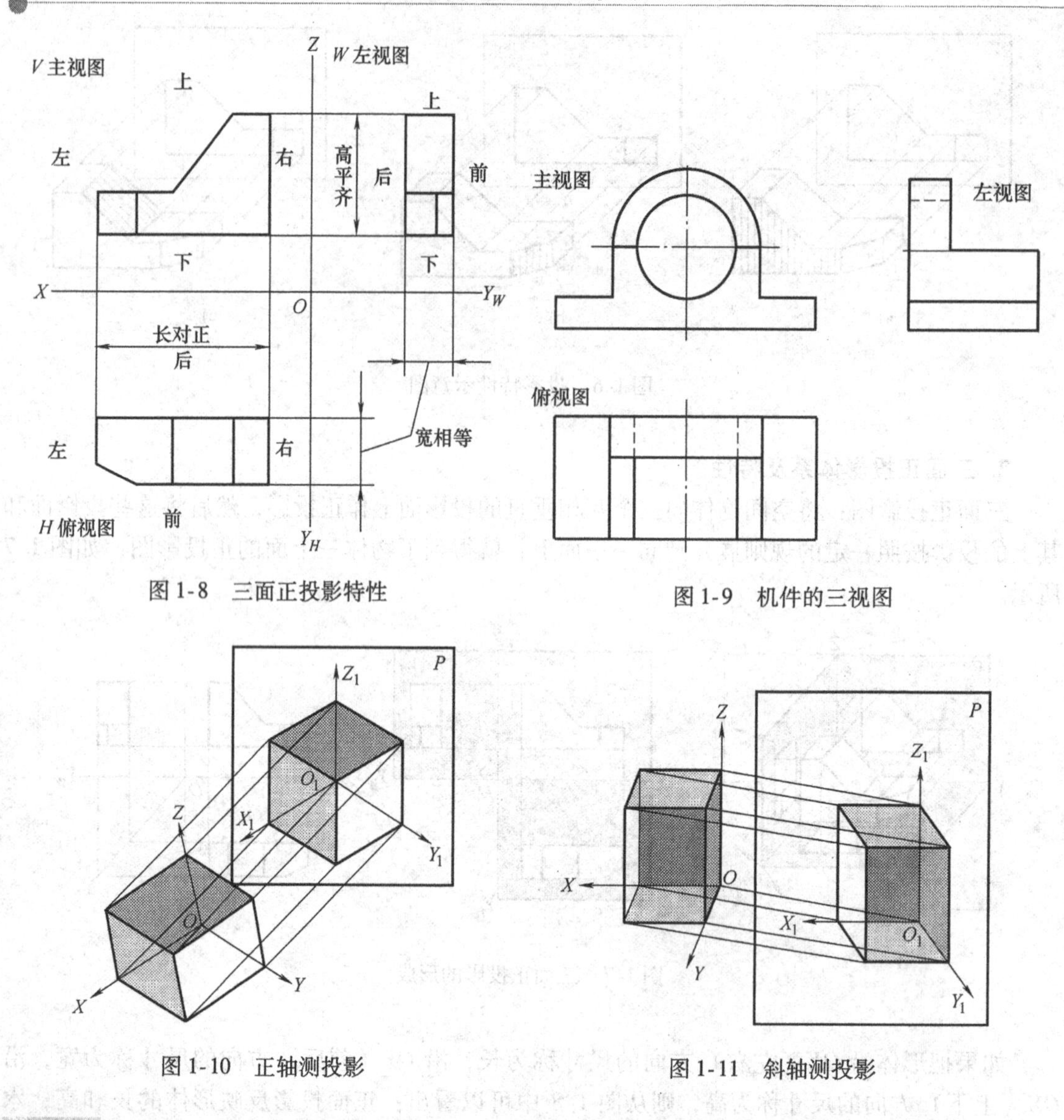

图 1-8　三面正投影特性

图 1-9　机件的三视图

图 1-10　正轴测投影

图 1-11　斜轴测投影

做一做

例 1-1：已知空间中一点 A，求其三面投影，并分析点的投影特性。

解：如图 1-12a 所示，把点 A 放入三投影面体系中，由点 A 作垂直于 V 面、H 面、W 面的投射线 Aa'、Aa、Aa''，分别与 V 面、H 面、W 面相交得点 A 的正面（V 面）投影 a'、水平（H 面）投影 a、侧面（W 面）投影 a''。将 H 面向下旋转、W 面向右旋转与 V 面展开成同一个平面，展开后 OY 轴成为 H 面上的 OY_H 和 W 面上的 OY_W，如图 1-12b 所示；点 A 的三面投影图，如图 1-12c 所示。

从图 1-12 中可看出点在三投影面体系中的投影特性：点的正面投影和水平投影的连线垂直于 OX 轴，即 $aa' \perp OX$ 轴。点的正面投影和侧面投影的连线垂直于 OZ 轴，即 $a'a'' \perp OZ$ 轴。点的水平投影到 OX 轴的距离等于点的侧面投影到 OZ 轴的距离，即 $aa_X = a''a_Z$。

理解上述规律，根据点的两面投影，求图 1-13 ~ 图 1-18 中点的第三投影。

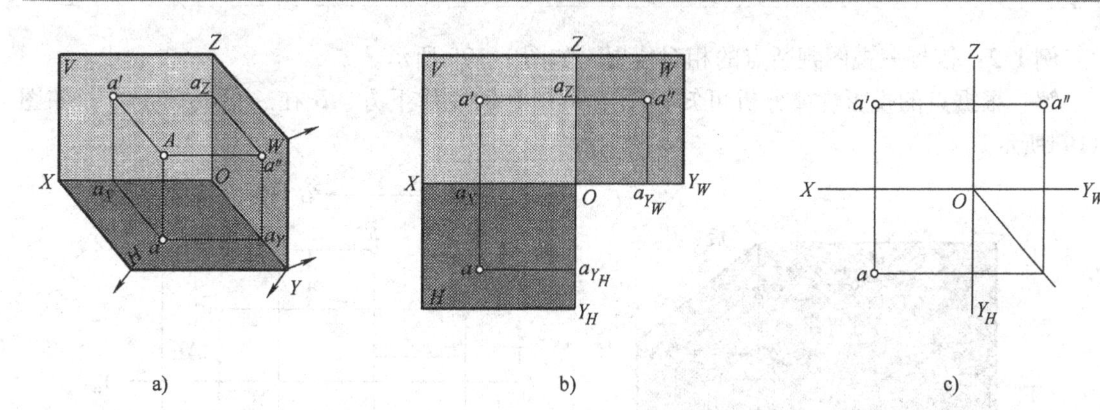

图1-12　点的三面投影

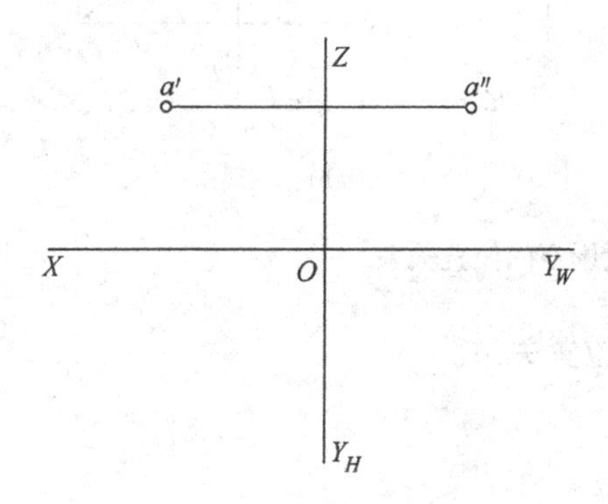

图1-13　点的投影（1）

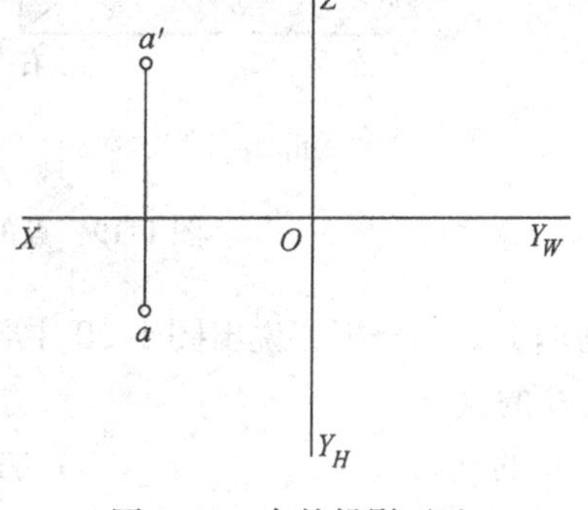

图1-14　点的投影（2）

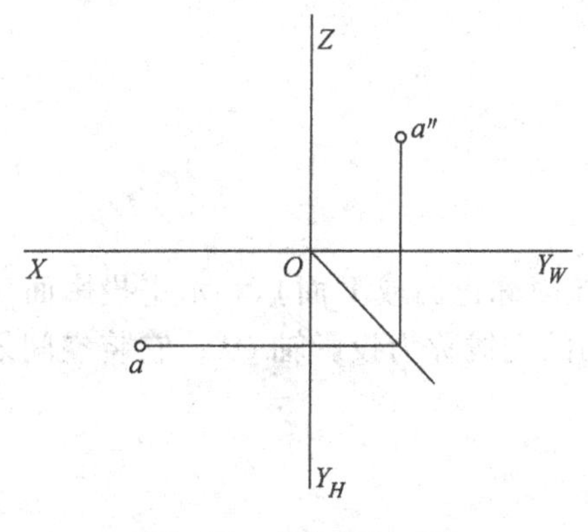

图1-15　点的投影（3）

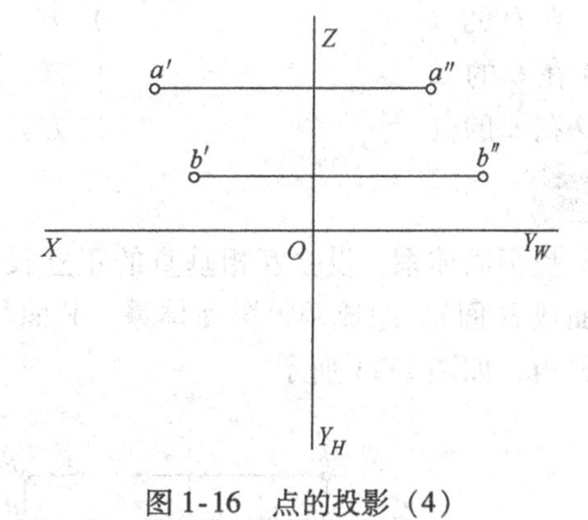

图1-16　点的投影（4）

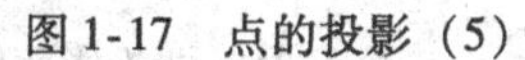

图1-17　点的投影（5）

图1-18　点的投影（6）

例 1-2：依据三视图判断点的相对位置，如图 1-19b 所示。

解：根据点的投影规律分析可知，图中 A 在 B 的左后下方，B 在 A 的右前上方，如图 1-19a所示。

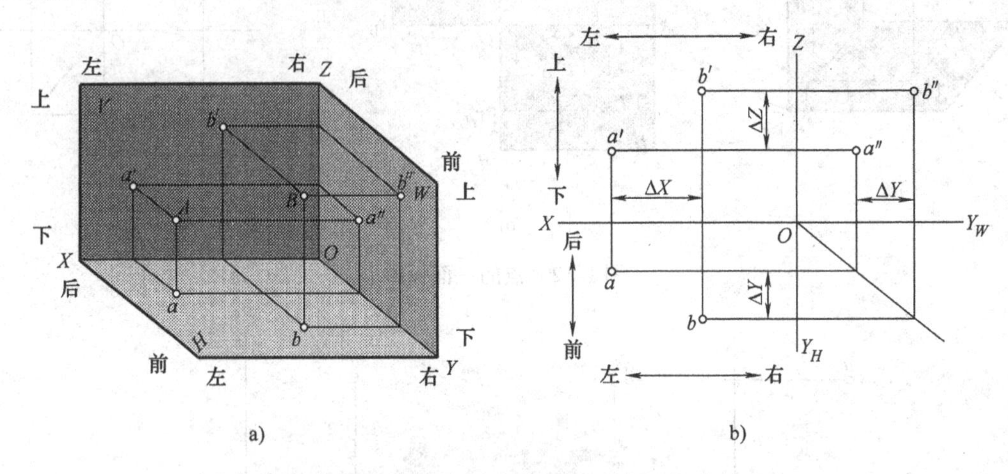

图 1-19　点的三面投影空间位置关系

依据例 1-2 的分析，说出图 1-20 中各点的位置关系。

A 在 B 的（　　　　　　　　　　）方。

D 在 B 的（　　　　　　　　　　）方。

B 在 C 的（　　　　　　　　　　）方。

C 在 D 的（　　　　　　　　　　）方。

A 在 C 的（　　　　　　　　　　）方。

D 在 A 的（　　　　　　　　　　）方。

再了解

两投影面体系：设立互相垂直的正立投影面（简称正面或 V 面）和水平投影面（简称水平面或 H 面），组成两投影面体系。V 面与 H 面的交线称为投影轴 OX，它将空间划分为四个分角，如图 1-21 所示。

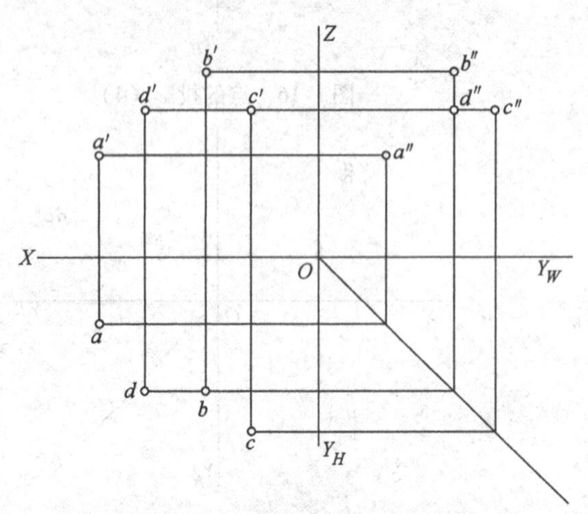

图 1-20　点的投影位置关系

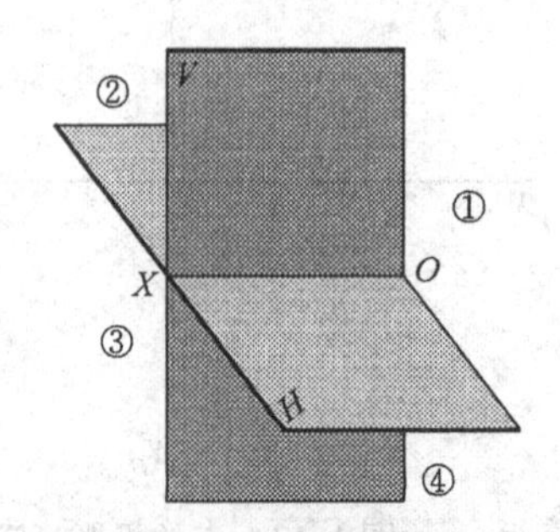

图 1-21　两投影面体系

把形体放在两投影面体系中，可获得形体的两面投影图，如图 1-22 所示，V 面保持不动，将 H 面绕 OX 轴向下旋转 90°，与 V 面展开成同一个平面。形体在 V、H 面上的投影分别称为正面投影、水平投影。

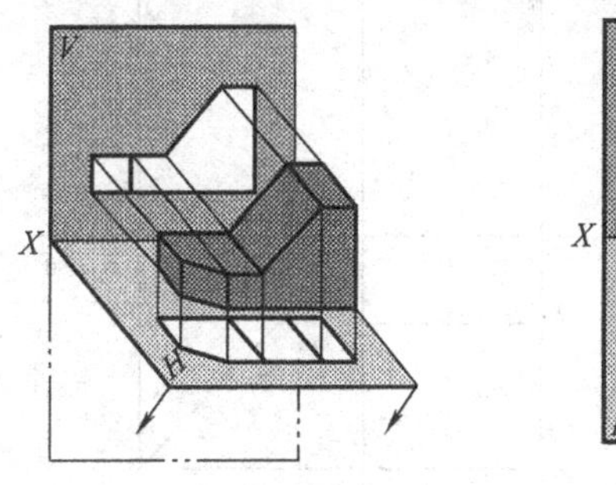

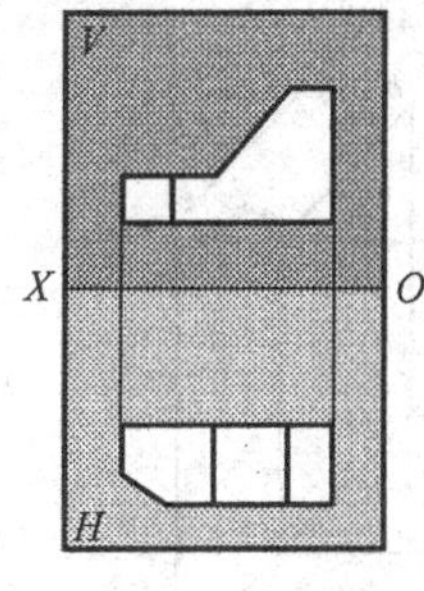

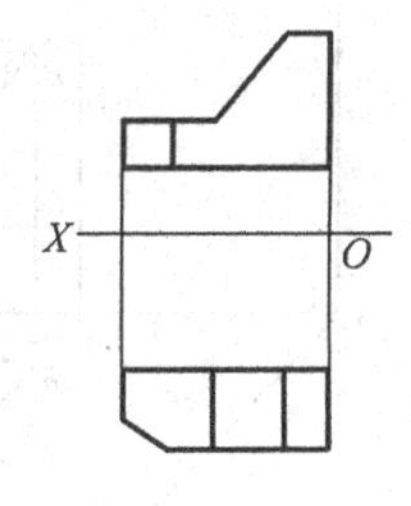

图 1-22　两投影面投影

任务二　直线的投影

了解直线的三面投影、点线从属性、两直线的相对位置、各种位置直线的投影特性。

看一看

1. 直线的三面投影

直线的投影应包括无限长直线的投影和直线段的投影，本书提到的“直线”仅指后者，即讨论直线段的投影。根据“两点决定一直线”的几何定理，在绘制直线的投影图时，只要作出直线上任意两点的投影，再将两点的同面投影连接起来，即得到直线的三面投影图，如图 1-23 所示。

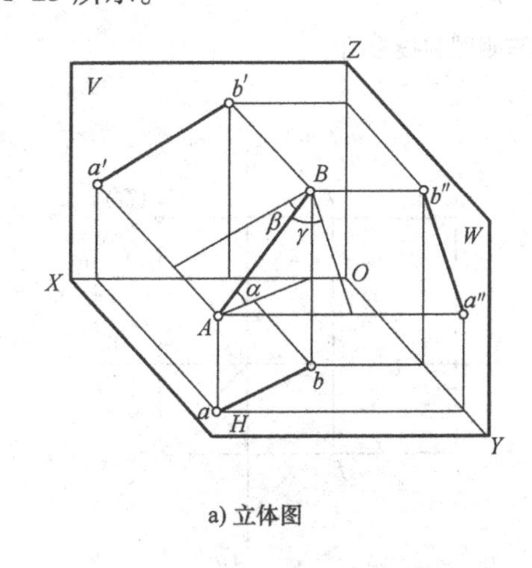

a) 立体图

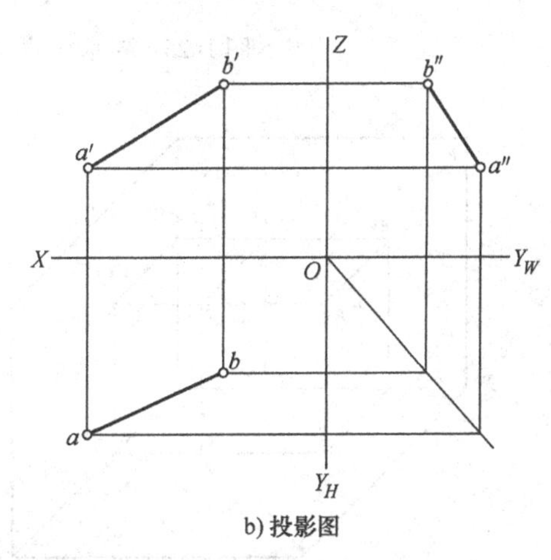

b) 投影图

图 1-23　直线段投影

2. 正垂线、铅垂线、侧垂线的投影

这类直线的投影特性是：在所垂直的投影面上的投影积聚成一点，其余的两个投影是反映实长的直线，如图 1-24 ~ 图 1-26 所示。

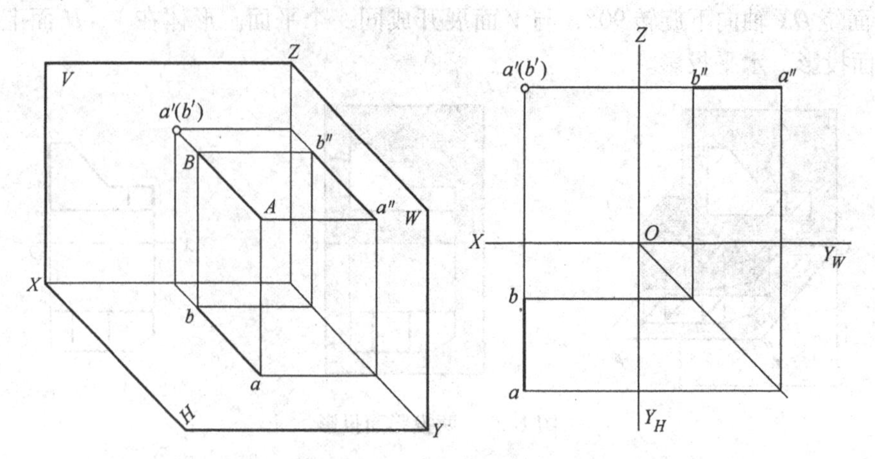

图 1-24　正垂线的空间直观图和投影图

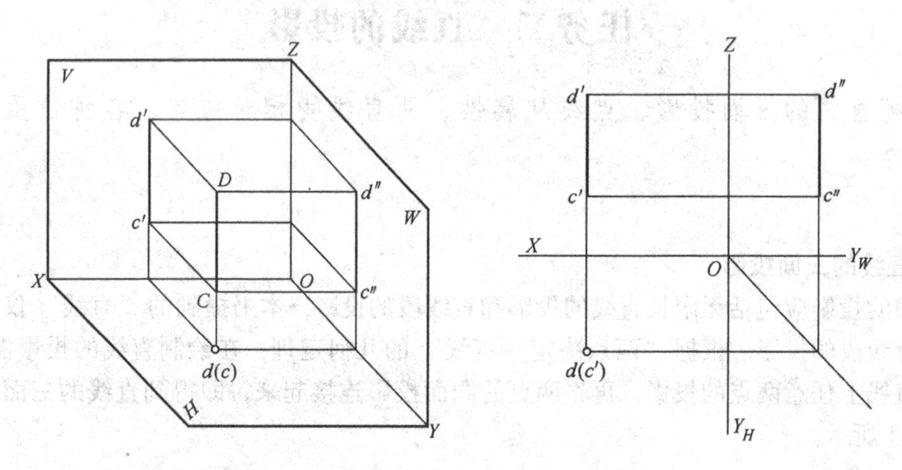

图 1-25　铅垂线的空间直观图和投影图

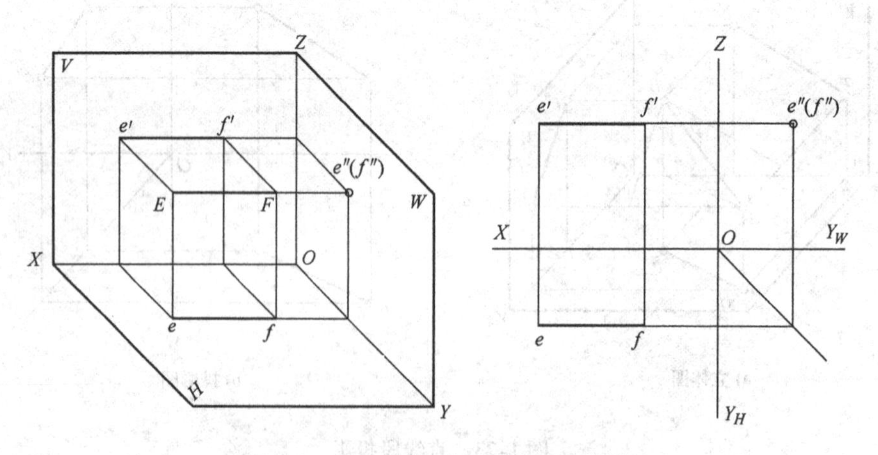

图 1-26　侧垂线的空间直观图和投影图

3. 正平线、水平线、侧平线的投影

这类直线的投影特性是：在所平行的投影面上的投影是一条反映实长的斜线，而在其他两投影面上的投影各为一段小于实长的横线或竖线，如图 1-27 ~ 图 1-29 所示。

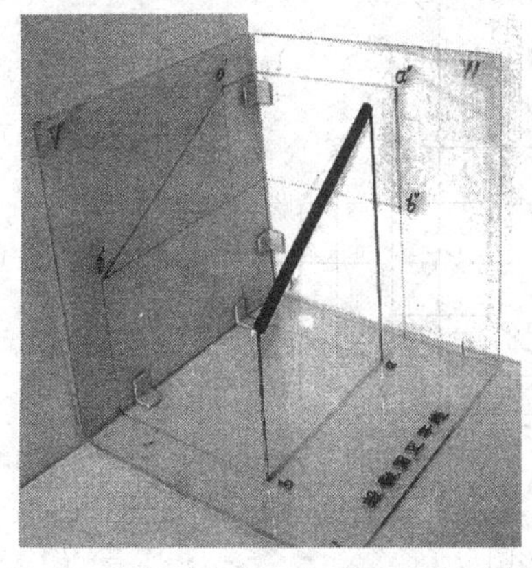

图 1-27　正平线投影图

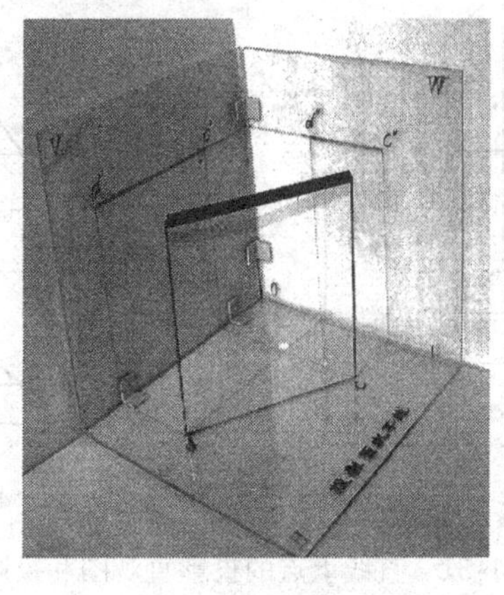

图 1-28　水平线投影图

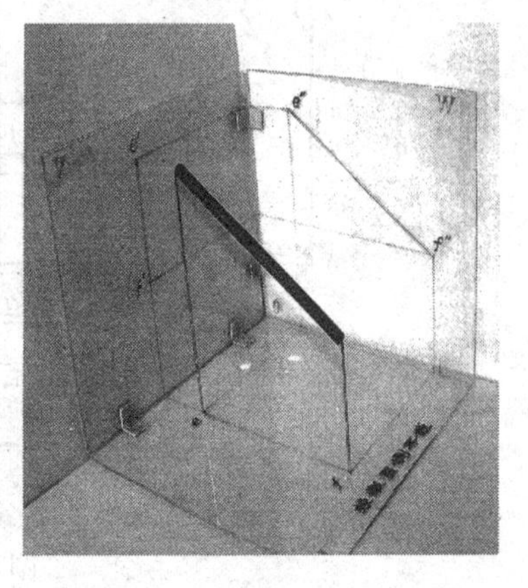

图 1-29　侧平线投影图

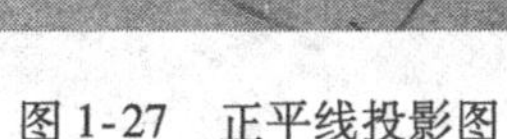

4. 一般位置直线的投影

一般位置直线的投影特性是：在三个投影面上的投影均是倾斜直线，投影长度均小于实长，如图 1-30 所示。

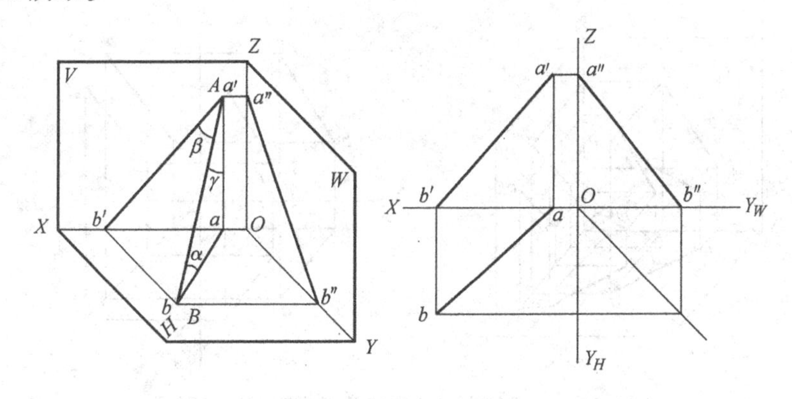

图 1-30　一般位置直线的空间直观图和投影图

记一记

● 积聚性：在与线段垂直的投影面上，该线段的投影积聚为一点，这称为积聚性。

● 实形性：线段垂直于一投影面，在其余两个投影面上的投影都反映线段的实长，这称为实形性。

● 缩小性：与三个投影面都倾斜的直线称为一般位置直线，它的三个投影均为倾斜线段，都小于直线段的实长，这称为缩小性。

想一想

1. 直线上点的投影

判断点在直线上的方法：如图 1-31 所示，若点在直线上，则点的投影必在直线的同名投影上，并将线段的同名投影分割成与空间相同的比例，即 $AC/CB = ac/cb = a'c'/c'b' = a''c''/c''b''$。若点的投影有一个不在直线的同名投影上，则该点必不在此直线上。

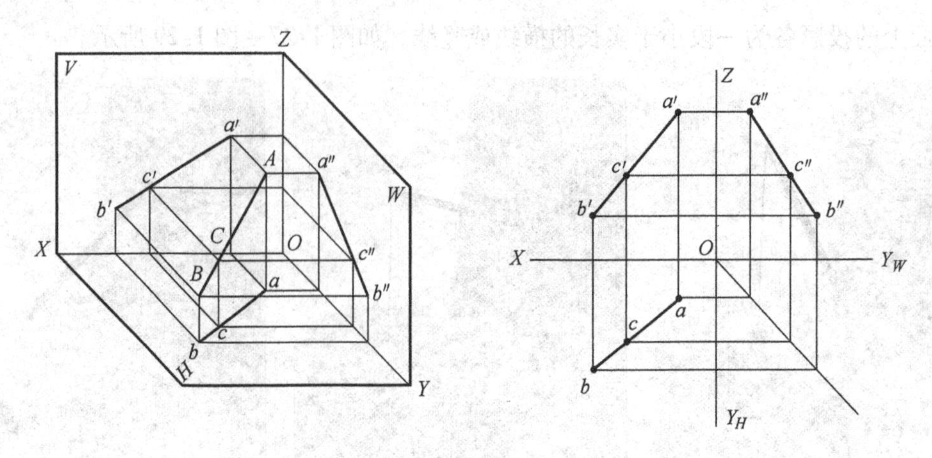

图 1-31　直线上点的投影直观图和投影图

2. 空间直线的位置关系

1）两平行直线：若空间两直线相互平行，则它们的同面投影必然相互平行，反之亦然，如图 1-32 所示。

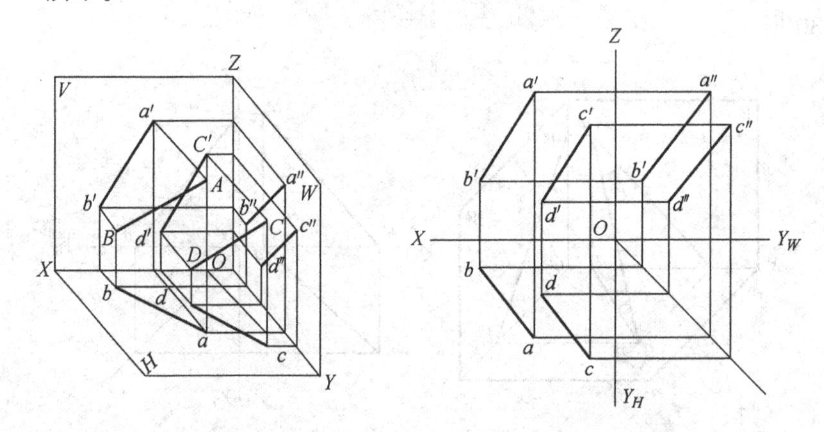

图 1-32　两平行直线的位置关系直观图和投影图

2）两相交直线：若空间两直线相交，则它们的同面投影也必然相交，且交点符合点的投影规律，反之亦然，如图 1-33 所示。

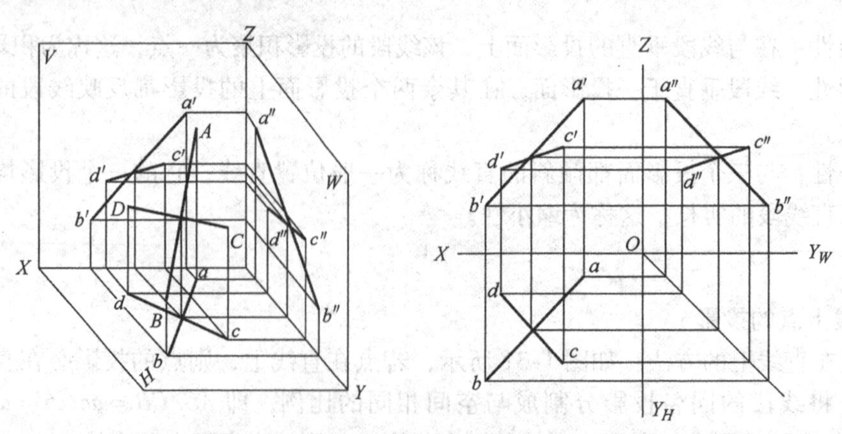

图 1-33　两相交直线的位置关系直观图和投影图

3）两交叉直线：两交叉直线的同面投影可能相交，重影点的可见性需根据它们另外的两投影来判别，如图1-34所示。

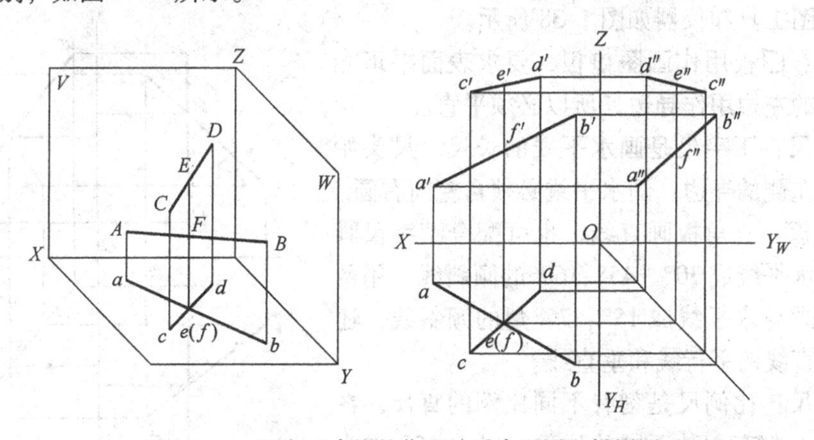

图1-34　两交叉直线的位置关系直观图和投影图

做一做

例1-3：已知直线 AB 和点 K 的正面投影和水平投影，判断点 K 是否在直线上。

分析：由于直线 AB 处于特殊位置（为侧平线），所以需要通过作图作出判断。

解：做出在 W 面的投影，观察 k'' 是否在 $a''b''$ 上。从图1-35中可看出 k'' 不在 $a''b''$ 上，所以 K 不在直线 AB 上。

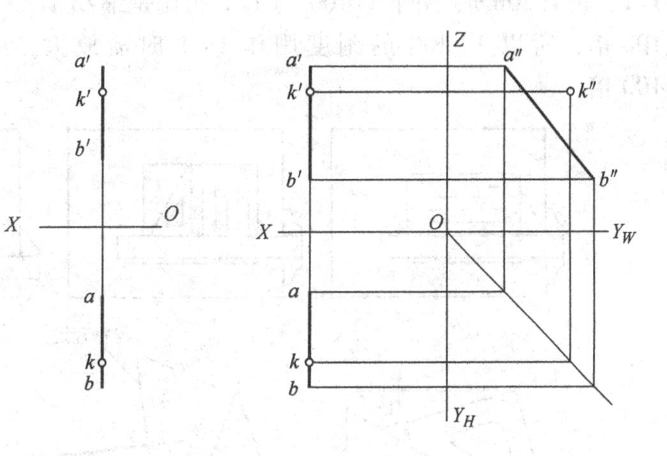

图1-35　直线和点的投影

例1-4：判断图1-36中直线对投影面的相对位置。

解：同 V 面（倾斜）；同 H 面（平行）；同 W 面（倾斜）；AB 是（水平线），（ab）反映实长，如图1-36所示。

例1-5：判别图1-37中两直线 AB、CD 的相对位置。

分析：由于直线 AB 是侧平线，故不能只看 H、V 面投影，必须作出 AB 和 CD 直线在 W 面上的投影进行判断。

解：如图1-37所示，虽然 AB 和 CD 直线的 W 面投影也相交，但其交点的连线与投影轴不垂直，故 AB 与 CD 两直线不相交。

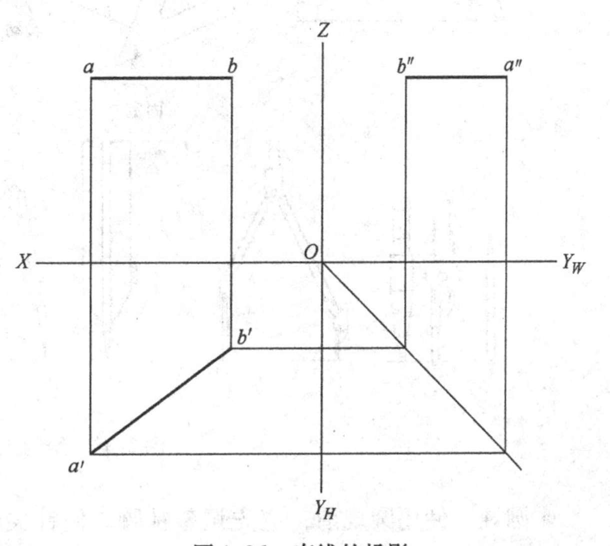

图1-36　直线的投影

再了解

常用绘图工具和仪器如图 1-38 所示。

● 图板：图板用作画图垫板，要求表面平坦光洁；又因它的左边用作导边，所以必须平直。

● 丁字尺：丁字尺是画水平线的长尺。尺头始终紧靠图板左侧的导边，画水平线必须自左向右画。

● 三角板：三角板画直线，也可配合丁字尺画铅垂线和与水平线成 30°、45°、60°的倾斜线，用两块三角板能画与水平线成 15°、75°角的倾斜线，还可以画已知直线的平行线和垂直线。

● 比例尺：比例尺是刻有不同比例的直尺，在这种比例尺上刻有六种不同的比例。以 1∶100 作为 1∶1，量取 20mm，由于 1∶100 与 1∶1 相比是缩小了 100 倍，所以 1∶100 的刻度用作 1∶1 时需放大 100 倍。

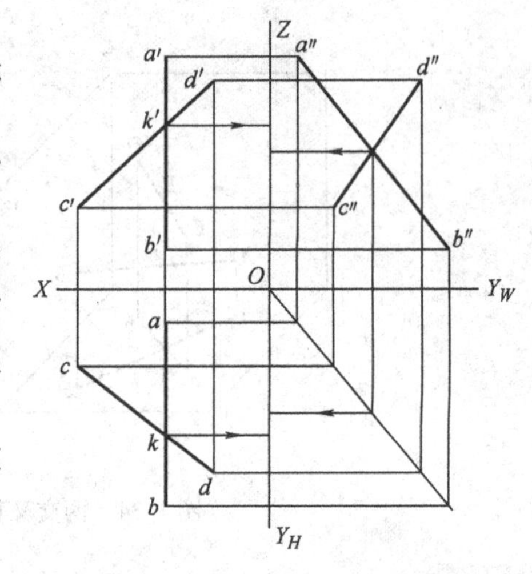

图 1-37　两条直线的投影

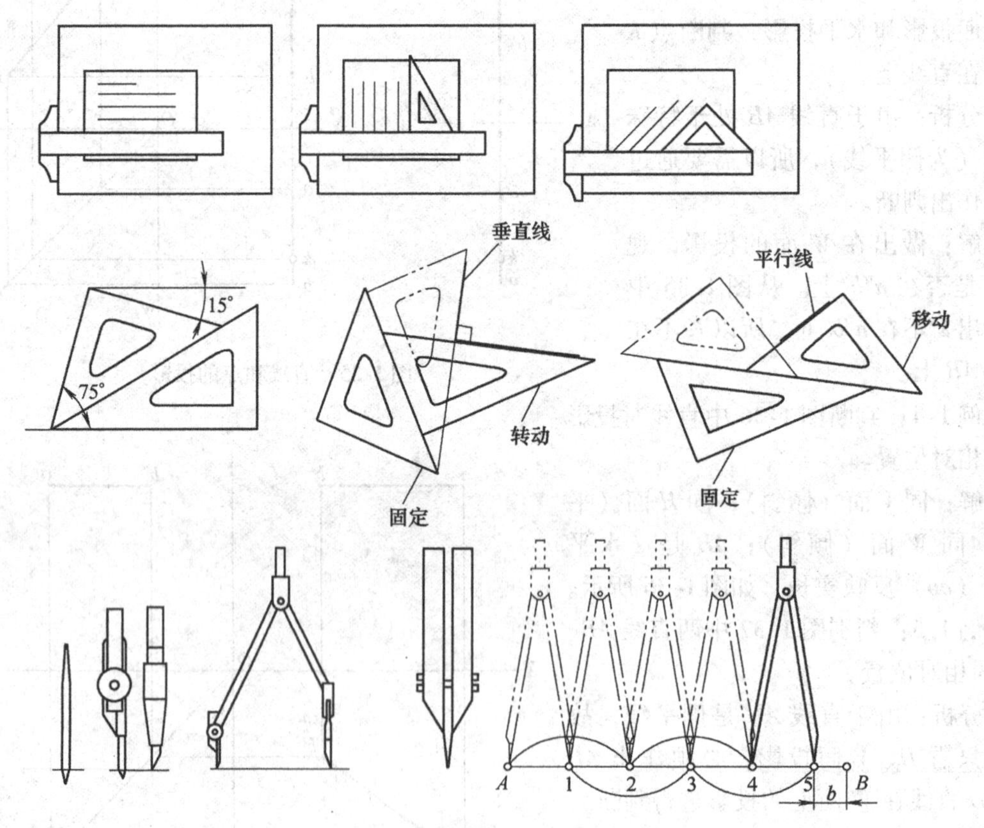

图 1-38　绘图工具

● 圆规：使用圆规前，应先调整针脚，使针尖略长于铅芯。使用圆规画图时，应将圆规向前进方向稍微倾斜；画较大圆时，应使圆规两脚都与纸面垂直。

● 分规：分规用于等分和量取线段。分规两脚的针尖并拢后，应能对齐。

● 曲线板：曲线板用于画非圆曲线。

● 绘图纸：图纸有正反面之分，绘图纸应布置在图板的左下方，并应在图纸下边缘留出丁字尺的宽度，图纸应用胶带固定。

● 铅笔：绘图铅笔的笔芯有软硬之分，标号B表示铅芯软度，B前的数字越大则表示铅芯越软；标号H表示铅芯硬度，H前的数字越大表示铅芯越硬；标号HB表示铅芯软硬适中。削铅笔时应从无标号的一端削起以保留标号，铅芯露出6~8mm为宜。根据需要，铅芯可削成相应的形状。写字或画细线时，铅芯削成锥状；加深粗线时，铅芯削成四棱柱状。圆规的铅芯削成斜口圆柱状或斜口四棱柱状。

● 绘图机：一种综合的绘图设备，绘图机上装有一对可按需要移动和转动的相互垂直的直尺，用它们来完成丁字尺、三角板、量角器等工具的工作，使用方便，绘图效率高。

除上述用品外，绘图时还需用小刀（刀片）、橡皮、胶带纸、量角器、擦图片、砂纸板及毛刷等。

任务三　平面的投影

了解平面的投影表示法和迹线表示法、各种位置平面的投影特性、平面上点和直线的投影。

看一看

1. 正垂面、铅垂面、侧垂面的投影

1）正垂面——垂直于V面，且与H、W面都倾斜的平面，如图1-39所示。

2）铅垂面——垂直于H面，且与V、W面都倾斜的平面，如图1-40所示。

3）侧垂面——垂直于W面，且与H、V面都倾斜的平面，如图1-41所示。

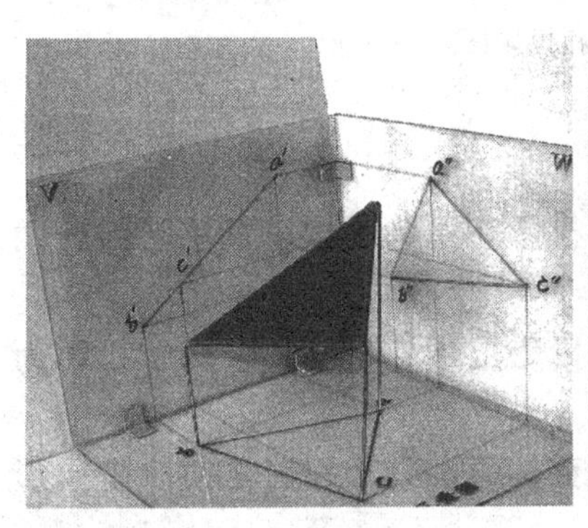

图1-39　正垂面投影图

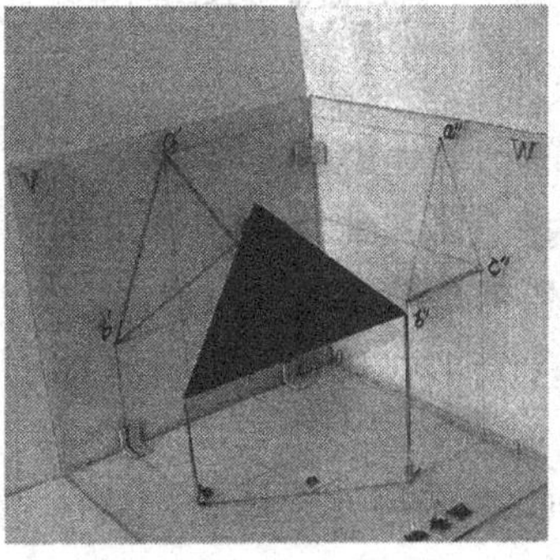

图1-40　铅垂面投影图

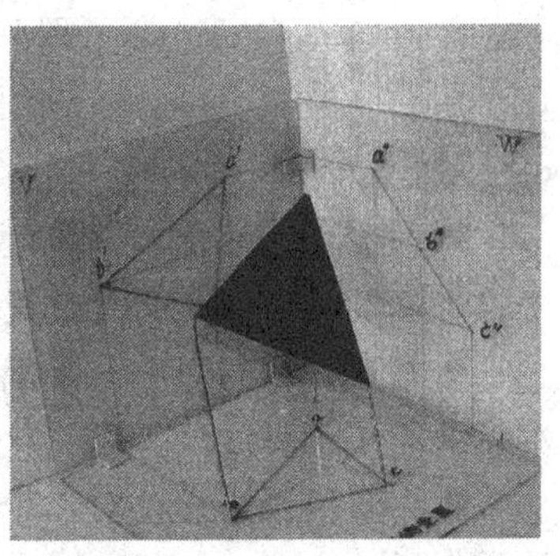

图1-41　侧垂面投影图

2. 正平面、水平面、侧平面的投影

1）正平面——平行于V面的平面，如图1-42所示。

2）水平面——平行于H面的平面，如图1-43所示。

3）侧平面——平行于W面的平面，如图1-44所示。

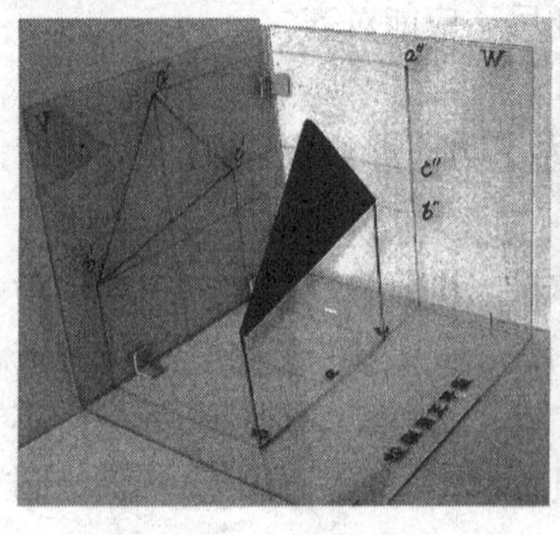

图 1-42　正平面投影图

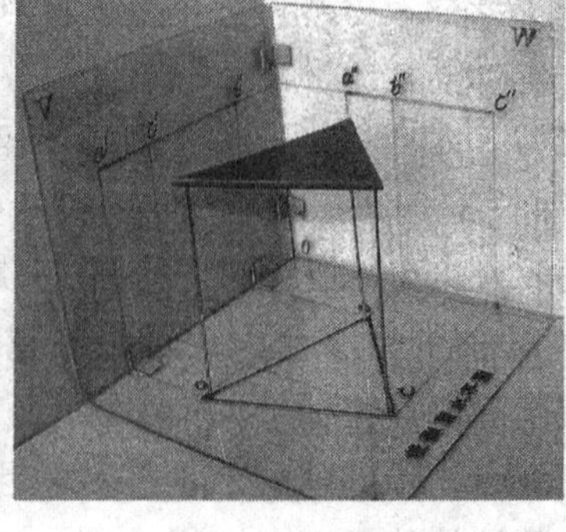

图 1-43　水平面投影图

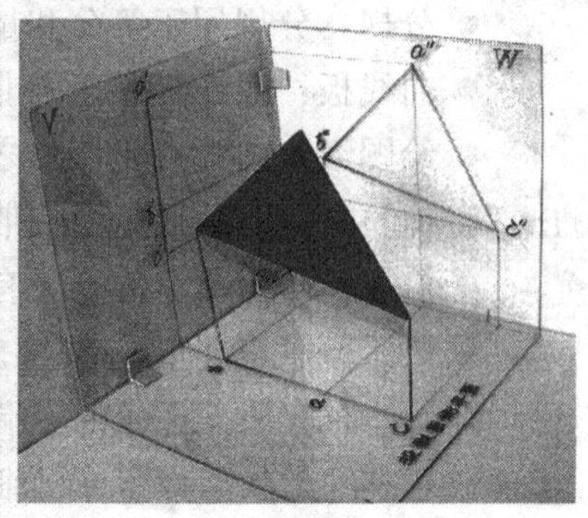

图 1-44　侧平面投影图

3. 一般位置平面的投影

一般位置平面的投影特性是：在三个投影面上的三个投影均为原平面的类似形，而形状缩小，不反映实形，如图 1-45 所示。

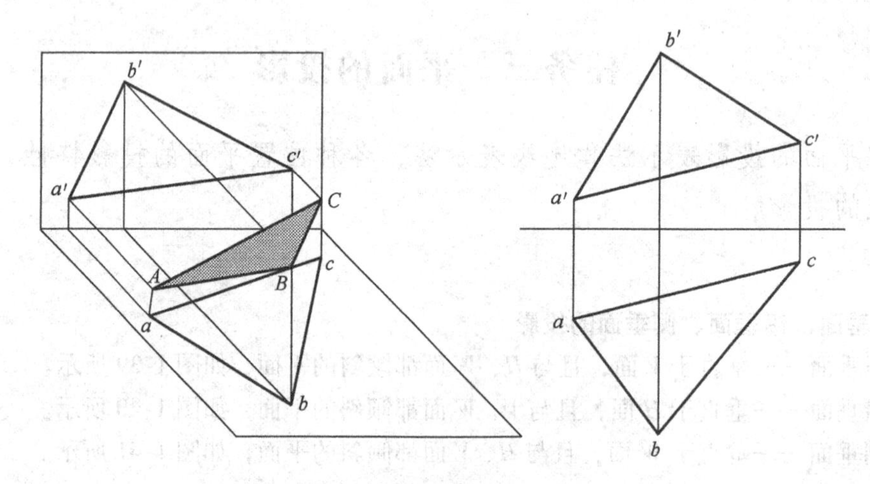

图 1-45　一般位置平面的空间直观图和投影图

记一记

● 投影面垂直面：与平面垂直的投影面上，该平面的投影积聚为线段，且反映与另两个投影面的倾角，其余两个投影都是缩小的类似形。

● 投影面平行面：与平面平行的投影面上，该平面的投影反映实形，其余两个投影为水平线段或铅垂线段。

● 一般位置平面：对三个投影面都处于倾斜位置的平面，它的三个投影都是小于实形的类似形。

想一想

1. 平面上的点和直线

点在平面上的几何条件是：点在平面上，则该点必定在这个平面的一条直线上。

直线在平面上的几何条件是：直线在平面上，则该直线必定通过这个平面的两个点；或者通过这个平面上的一个点，且平行于这个平面上的另一直线。

2. 平面表示方法

平面通常用确定该平面的点、直线或平面图形等几何元素的投影表示，有以下 5 种方法，如图 1-46 所示。

1）同一直线上的三点。

2）直线与线外一点。

3）平行两直线。

4）相交两直线。

5）平面图形。

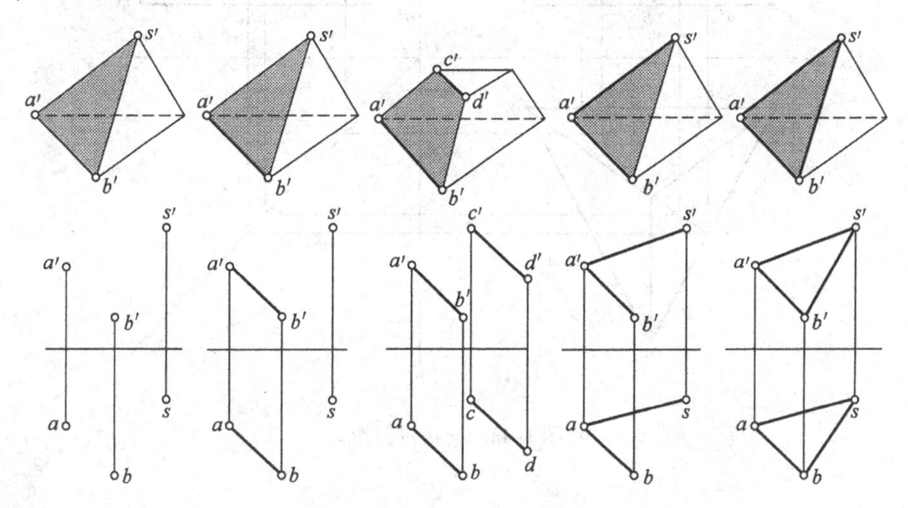

图 1-46　平面表示法

做一做

例 1-6：判别图 1-47 中的平面对投影面的相对位置。

解：该面对 *V* 面（倾斜），对 *H* 面（倾斜），对 *W* 面（垂直）；该面是（侧垂面）；投影（小于）实形。

例 1-7：已知三棱锥的两个投影，求作以下问题。

1）判断下列直线、平面对投影面的相对位置：

SA 是（一般位置直线），*SB* 是（侧平线），*AC* 是（侧垂线），*BC* 是（水平线）。

△*ABC* 是（水平面），△*SAB* 是（一般位置平面），△*SAC* 是（侧垂面）。

2）作出三棱锥的侧面投影，如图 1-48 所示。

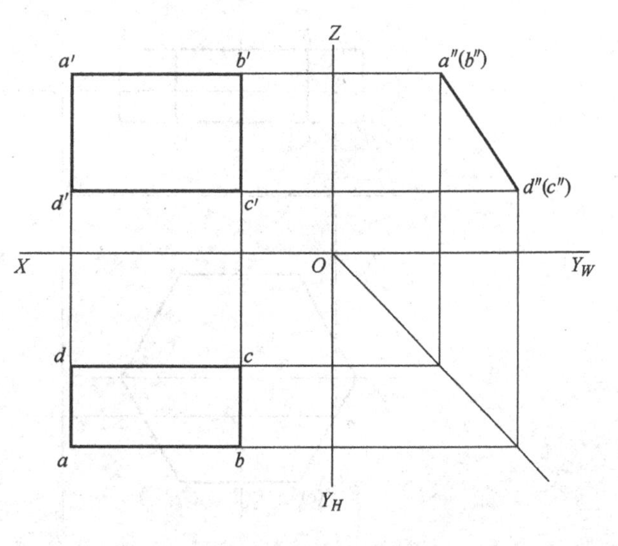

图 1-47　平面投影

3）作出三棱锥表面上点1和点2的其余两个投影，如图1-48所示。

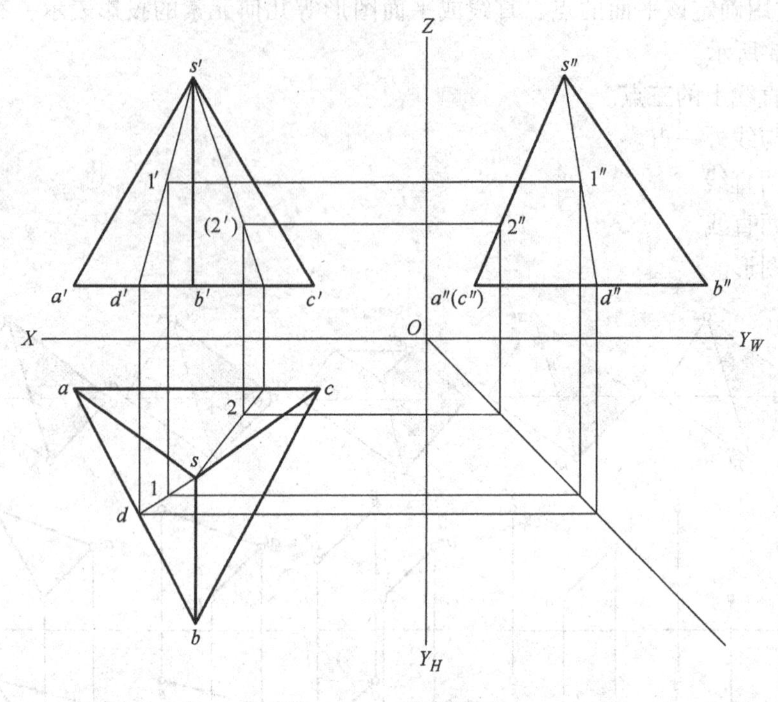

图1-48　三棱锥投影

再了解

1. 棱柱表面上点的投影

已知六棱柱棱面 *ABCD* 上点 *M* 的 *V* 面投影 *m′*，则 *H* 面投影 *m* 和 *W* 面投影 *m″*，如图1-49所示。

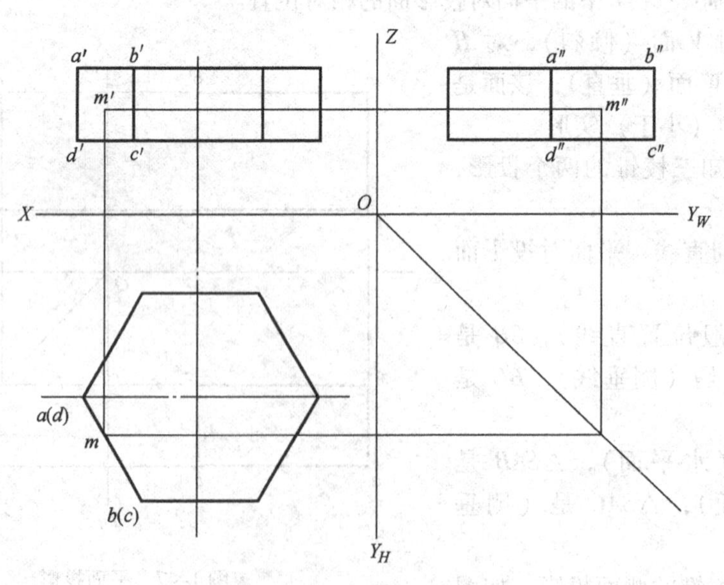

图1-49　棱柱表面上点的投影

2. 棱锥表面上点的投影

已知三棱锥锥面$s'a'b'$的正面投影m'，则其余两面的投影m和m''如图1-50所示。

3. 圆柱体表面上点的投影

已知圆柱体表面上点的投影1′、2′、3′，则其余两面的投影如图1-51所示。

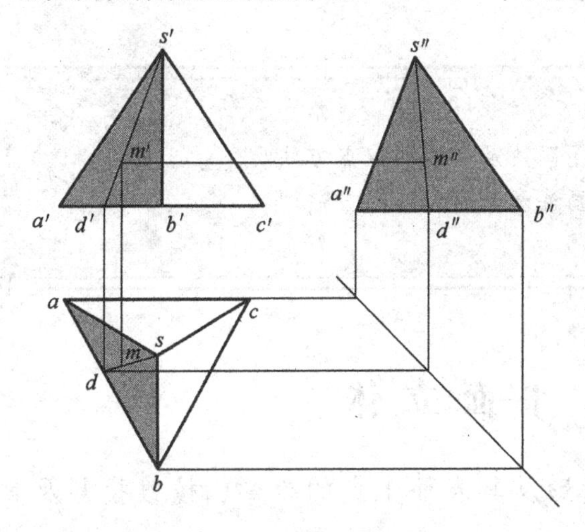

图1-50 棱锥表面上点的投影

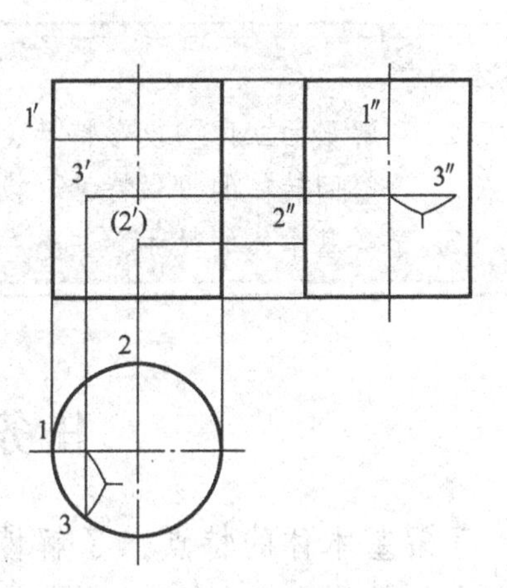

图1-51 圆柱体表面上点的投影

4. 圆锥体表面上点的投影

已知圆锥体表面上点1′的正面投影，则其余两面的投影如图1-52所示。

5. 球面上点的投影

已知球面上点1′、2′的投影，则其余两面的投影如图1-53所示。

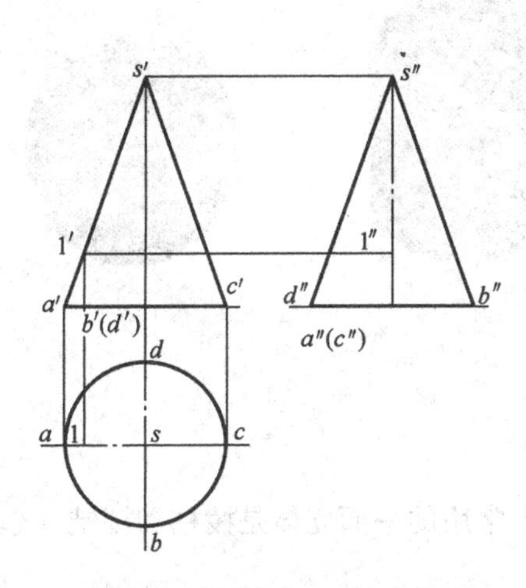

图1-52 圆锥体表面上点的投影

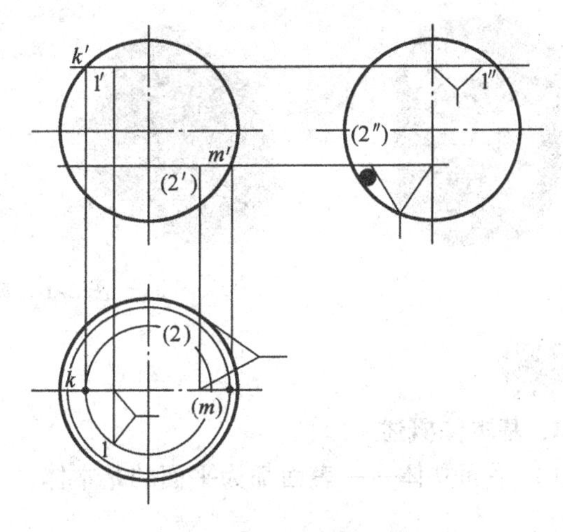

图1-53 球面上点的投影

第二模块　基　本　体

基本要求：

1. 了解平面立体的投影特性、投影图画法及其表面取点方法。
2. 了解回转体的投影特性、投影图画法及其表面取点方法。
3. 了解基本体的尺寸标注。

任务一　平 面 立 体

了解基本体的特点，了解棱柱投影及其表面上点的投影、棱锥投影及其表面上点的投影。

看一看

把棱柱、棱锥、圆柱、圆锥、球和圆环等形状简单，形成简单，在工程上又经常使用的单一几何形体以及它们的简单变形体称为基本体。常用的基本体可分为平面立体和曲面立体，如图 2-1 所示。

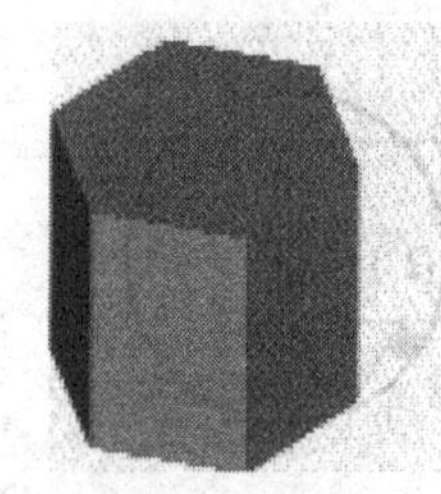

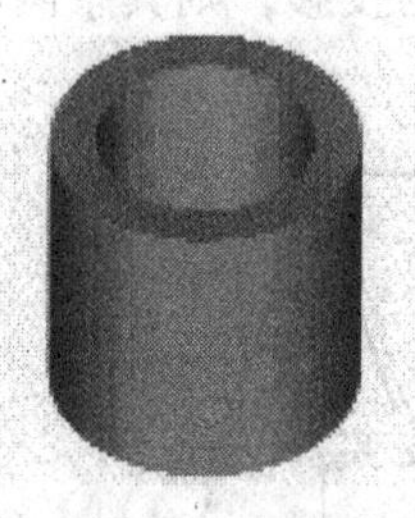
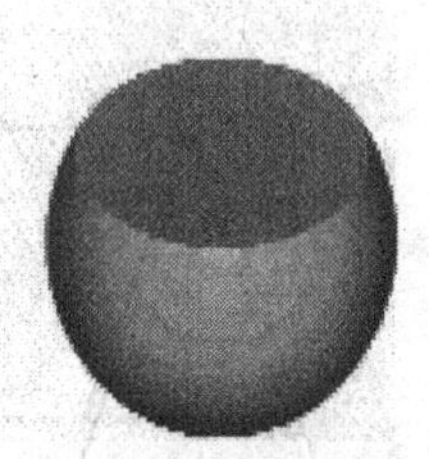

图 2-1　基本体

记一记

1. 基本体概述

1）平面立体——表面都为平面的基本体。工程上常用的平面立体是棱柱和棱锥（包括棱台）。

2）曲面立体——表面为曲面或平面与曲面的基本体。工程上常用的曲面立体一般为回转体，如圆柱、圆锥等。

2. 平面立体的投影

平面立体由若干多边形所围成，因此，绘制平面立体的投影，也就是绘制它的所有多边形表面的投影，即绘制这些多边形的边和顶点的投影。多边形的边是平面立体的轮廓线，分别是平面立体的每两个相邻多边形表面的交线。当轮廓线的投影为可见时，画粗实线；当轮廓线的投影为不可见时，画虚线；当粗实线与虚线重合时，画粗实线。

3. 棱柱

1）棱柱的形成：棱柱可以由一个平面多边形沿某一不与其平行的直线移动一段距离（又称拉伸）形成，如图 2-2、图 2-3 所示。

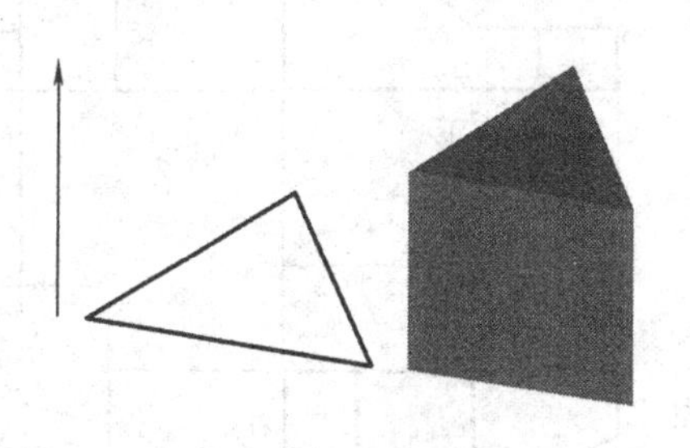

图 2-2　三棱柱的形成

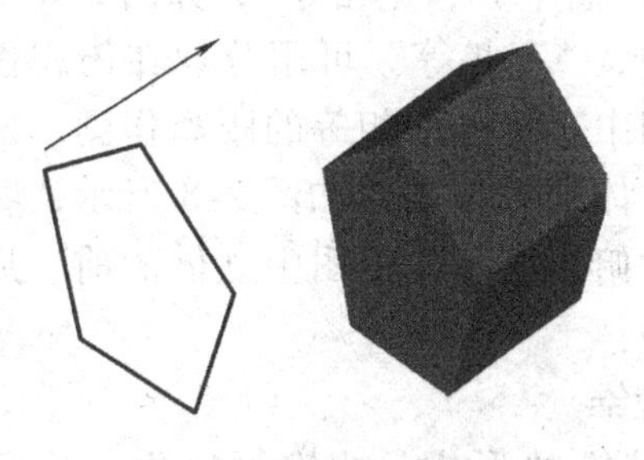

图 2-3　五棱柱的形成

一般棱柱可分为以下三种：

① 直棱柱——侧棱垂直于底面的棱柱，如图 2-4 所示。

② 正棱柱——底面为正多边形的直棱柱。

③ 斜棱柱——侧棱与底面斜交的棱柱，如图 2-5 所示。

图 2-4　直棱柱

图 2-5　斜棱柱

2）棱柱三视图的形成：如图 2-6 所示，正五棱柱的顶面和底面都是水平面，它们的边分别为 4 条水平线和 1 条侧垂线；棱面是 4 个铅垂面和 1 个正平面；棱线是 5 条铅垂线。根据平面的投影特性，不难画出正五棱柱的三面投影图，如图 2-7 所示。

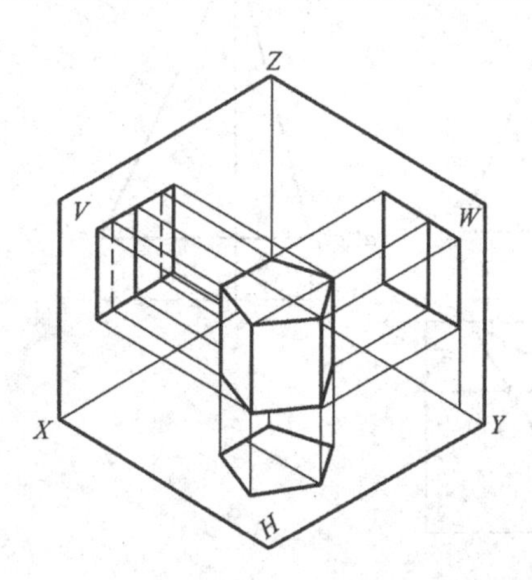

图 2-6　立体图

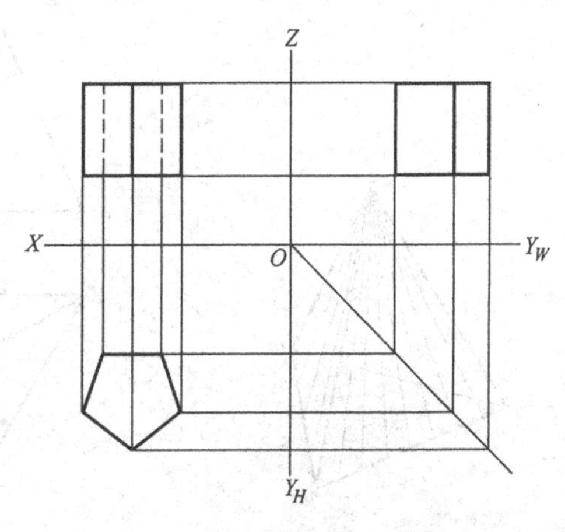

图 2-7　投影图

从立体开始，在投影图中将不再画出投影轴，只绘制立体的正面投影、水平投影和侧面投影，即三视图。

主、俯、左三个视图的度量关系为“长对正、高平齐、宽相等”，如图2-8所示。其中，“宽相等”可用分规在俯视图和左视图中直接量取相等的距离作图。三视图中立体的方位关系如图2-8所示，特别要注意俯视图与左视图中立体的前、后对应关系。

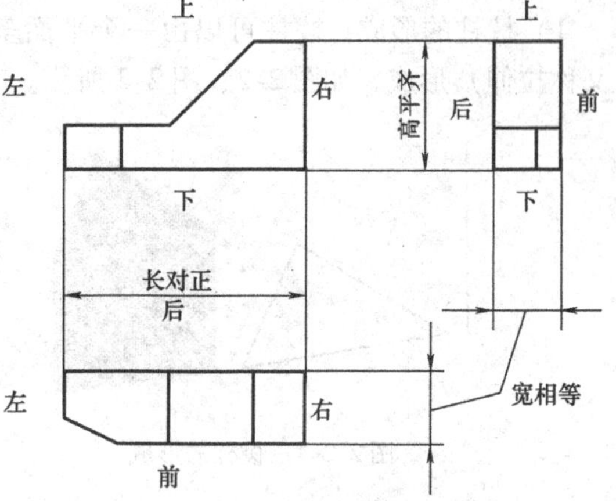

图2-8　三视图的度量和方位关系

4. 棱锥

1）棱锥的形成：棱锥可以由一个平面多边形沿某一不与其平行的直线移动，同时各边按相同比例线性缩小（或放大）而形成（称作“线性变截面拉伸），如图2-9所示。

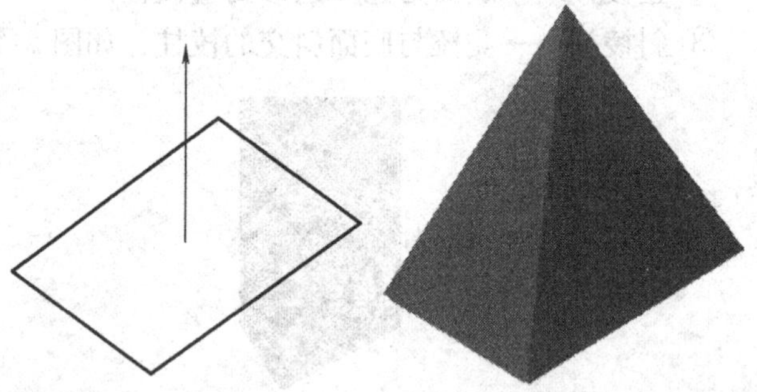
图2-9　棱锥的形成

2）棱锥的三视图：图2-10所示为正三棱锥的立体图，图2-11所示为正三棱锥的三视图。三棱锥的底面△*ABC*为正三角形，为水平面，其在主视图和左视图中积聚成直线，在俯视图中反映实形。因其底边*AC*为侧垂线，所以其后棱面△*SAC*为侧垂面，在左视图中积聚成一条直线。其余两个棱面△*SAB*、△*SBC*为一般位置平面。

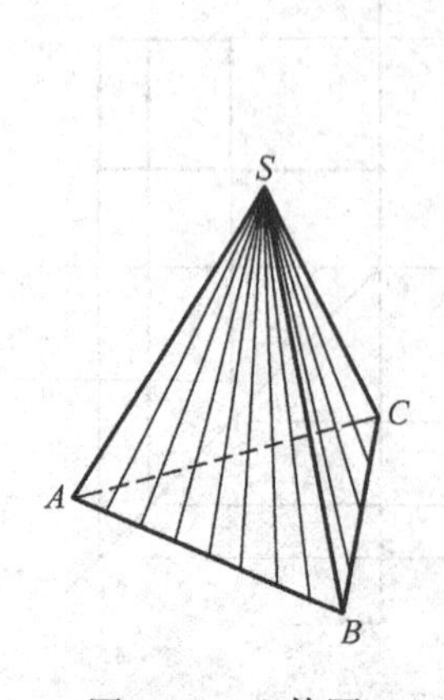

图2-10　立体图

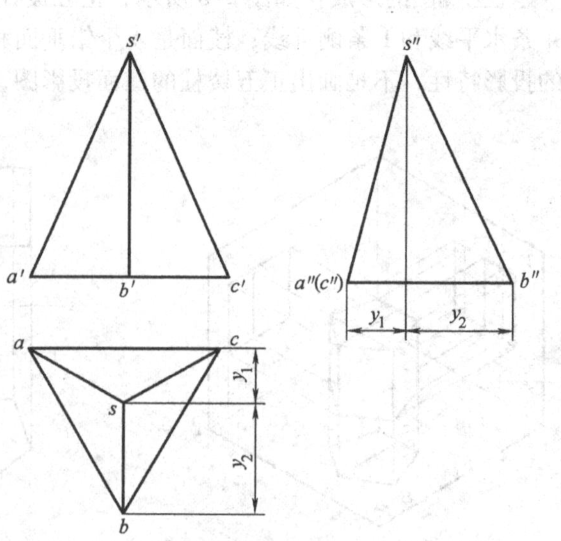

图2-11　三视图

想一想

1. 棱柱表面上取点

在平面立体表面上取点，应按以下步骤进行：首先确定该点所在平面在三视图中的投影位置；然后根据点在平面内的几何条件，求作该点的其他投影。如果点所在的平面在某个视图中不可见，则该点在这个视图中的投影也不可见，其投影标注应加上括号。

2. 棱锥表面上取点

在棱锥表面上取点，应首先确定该点所在的棱锥表面。如平面有积聚性，则可先作出有积聚性投影的那个视图上点的投影，再求作第三投影。如平面为一般位置平面，则可根据点在平面上的几何条件，过点的已知投影在棱面上作任何直线，都可作出它的另一投影。在棱面上取线常用以下方法：

（1）平行线法　过已知点作棱面底边的平行线。

（2）锥顶线法　过已知点作锥顶线。

做一做

求基本几何体其余两面投影，注意其表面上点的投影，如图2-12、图2-13所示。

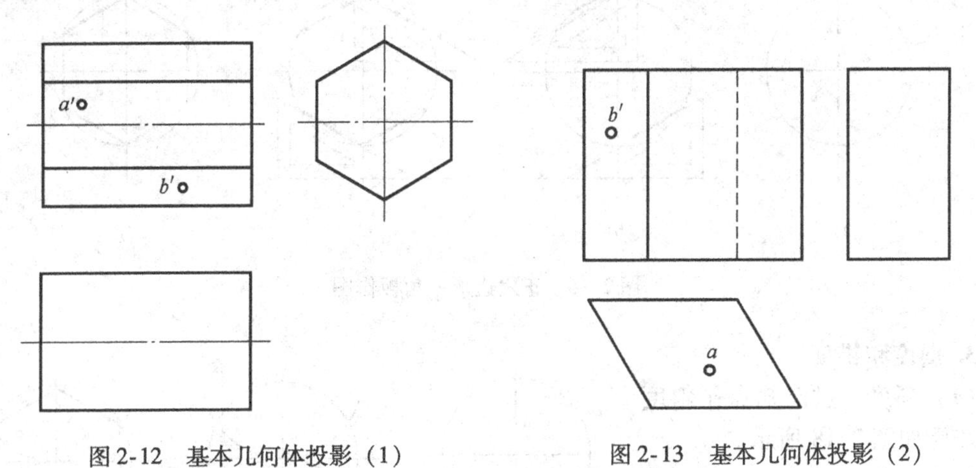

图2-12　基本几何体投影（1）　　图2-13　基本几何体投影（2）

再了解

1. 平面体尺寸标注

平面体尺寸要根据其具体形状标注，如图2-14所示。

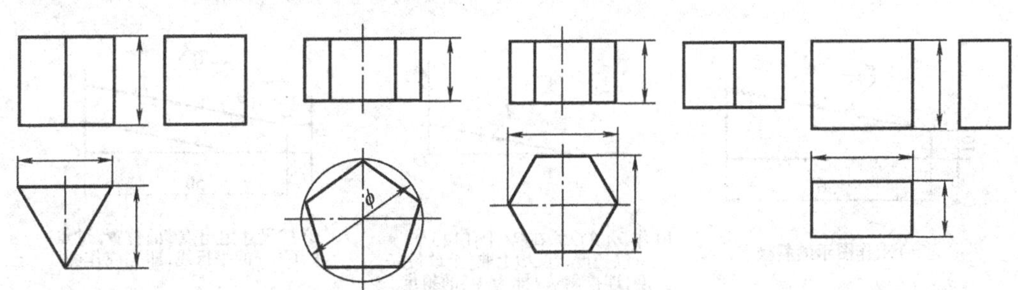

图2-14　平面体尺寸标注

2. 正多边形的画法

（1）正五边形　若已知外接圆的直径求作正五边形，作图步骤如图 2-15 所示。

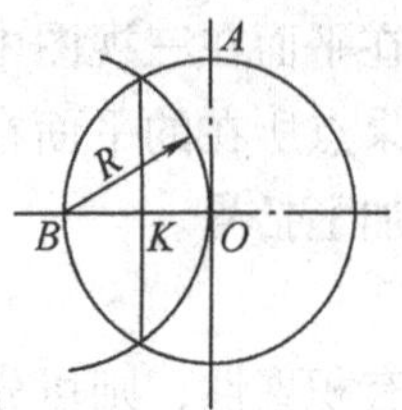

a) 取半径的中点 K

b) 以 K 为圆心、KA 为半径画圆弧得点 C

c) AC 即为五边形的边长，等分圆周得 5 个顶点

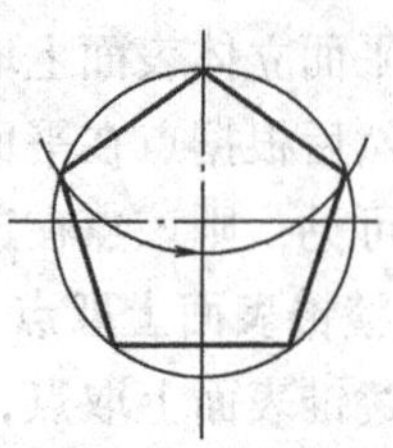

d) 将 5 个顶点连线，即成五边形

图 2-15　正五边形的画法

（2）正六边形　若已知正六边形对角线的长度（外接圆的直径）或对边的距离（即内切圆的直径）即可用三角板画出，如图 2-16 所示；也可利用正六边形的边长等于外接圆半径的原理，用圆规直接找到正六边形的 6 个顶点，作图方法如图 2-17 所示。

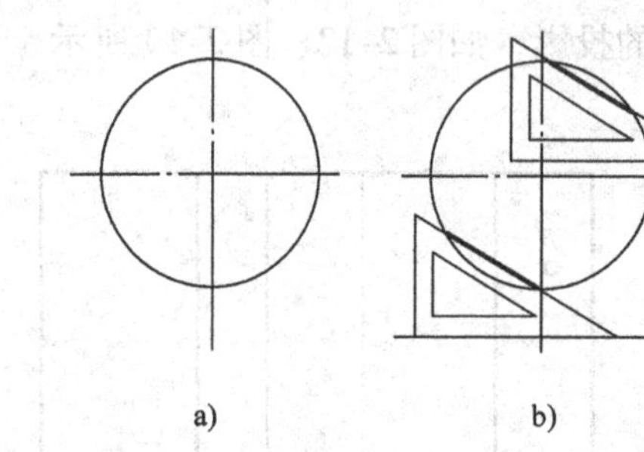

a)　b)

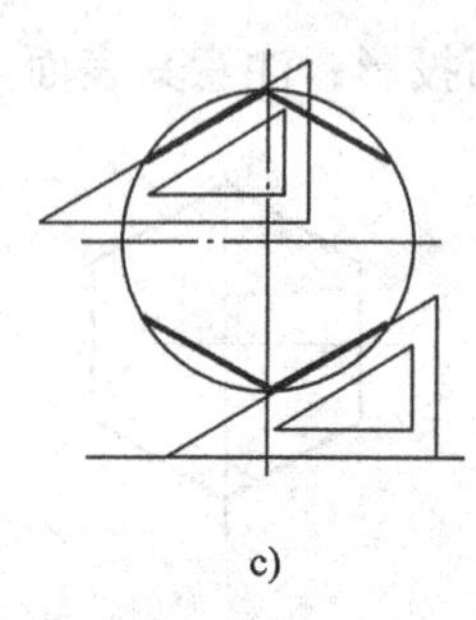

c)

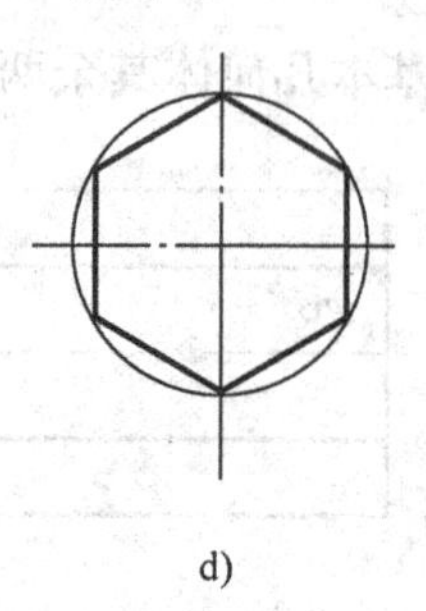

d)

图 2-16　正六边形三角板作图

3. 斜度和锥度

（1）斜度　过已知点作斜度线的步骤如图 2-18 所示。

斜度的标注见图 2-18a。将表示斜度的图形符号及其比数标注在引出线上，图形符号的方向应与斜度方向一致。

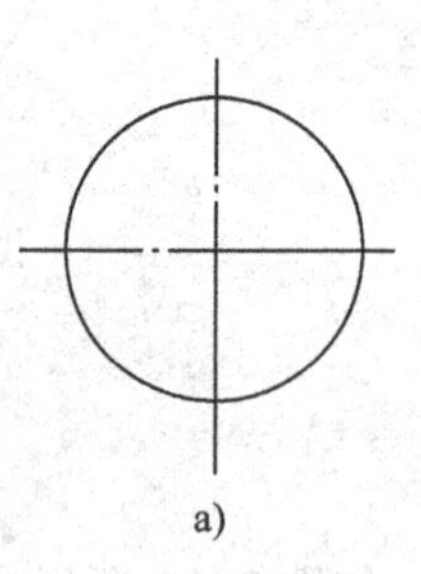

a)

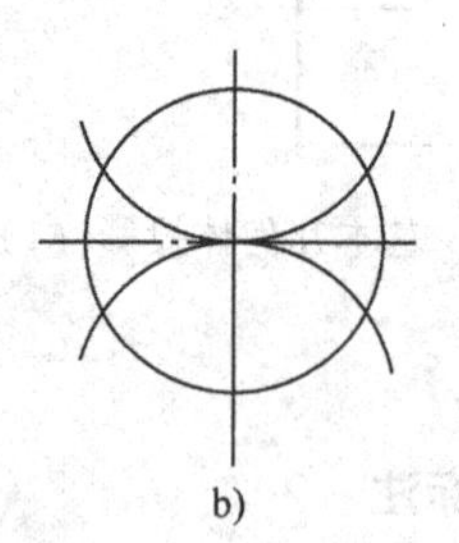

b)

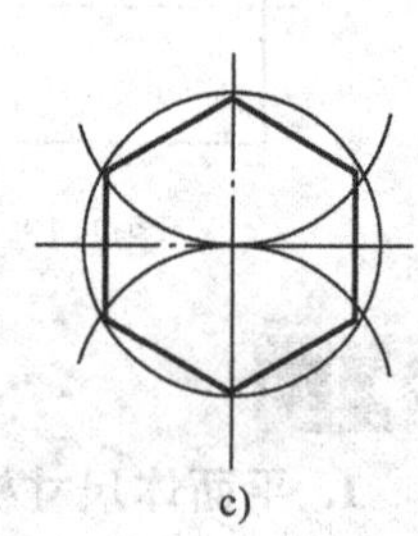

c)

图 2-17　正六边形圆规作图

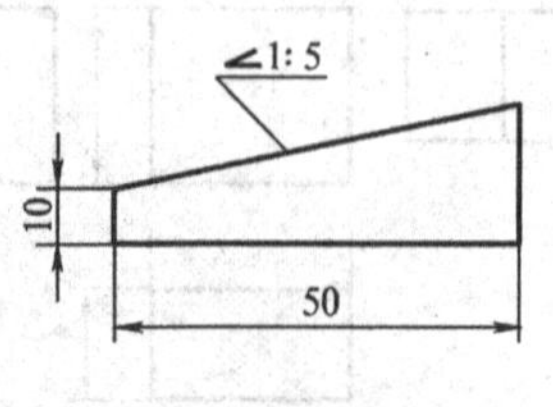

a) 求作图示的斜楔

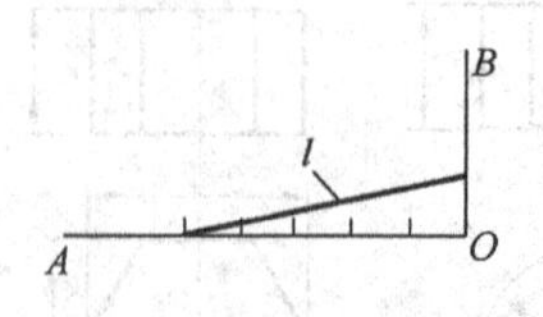

b) 作 $OA \perp OB$，在 OA 上任取5个单位长度，在 OB 上取1个单位长度，连接斜边 l 即为 1:5的斜度

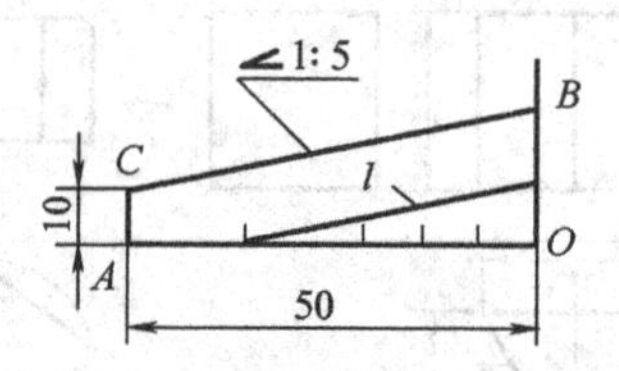

c) 按尺寸定出点 C 的位置，过点 C 作 l 的平行线，即完成作图

图 2-18　斜度作图

（2）锥度　锥度的作图步骤如图 2-19 所示。

锥度的标注见图 2-19a。将表示锥度的图形符号及其比数注在引出线上，图形符号的方向应与锥度的方向一致。

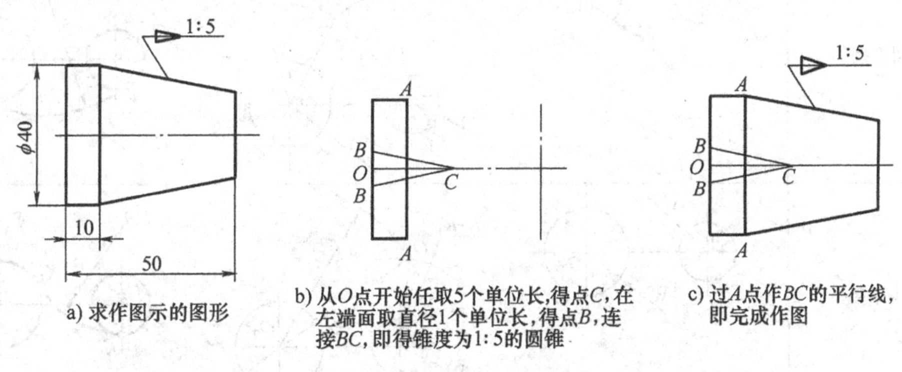

a) 求作图示的图形

b) 从O点开始任取5个单位长，得点C，在左端面取直径1个单位长，得点B，连接BC，即得锥度为1:5的圆锥

c) 过A点作BC的平行线，即完成作图

图 2-19　锥度作图

4. 圆弧连接

圆弧连接的实质就是要使连接圆弧与相邻线段相切，从而达到圆弧连接处光滑过渡的要求。为了做到这一点，作图时，要解决两个问题：①求出连接圆弧的圆心；②定出切点的位置。

表 2-1 列举了用已知半径为 R 的圆弧连接两已知线段的几种情况。

表 2-1　圆弧连接

两倾斜直线连接			
两垂直直线连接			
直线和圆连接			
外切连接			

（续）

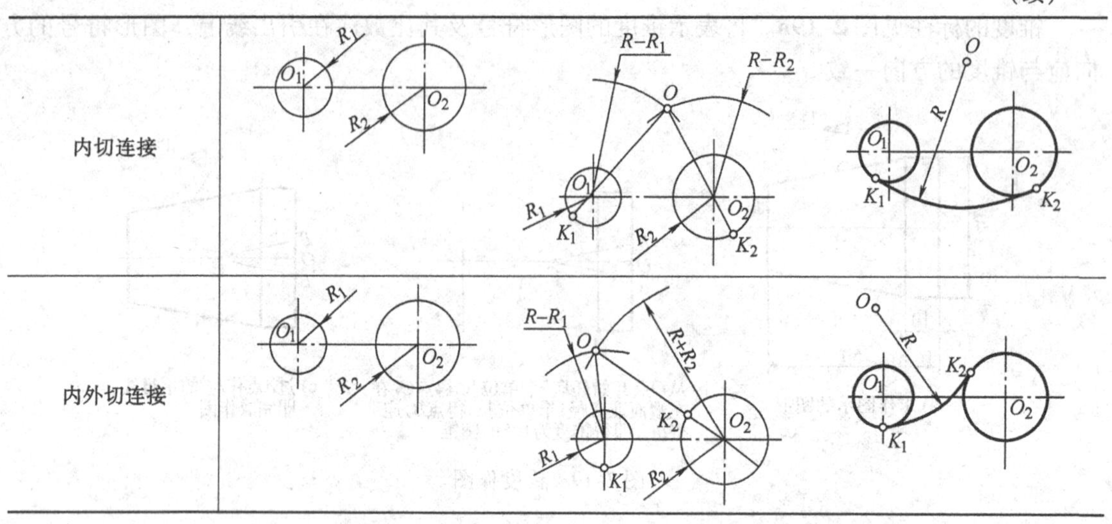

任务二 回 转 体

了解圆柱投影及其表面上点的投影、圆锥投影及其表面上点的投影、圆球投影及其表面上点的投影、圆环投影及其表面上点的投影。

看一看

观察图 2-20 ~ 图 2-23 中各几何体的形状，分析其形成。

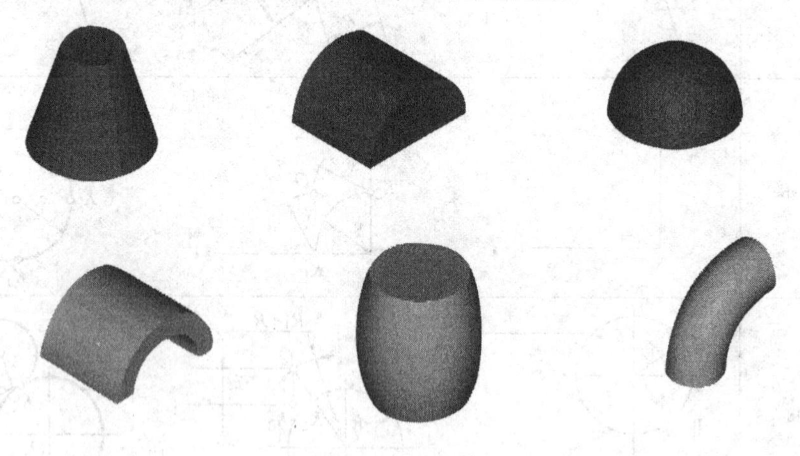

图 2-20 几何体

记一记

1. 曲线

（1）曲线的形成　曲线可看作是一个点运动时连续改变其运动方向的运动轨迹形成的，因而曲线本身是连续的。其次，曲线也可以由两曲面相交或曲面与平面相交而形成，如图 2-24 所示。

图 2-21　圆柱

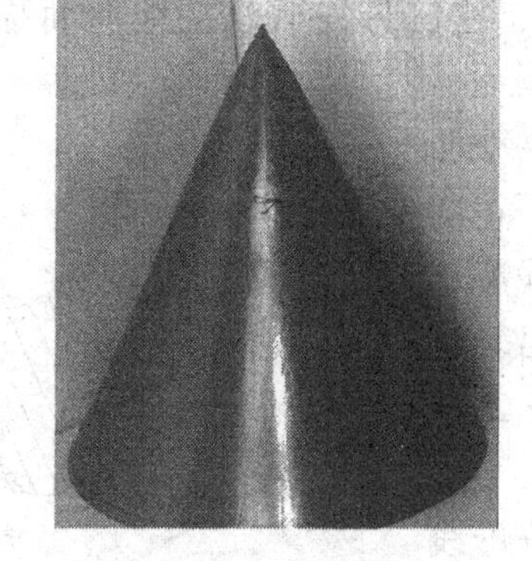

图 2-22　圆锥

图 2-23　圆球

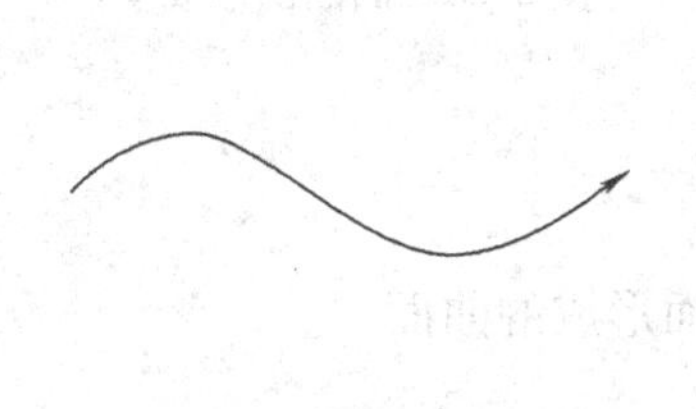

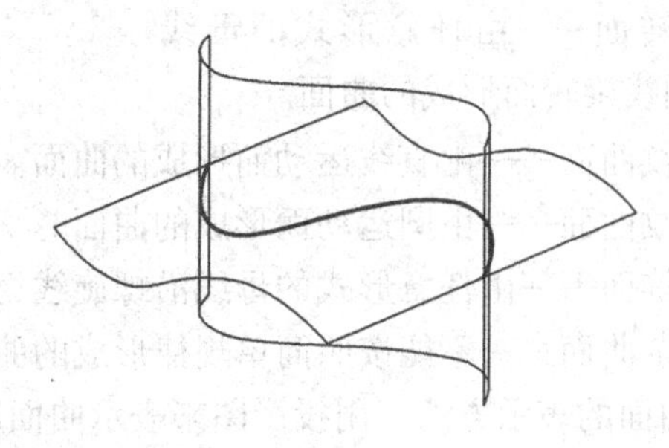

图 2-24　曲线的形成

（2）曲线的分类

1）平面曲线——曲线上所有各点都在同一平面内，例如二次曲线（圆、椭圆、抛物线、双曲线等）以及任一曲面与平面的交线。

2）空间曲线——曲线上任意连续四个点不在同一平面上，例如圆柱螺旋线。

（3）曲线的投影　曲线的投影一般仍为曲线（图 2-25a）。只在当平面曲线所在的平面垂直于投影面时，曲线在该投影面上的投影才是直线（图 2-25b）。当平面曲线所在的平面平行于投影面时，曲线在该投影面上的投影反映曲线的实形（图 2-25c）。

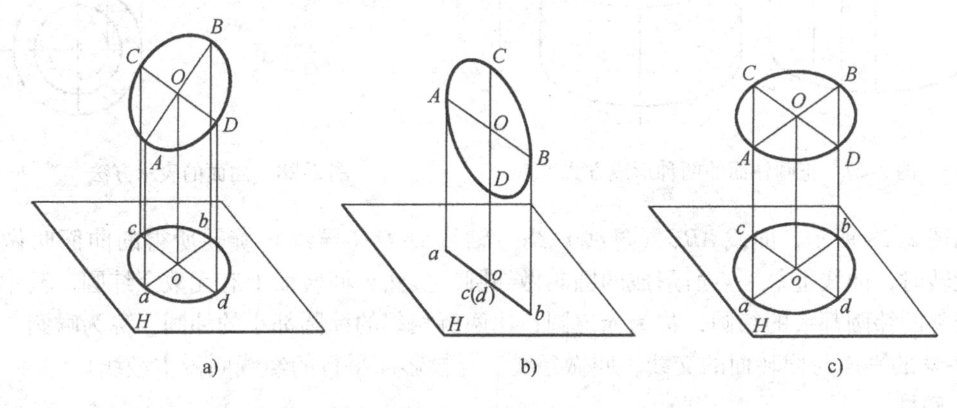

图 2-25　曲线的投影

2. 曲面

（1）曲面的形成　曲面是一条线（直线或曲线）运动的轨迹。运动的线称为母线，母线在曲面上的任一位置称为素线，控制母线运动的线和面称为导线和导面，如图 2-26 所示。

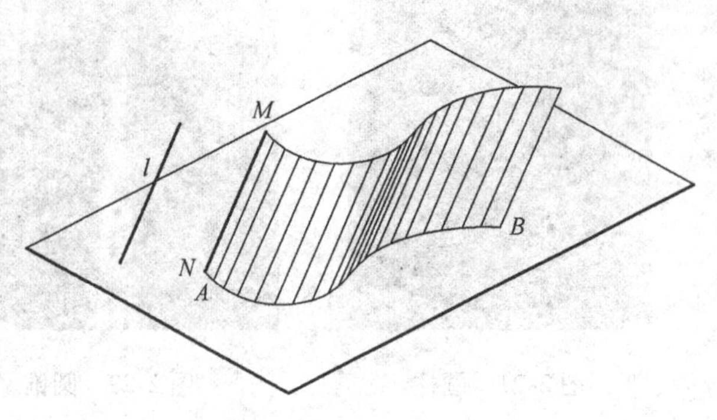

图 2-26 曲面的形成

（2）同一曲面形成方法 同一个曲面可以有不同的形成方法。例如，正圆柱面可以看作是直母线绕圆柱轴线旋转而形成的，也可以看作是一个圆沿轴线方向平行移动而形成的，如图 2-27 所示。

（3）曲面的分类 曲面可按母线形式分类，也可按形成方式分类。

1）回转面——由任意形式的母线绕一固定轴线旋转而形成的曲面。

2）直纹曲面——由直线运动而形成的曲面。

3）圆纹曲面——由圆运动而形成的曲面。

4）螺旋面——由任意形式的母线沿螺旋线运动而形成的曲面。

5）复杂曲面——不能按照简单规律形成的曲面。

（4）曲面的表示方法 用投影图来表示曲面时，一般需要画出曲面的外形轮廓线投影、导线的投影，有时还需画出母线或若干素线的投影，如图 2-28 所示。

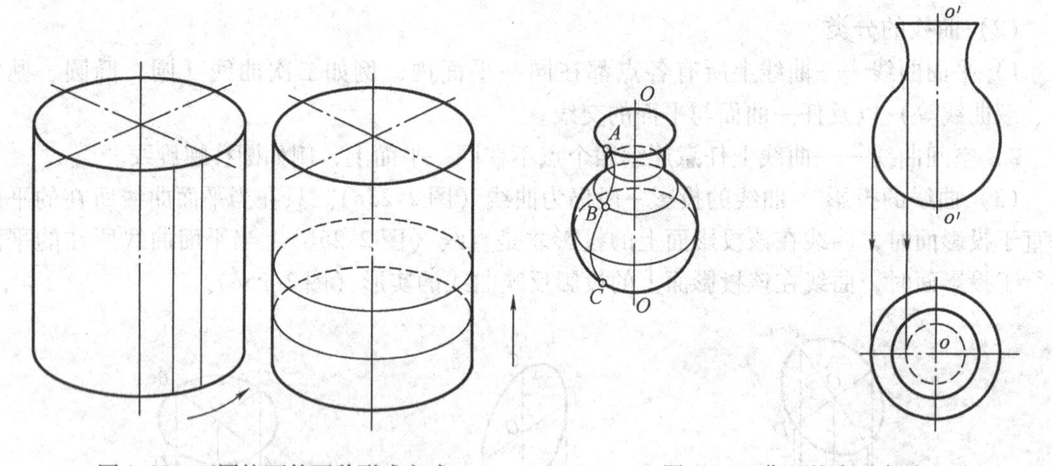

图 2-27 正圆柱面的两种形成方式　　图 2-28 曲面的表示方法

如图 2-28 所示，曲线 *ABC*（母线）绕一轴线 *O-O*（导线）旋转所得的曲面叫做回转面。旋转时，曲线上每一点所形成的圆叫做纬圆。显然，回转面上有无数个纬圆，其中，比两侧相邻的纬圆都大的纬圆，称为赤道圆；比两侧相邻的纬圆都小的纬圆，称为喉圆。通过轴线 *O-O* 的平面与回转面的交线，叫做经线。与投影面平行的经线叫做主经线。

3. 圆柱

（1）圆柱的形成 圆柱由圆柱面与上下两端面围成，圆柱面是一条母线绕与其平行的轴线回转形成的，如图 2-27 所示。

（2）圆柱的三视图 圆柱的直观图及三视图如图 2-29、图 2-30 所示。

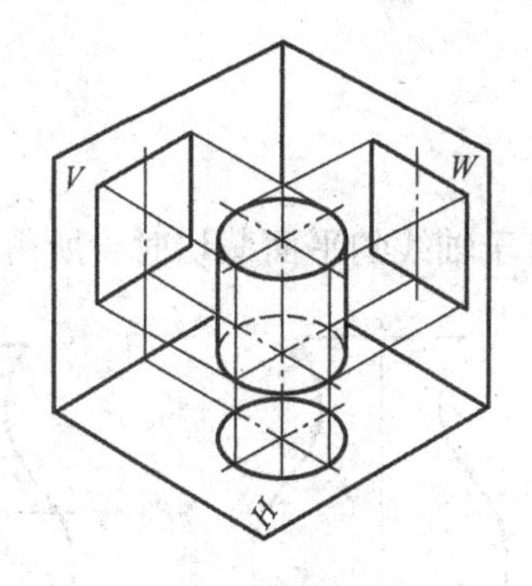

图 2-29　圆柱的直观图

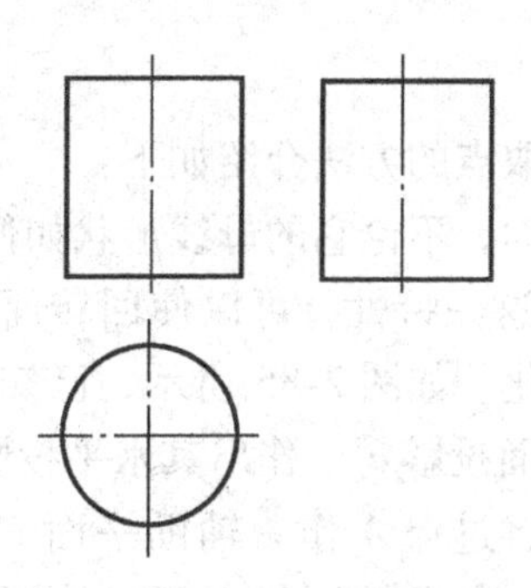

图 2-30　圆柱的三视图

4. 圆锥

（1）圆锥的形成　圆锥可以由一个平面多边形沿某一不与其平行的直线移动，同时各边按相同比例线性缩小（或放大）而形成（称作线性变截面拉伸）。

（2）圆锥的三视图　圆锥的直观图及三视图如图 2-31、图 2-32 所示。

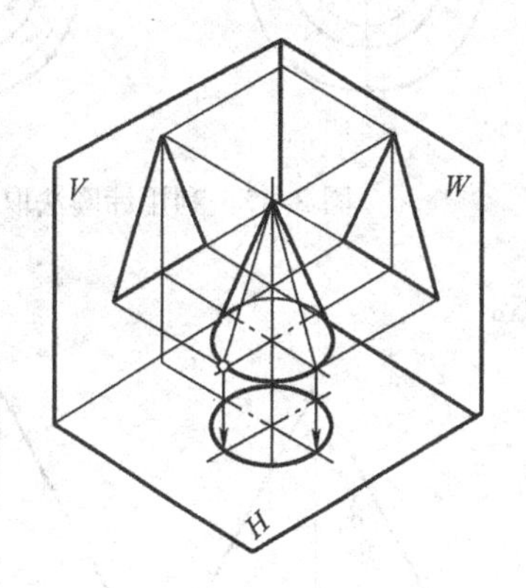

图 2-31　圆锥的直观图

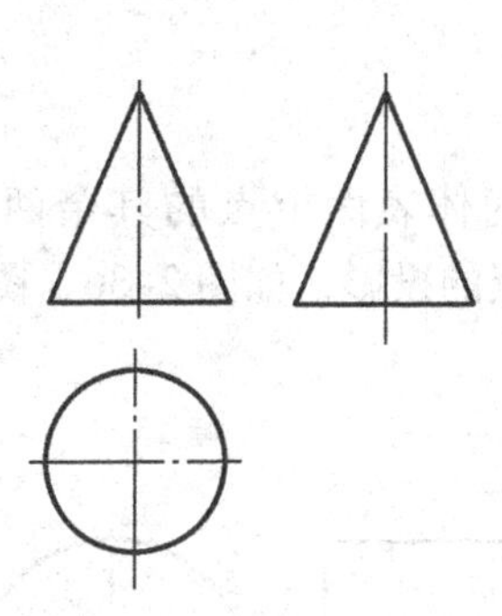

图 2-32　圆锥的三视图

5. 球

（1）球的形成　球可看作由一条圆母线绕其直径回转形成。

（2）球的三视图　球的直观图及三视图如图 2-33、图 2-34 所示。

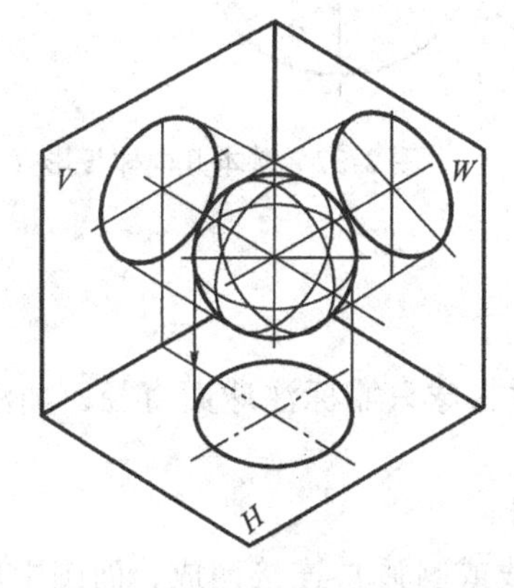

图 2-33　球的直观图

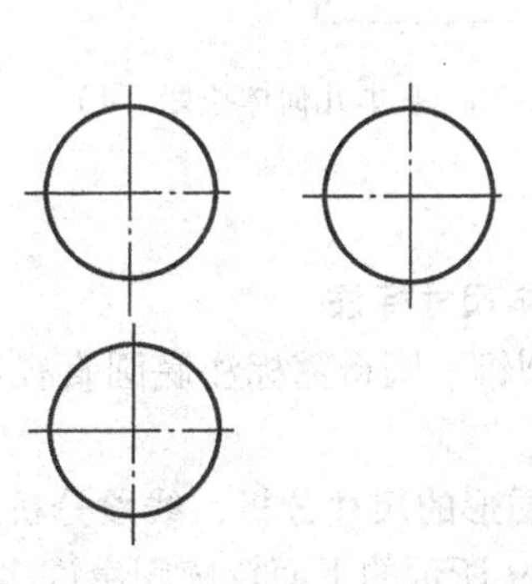

图 2-34　球的三视图

想一想

回转面上取点的方法介绍如下：

任何回转面，不论它的母线形状如何，用垂直于轴线的平面截切时，所得的交线总是圆（纬圆）。利用这一特性，可以使回转面上取点的方法大为简化。如图2-35所示，已知回转面上一点A的正面投影a'，作出其水平投影a。

作图步骤：过点A作一辅助平面P，使其垂直于回转轴，与回转面相交于一纬圆。画出这个圆的水平投影，就可在其上得出点A的水平投影a。这种利用纬圆作为辅助线来求点的其余投影的方法，称为纬圆法。

同理，思考圆柱面上取点、线，圆锥面上取点、线，球面上取点、线（由于球面上没有直线可取，在球面上求点的其余投影只能用纬圆法）的方法。

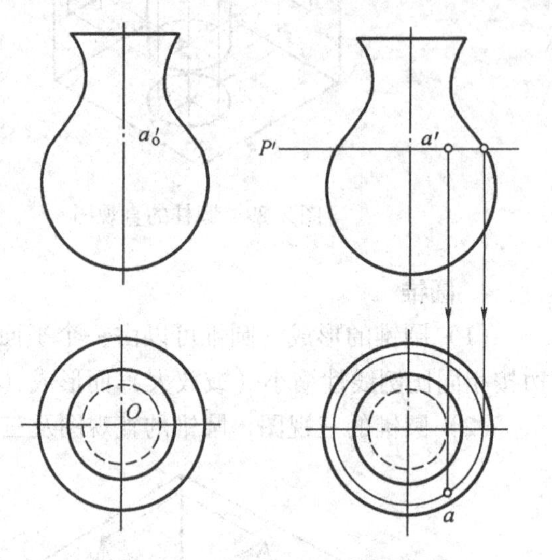

图2-35 利用纬圆法取点

做一做

求基本几何体表面上点的其余两面投影，注意其表面上点的投影，如图2-36、图2-37所示。

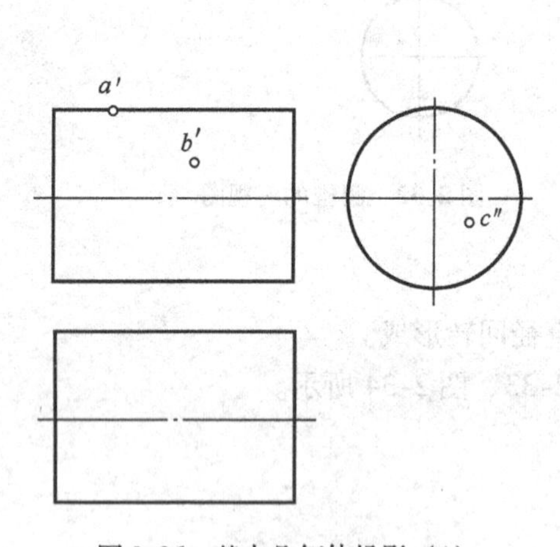

图2-36 基本几何体投影（1）

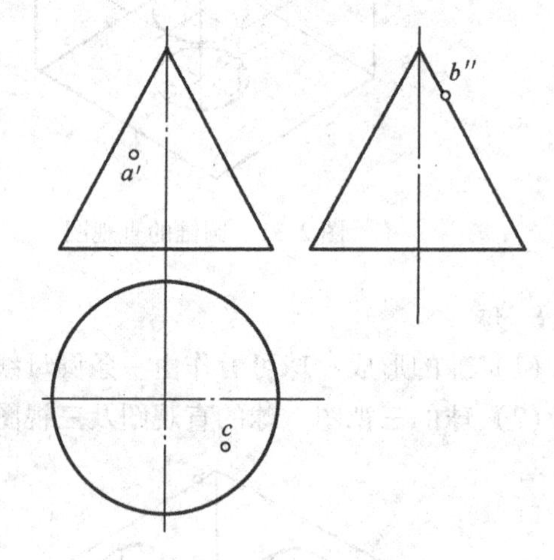

图2-37 基本几何体投影（2）

再了解

1. 曲面体尺寸标注

圆柱、圆锥、圆台需标注底圆直径和高度尺寸，球只需标注球面直径，加注“S”，如图2-38所示。

2. 平面图形的尺寸分析、线段分析及作图步骤

如图2-39所示的平面轮廓图由许多线段（直线或圆弧）连接而成，而图中所注尺寸不仅确定了各线段的形状及相对位置，同时还决定了作图的先后顺序。因此，在作图前必须对

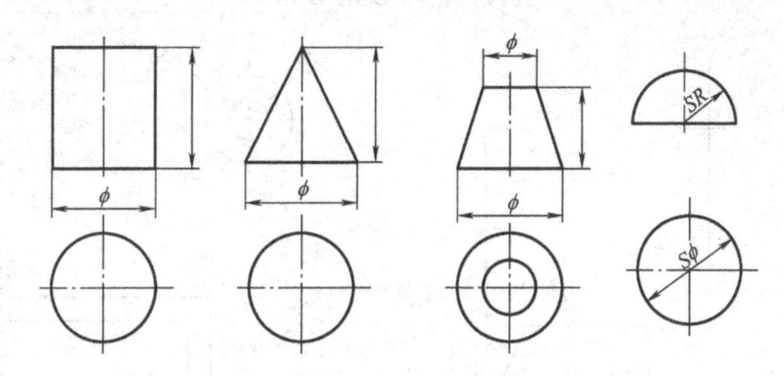

图 2-38　曲面体尺寸标注

图形中的尺寸和线段进行分析，弄清哪些线段尺寸齐全，可以直接画出来；哪些线段尺寸不全还需通过作图才能画出。

（1）平面图形的尺寸分析

1）定形尺寸：平面图形中确定各线段形状大小的尺寸称为定形尺寸，如线段的长度、圆及圆弧的直径或半径等。例如，图 2-39 中的尺寸 ϕ40、ϕ20、*R*40、*R*100、*R*50、10、70 等均为定形尺寸。

2）定位尺寸：平面图形中确定线段或线框间相对位置的尺寸称为定位尺寸，如确定圆或圆弧的圆心位置、直线段位置的尺寸等，如图 2-39 中右侧的尺寸 90、30。

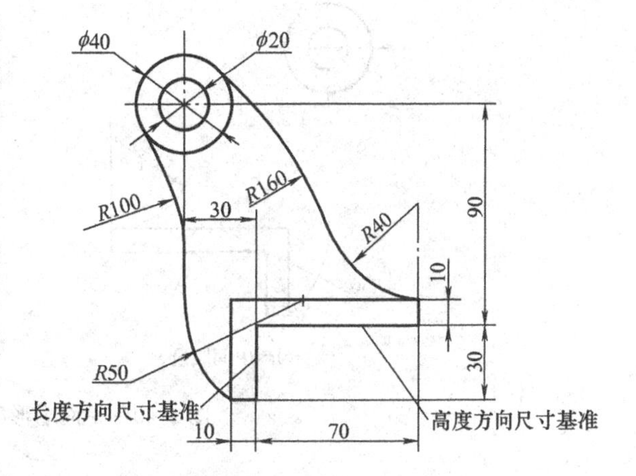

图 2-39　曲面体尺寸标注

3）基准：确定尺寸起始位置的点、线或面称为尺寸基准。对于二维图形，需要水平方向和垂直方向两个基准。一般平面图形中常选用对称中心线、较长的直线为基准，图 2-39 所示支架是以下方两条较长直线为水平方向和垂直方向的基准的。

（2）平面图形的线段分析

1）已知线段：指定形尺寸和定位尺寸均齐全的线段。对圆弧来说，就是半径 *R* 和圆心的两个坐标尺寸都齐全的圆弧，如图 2-39 中的 ϕ40、ϕ20 和 70、30、10。

2）中间线段：只给出定形尺寸和一个定位尺寸，需待与其一端相邻的线段作出后，依靠与该线段的连接关系才能确定画出。对于圆弧来说，较常见的是给出半径和圆心的一个定位尺寸，如图 2-39 中的 *R*40、*R*50 两个圆弧。

3）连接线段：只给出定形尺寸，没有定位尺寸，需待与其两端相邻的两线段作出后，依靠两个连接关系才能画出。对于圆弧来说常给出一个半径，如图 2-39 中的 *R*100 和 *R*160 两个圆弧。

（3）平面图形的作图步骤　通过对平面图形的尺寸及线段分析，可归纳出平面图形的作图步骤：画出基准线，先画出已知线段，再画中间线段，最后画连接线段，检查后，按规定加深线型，标注尺寸。具体画图步骤如图 2-40 所示。

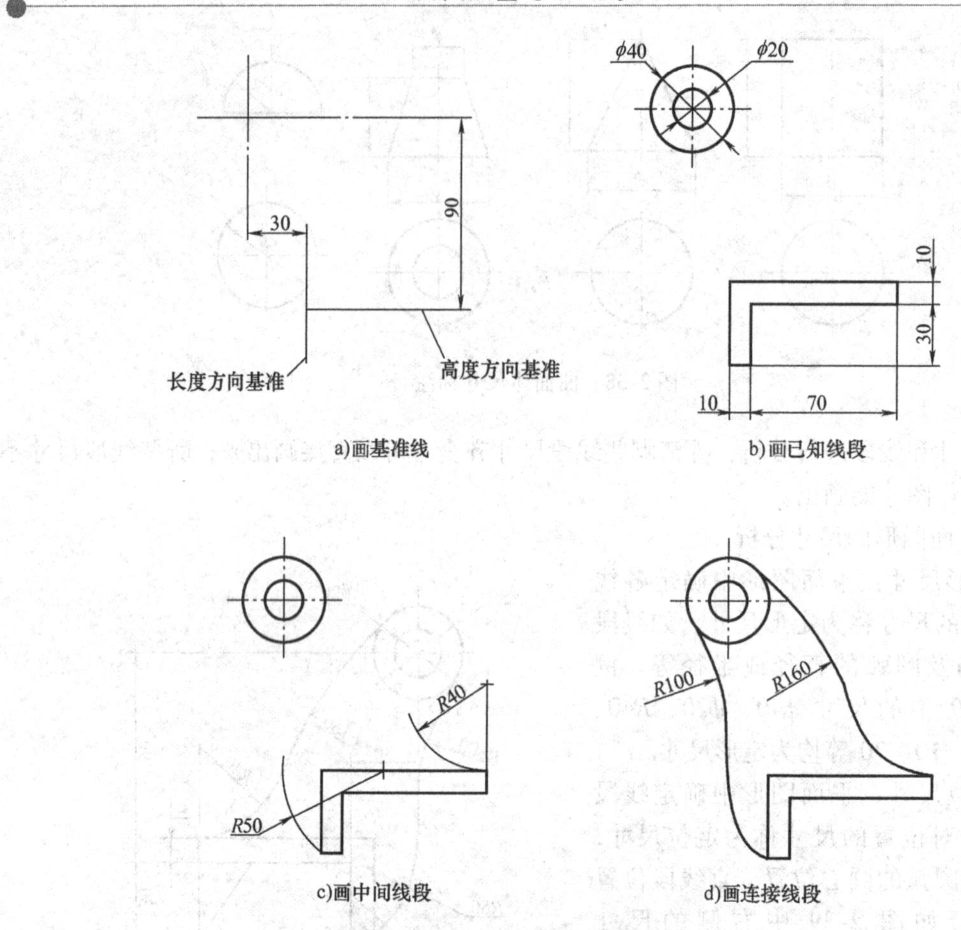

a)画基准线　b)画已知线段

c)画中间线段　d)画连接线段

图 2-40　平面图形的作图步骤

第三模块　截交线和相贯线

基本要求：

1. 理解截交线的概念、性质，掌握特殊位置平面与平面立体相交求截交线的方法。
2. 掌握特殊位置平面与圆柱、圆锥、圆球相交求表面交线的方法。
3. 理解相贯线的概念、性质，掌握利用积聚性和辅助平面法求两回转体相交的相贯线的方法。
4. 掌握相贯线的特殊情况和过渡线画法。
5. 掌握切口和穿孔基本体的尺寸标注。

任务一　截　交　线

了解截交线的概念，掌握棱柱截交线、棱锥截交线、圆柱截交线、圆锥截交线、圆球截交线的求法。

看一看

看看几个常见基本体截交的形状，如图 3-1 ~ 图 3-3 所示。

图 3-1　圆柱截交

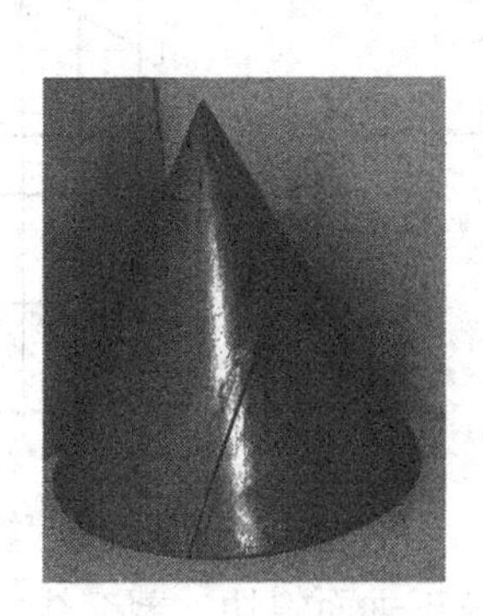

图 3-2　圆锥截交

图 3-3　三棱锥截交

记一记

基本体截断示意图如图 3-4 所示。

1）截断体：几何体被平面截断后的部分。

2）截平面：截断基本体的平面。

3）截断面：基本体被截切后的断面。

4）截交线：截平面与基本体表面的交线。

想一想

1. 截交线的特性

1）共有性：截交线是截平面和几何体表面的共有线。

2）分界性：截交线还是截平面和几何体的分界线。

3）封闭性：截交线为封闭的平面曲线。

由于是共有线，所以求截交线的实质就是求出截平面与基本体表面一系列共有点的集合。

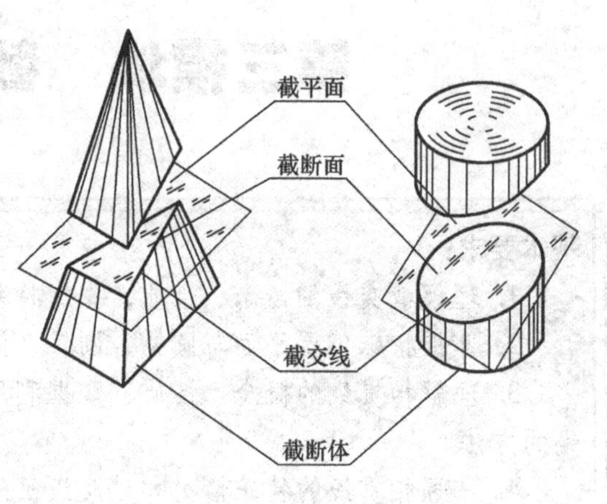

图3-4　截断示意图

2. 平面立体的截交线

平面立体的表面均为平面，因此，它的截交线是封闭的多边形。多边形的顶点是平面立体上的棱线与截平面的交点。将这些交点依次连接起来即得所求截交线。

1）棱柱的截交线：六棱柱被正垂面截切，截交线是六边形，其六个顶点是六条侧棱与截面的交点。六边形的正面投影积聚为一条直线，水平投影则与六棱柱的水平投影重合。现已知截交线的正面、水平投影，即可求得第三投影。作图时，首先画出完整棱柱的左视图，然后求截平面与各棱线交点的正面投影1′、2′、3′、4′、5′、6′，由点的投影规律，求出各顶点的水平投影1、2、3、4、5、6和侧面投影1″、2″、3″、4″、5″、6″，最后依次连接各点的同面投影，即得截交线的侧面投影，如图3-5所示。

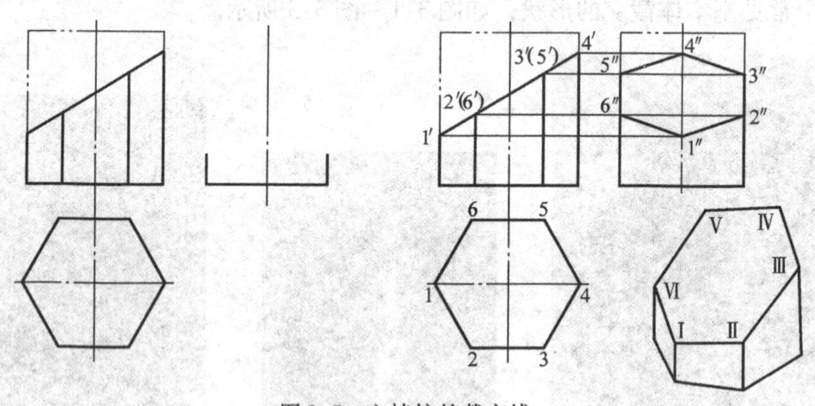

图3-5　六棱柱的截交线

2）棱锥的截交线：四棱锥被正垂面斜切，截交线为四边形，其四个顶点分别为四条棱与截平面的交点。截交线的正面投影积聚为一条直线，水平投影和侧面投影为类似形，需要求出。作图时，首先画出完整棱锥的左视图，然后求截平面与各棱线交点的正面投影1′、2′、3′、4′，由点的投影规律，求出各顶点的水平投影1、2、3、4和侧面投影1″、2″、3″、4″，最后依次连接各顶点的同面投影，即得所求截交线的投影，如图3-6所示。

3. 曲面立体的截交线

1）圆柱的截交线：平面截切圆柱产生截交线，其形状将因截平面与圆柱轴线的相对位

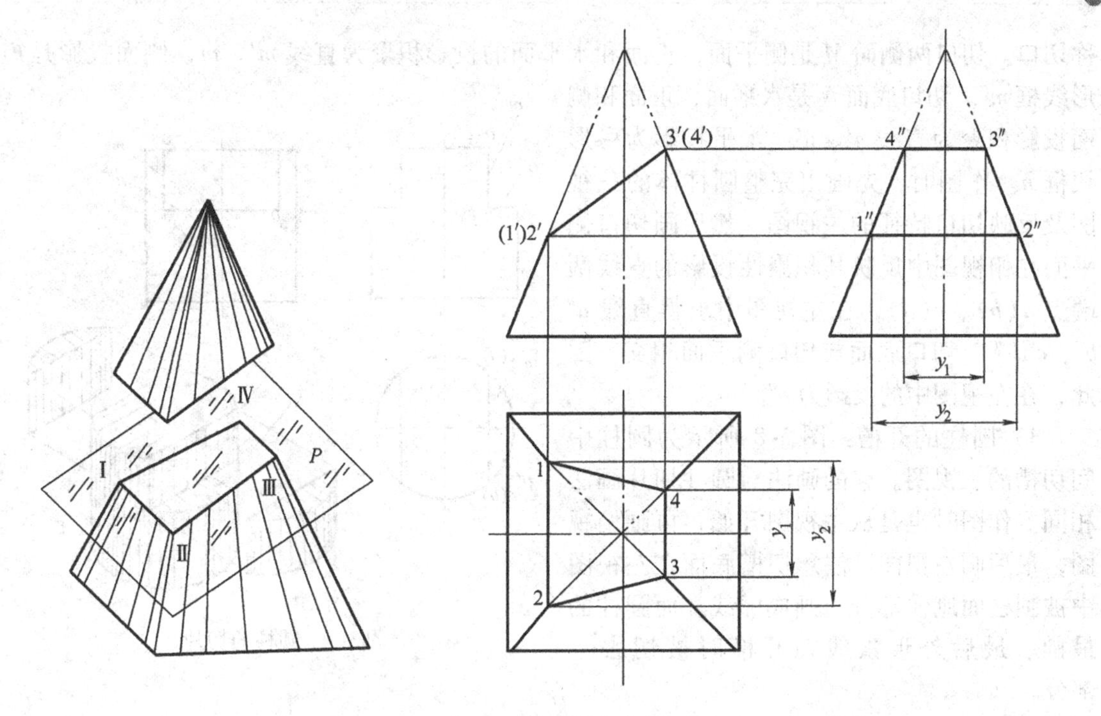

图 3-6　棱锥的截交线

置不同而不同。当截平面平行于圆柱轴线时，截交线是矩形；当截平面垂直于圆柱轴线时，截交线是一个直径等于圆柱直径的圆；当截平面倾斜于圆柱轴线时，截交线是椭圆。这三种情况见表 3-1。

表 3-1　曲面立体的截交线

截平面位置	垂直于轴线	倾斜于轴线	平行于轴线
空间形状	圆	椭圆	矩形

2）圆柱的切片：如图 3-7 所示，圆柱左右两侧被侧平面 M 和水平面 N 剖切成左、右对

称切口。切口两侧面 M 是侧平面，正面和水平面的投影积聚为直线 m'、m，侧面投影是矩形线框 m''。切口底面 N 是水平面，正面和侧面投影积聚为直线 n'、n''，水平投影为弓形线框 n。作图时，先画出完整圆柱体的三视图及反映切口特征的主视图，然后画切口侧平面在俯视图中反映其积聚性投影的直线两端点 $a(b)$、$c(d)$，在左视图中求得直线 $a''b''$、$c''d''$。切口底面与切口侧平面相交，因此，在左视图中的投影为 n''。

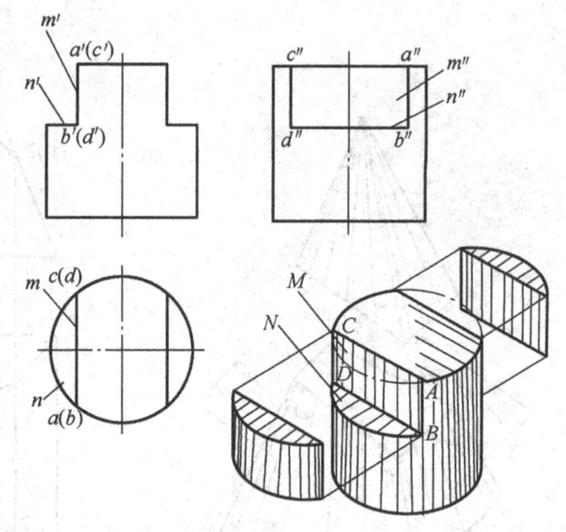

图 3-7　圆柱的切片

3）圆柱的开槽：图 3-8 所示为圆柱中间切槽的三视图。它的画法与圆柱切片画法相同。作图时也是从主视图开始，再画俯视图，最后画左视图。注意切槽底面在左视图中被圆柱面遮住部分应画成虚线，而圆柱的最前、最后外形素线在开槽时被切去一部分。

4）斜切圆柱：圆柱被正垂面斜切，截交线是椭圆。其正面投影与截平面的正面投影重合，为一段直线；其水平投影重合于圆柱的俯视图上，为一个圆。已知椭圆的两个投影，即可求得其侧面投影。作图时，首先画出完整圆柱的左视图，然后确定截线上的特殊点，即圆柱面上左素线、右素线、前素线和后素线与截平面的交点。其水平投影为 1、2、3、4，正面投影为 1′、2′、3′、4′，根据点投影规律可直接作出它们的侧面投影 1″、2″、3″、4″，其次作中间点，如图 3-9 所示 A、B、C、D 四点。作图时，先在截交线已知的正投影上定出四点的正面投影 a'（b'）、c'（d'），再根据圆柱水平投影有积聚性而作出四点的水平投影 a、b、c、d，然后按投影关系求得四点的侧面投影 a''、b''、c''、d''，最后依次光滑连接各点的侧面投影，即得所求截交线。

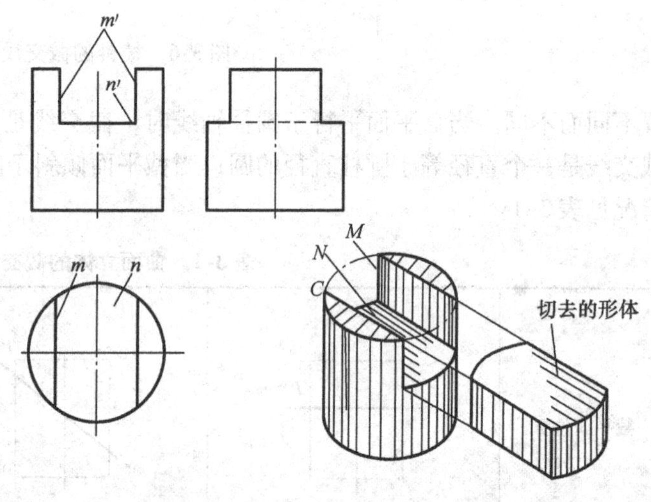

图 3-8　圆柱的开槽

5）圆球的截交线：圆球被任何方向的平面截切，所得交线都是圆。圆的直径大小取决于切平面与球心的距离。当切平面通过球心时，交线圆直径最大，等于圆球直径。当切平面与投影面平行时，交线圆在所平行的投影面上投影为圆，而在其他两投影面上的投影均积聚成直线段，其长度等于交线圆直径。

如图 3-10 所示圆球被水平面 M 和侧面 N 所截切，水平面投影和侧面投影为圆 m、n''，其对应的其他两面投影积聚为直线 m'、m''和 n、n'。

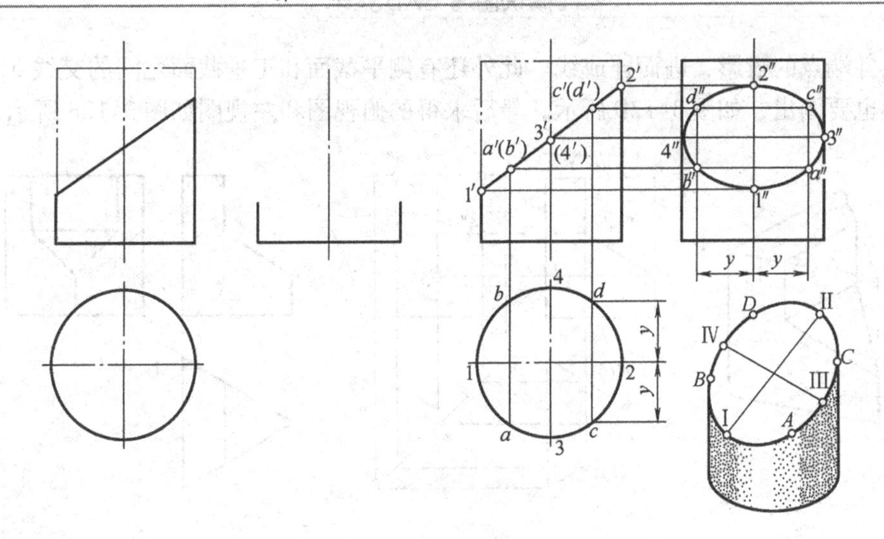

图 3-9　斜切圆柱

如图 3-11 所示是一个半圆球被三个平面截切后所形成的一个切口，已知其正面投影，求它的另两个投影。从图中可看出，中间凹槽是由两个侧平面及一个水平面切割而成的，两个侧平面与圆球的交线是一段圆弧，在侧面投影反映实形，水平投影积聚成一直线段。水平面与圆球的交线是前后各一段平行于水平面的圆弧。正面、侧面投影积聚为直线段，水平面投影反映实形，根据其直径画出俯视图上的前后两段圆弧，再以主视图切口两侧面的半径 R_2 画出左视图上的圆弧。

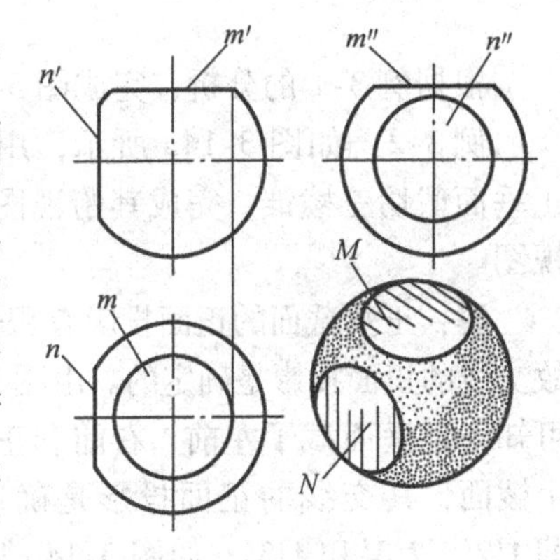

图 3-10　圆球的截交线

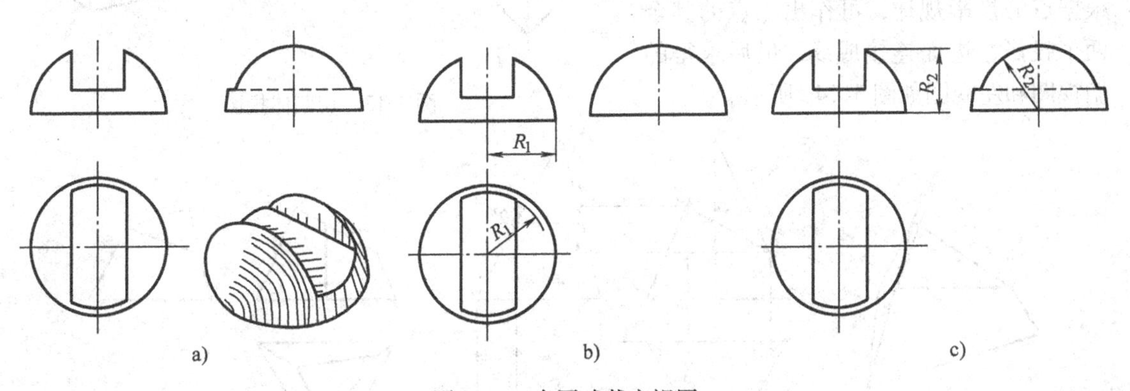

图 3-11　半圆球截交视图

做一做

例 3-1：如图 3-12a 所示，用一个侧平面和一个正垂面去截三棱柱，现求作其俯视图和左视图。

解：侧平截面截了三棱柱的上底面、前棱面和后棱面；正垂截面截了三棱柱的前棱面和后棱面，故有五条交线，就是正投影的 1′2′、1′3′、2′4′、3′5′和 4′5′。根据点的投影规律可作出折线各端点的投影，进而连成线。此外还有侧平截面和正垂截面之间的交线3′4′，其余两个投影也要画出，如图3-12b所示。最后求得的俯视图和左视图如图3-12c所示。

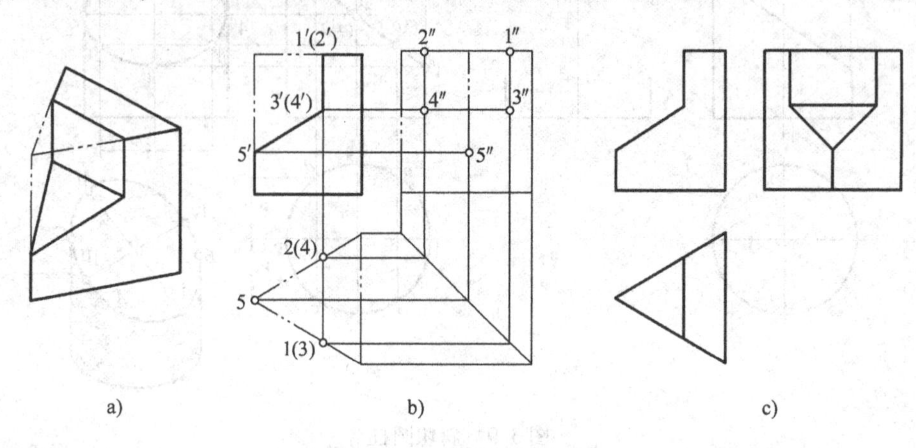

图3-12　三棱柱截交视图

根据例3-1的分析，完成图3-13所示切割体的投影。

例3-2：如图3-14a所示，用一个正垂面截切三棱锥，完成其俯视图和左视图。

解：正垂截面的正面投影有积聚性，故交线的正面投影是确定的。由图3-14a可知，正垂面截了左前、右前和正后三个棱面，其交线的正面投影是确定的，即1′2′、2′3′和1′3′，如图3-14b所示。根据点的投影规律，可作出三点的其余两个投影，进而连接成线，最后求得的俯视图和左视图如图3-14c所示。

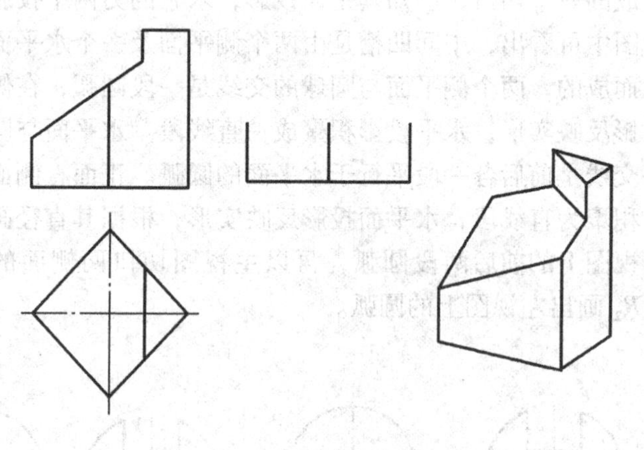

图3-13　切割体投影

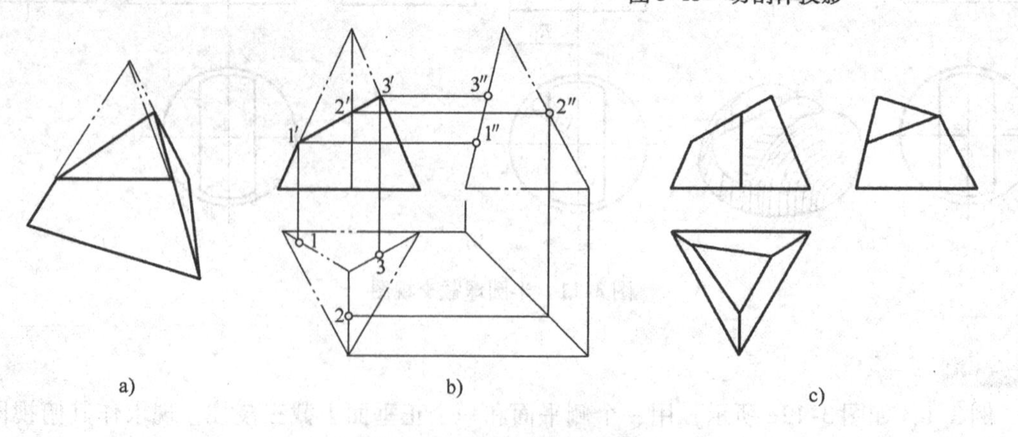

图3-14　三棱锥切割体投影

根据例3-2的分析，完成图3-15所示切割体的投影。

例 3-3：如图 3-16 所示，根据主、俯视图补画其左视图。

解：圆柱中间开一矩形槽，圆柱最前、最后的素线在开槽部分内移，具体位置应以俯视图量取。求得的左视图如图 3-16 左图所示。

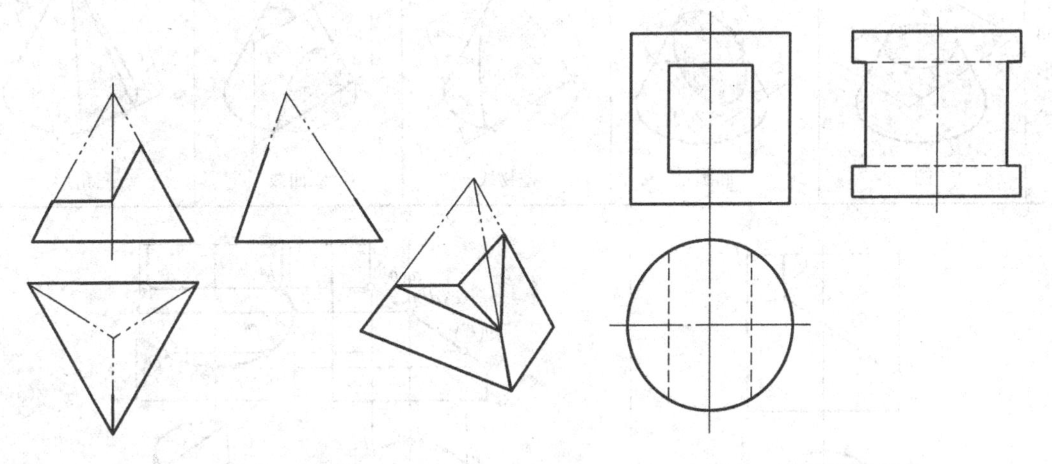

图 3-15　切割体投影　　　　图 3-16　矩形槽圆柱

参照例 3-3，补画第三视图，如图 3-17 所示。

例 3-4：已知一个被侧平面和正垂面所截的圆柱体，其主、俯视图如图 3-18a 所示，补画第三视图。

解：斜面（正垂面）与圆柱截交，其交线是椭圆的一部分，在左视图上，该椭圆的投影一般仍为椭圆，其短轴 $c''d''$ 与圆柱直径相同，所以左视图上圆柱外形与椭圆投影相切于 c''、d'' 点，而长轴的一个端点为 e''，再找足够的一般位置点，如 a、b、g、f 等，就可将其光滑地连成椭圆，如图 3-18d 所示。

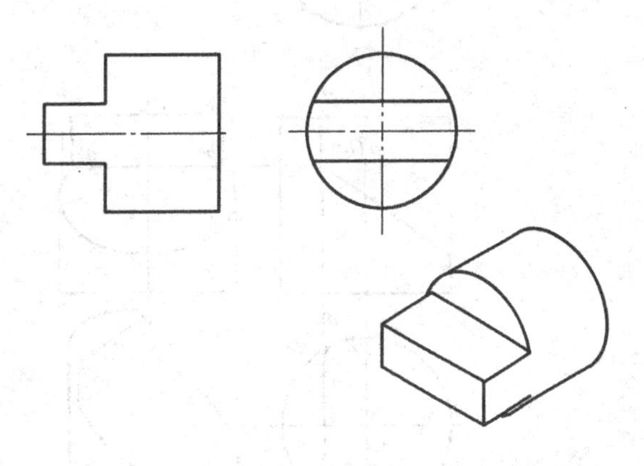

图 3-17　补画切割体第三视图

根据例 3-4 的分析，想出截交线的形状，补画图 3-19 中的第三视图。

再了解

圆锥的截交线：不同位置平面与圆锥相交的截交线见表 3-2。

表 3-2　圆锥的截交线

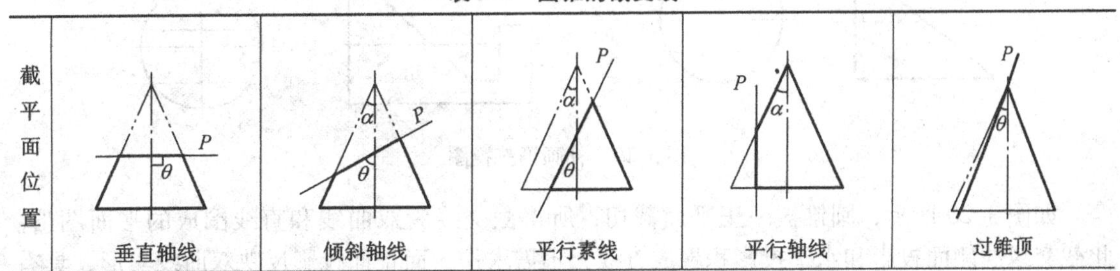

截平面位置	垂直轴线	倾斜轴线	平行素线	平行轴线	过锥顶

（续）

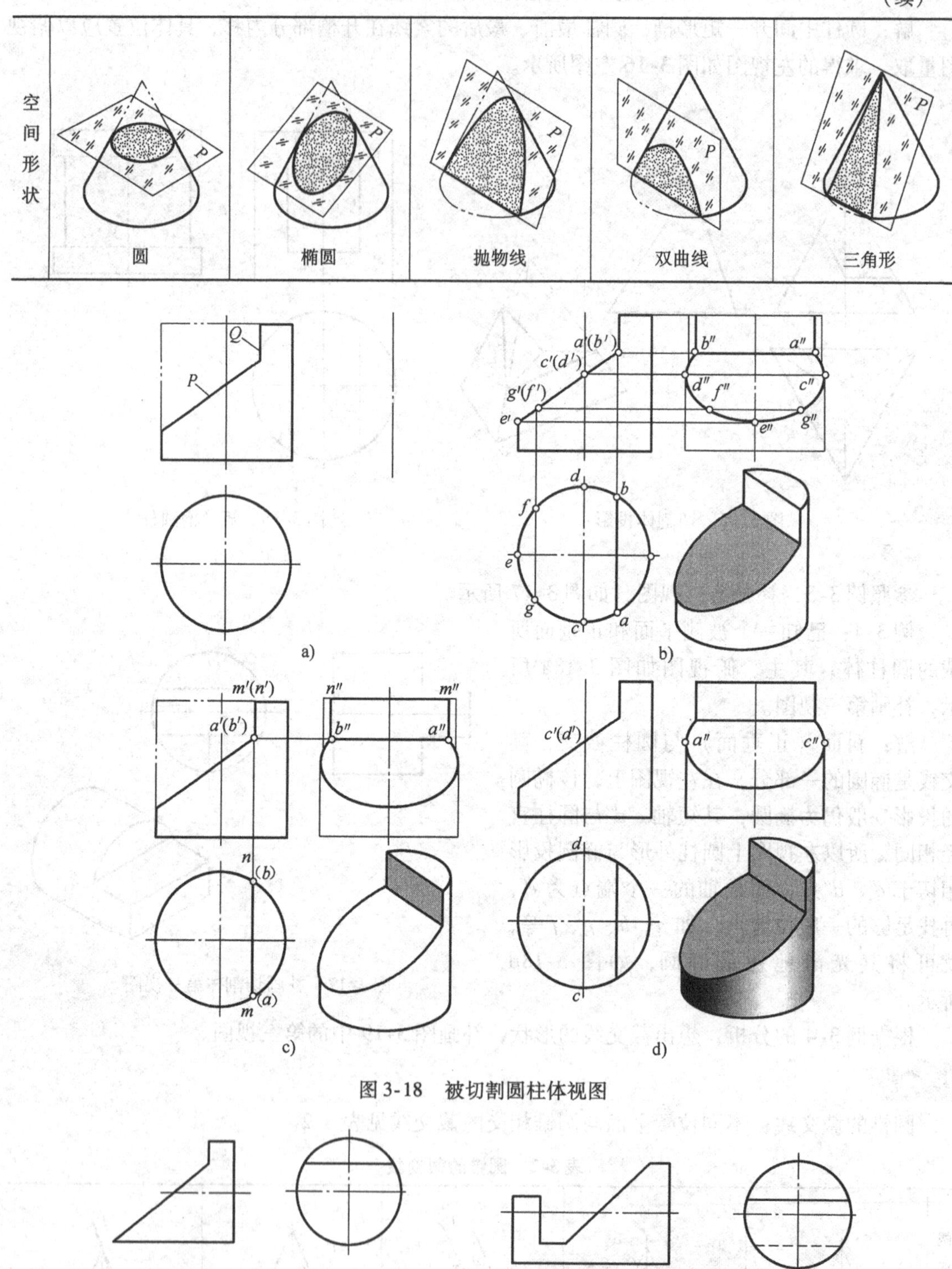

a) b) c) d)

图 3-18 被切割圆柱体视图

图 3-19 补画第三视图

如图 3-20 所示，圆锥被一正平面截切，所得截交线为双曲线和直线围成的平面图形。此截交线的侧面投影和水平投影积聚成直线，不需求作；而正面投影反映双曲线实形，具有真实性，需作图求得。作图时，首先画出完整圆锥的主视图，然后求出截交线上的特殊点，即左视图中的最高点 a'' 及最低点 b''（c''）。根据点的投影规律，从水平投影 a、b、c 及侧面投影 a''、b''、c'' 求得正面投影 a'、b'、c'，再求出截交线上的一般点，即任取 d''（e''）两点，过 d''（e''）作一辅助圆，由辅助圆和 d''（e''）点与轴线的宽度 y 求得 d、e，从而求得正面投影 d'、e'，最后依次连接 b'、d'、a'、e'、c'，即得截交线的正面投影。

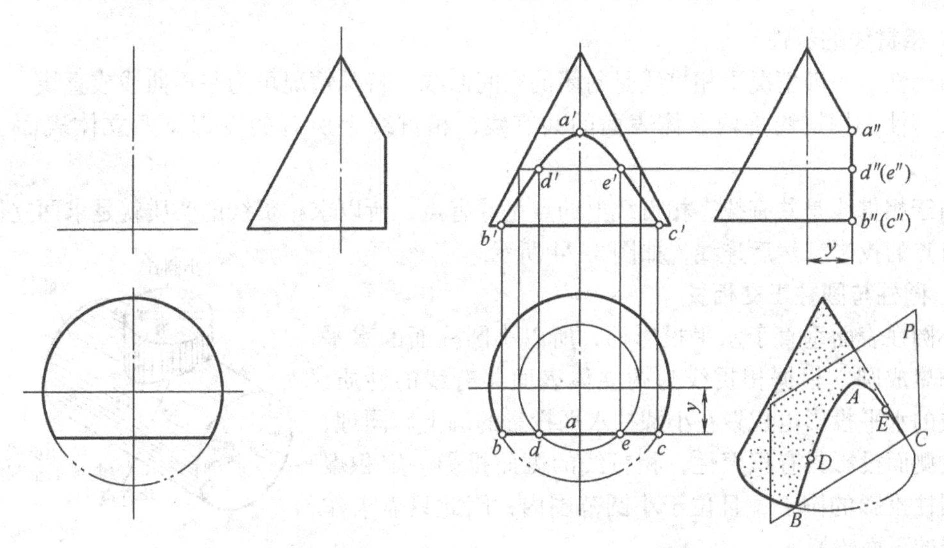

图 3-20　圆锥被正平面截切

任务二　相　贯　线

了解相贯线的概念，掌握两圆柱正交相贯线的求法、圆锥与圆柱正交相贯线的求法、相贯线的特殊情况和过渡线的画法。

看一看

看基本体相贯，注意其交线，如图 3-21 ~ 图 3-23 所示。

图 3-21　圆锥与圆柱相贯

图 3-22　圆台与圆柱相贯

图 3-23　圆柱与圆柱相贯

记一记

- 相贯体：相交的两个基本体。
- 相贯线：相交形体表面的交线。

想一想

1. 相贯线的特性

封闭性：一般情况下相贯线是封闭的空间曲线，特殊情况可为平面曲线或直线

共有性：相贯线是两立体表面的共有线，相贯线上所有的点都是两立体表面上的共有点。

由于相贯线是共有线，相贯线上的点是共有点，所以求相贯线的实质就是求两立体表面上共有点的投影，然后连线，如图3-24所示。

2. 圆柱与圆柱正交相贯

小圆柱表面垂直于水平投影面，所以小圆柱面的水平投影积聚成圆，根据相贯线为两立体表面共有线的性质，相贯线的水平投影也积聚在小圆柱水平投影的圆上。同理，大圆柱侧面投影具有积聚性，相贯线的侧面投影一定积聚在大圆柱投影的圆上，且位于小圆范围内，因此只需求作相贯线的正面投影。

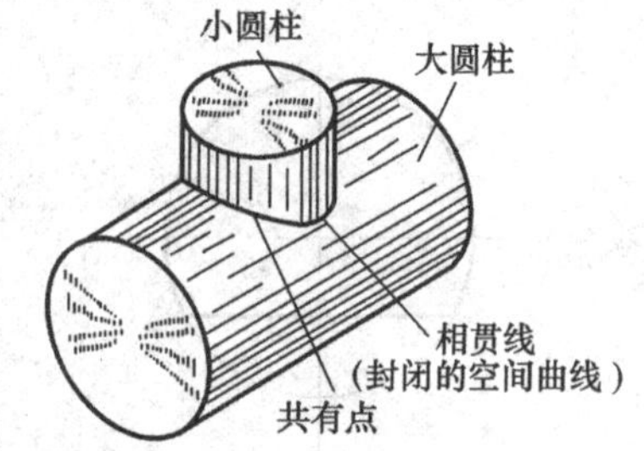

图3-24　圆柱与圆柱正交相贯

作图时先求特殊点，即由俯、左视图确定相贯线左、右两个最高点和前后两个最低点的投影1、2、3、4和1″、2″、3″、4″。按“三等规律”可求出主视图中的1′、2′、3′、4′。然后求一般点，在左视图中取同样高度的四点5″、6″、7″、8″。由“宽相等”作出俯视图中的投影，再按“三等规律”作出主视图中的投影。最后将主视图上求得的点依次光滑连接，即得到所求相贯线的正面投影。作图过程如图3-25所示。

3. 相贯线的简化画法

在两圆柱轴线垂直正交、直径不等的情况下，对作图准确度无特殊要求时，可采用简化作图方法得到相贯线的近似投影，即用圆弧代替这段非圆曲线。具体作法是以大圆柱的半径

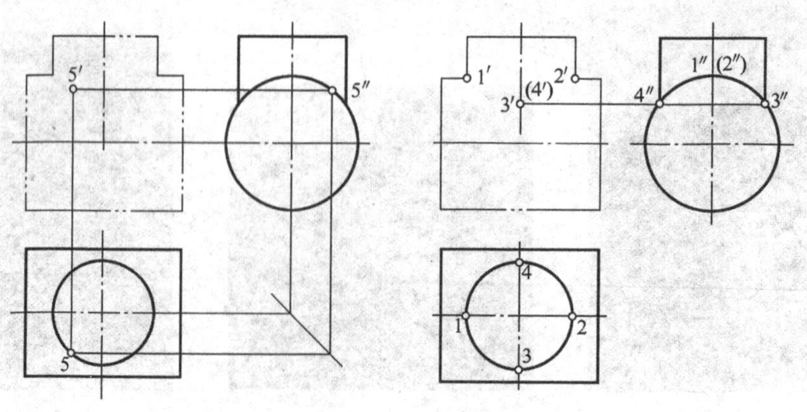

图3-25　相贯线作图过程

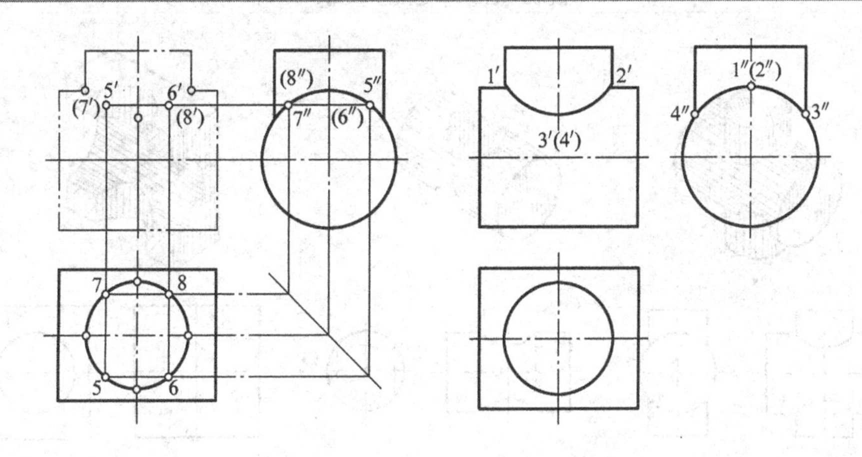

图3-25　相贯线作图过程（续）

R为半径、以特殊点1′或2′为圆心画弧，交小圆柱轴线于O点，再以O为圆心、以R为半径画弧，即得相贯线，如图3-26所示。

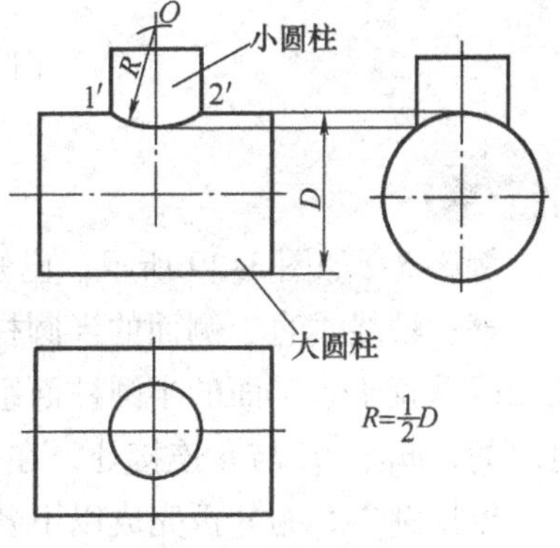

图3-26　相贯线的简化画法

4. 相贯线的弯曲趋向

如图3-27所示，两圆柱正交，水平大圆柱直径不变，垂直圆柱Ⅰ的直径小于水平圆柱，相贯线为上、下弯曲；当垂直小圆柱直径逐渐变大时，则相贯线弯曲程度越来越大；垂直圆柱Ⅱ与水平圆柱直径相等，相贯线从两条空间曲线变为两条平面曲线（椭圆），其正面投影为两条相交的45°斜线；垂直圆柱Ⅲ大于水平圆柱直径，相贯线变为左右方向弯曲。

5. 两圆柱体相交的三种形式

轴线垂直相交的两圆柱体可能会出现两圆柱体外表面相交、外表面与内表面相交或两内圆柱表面相交三种形式。不论哪种形式，相贯线的形状和作图方法都是相同的，如图3-28所示。

1′　2′　3′

Ⅰ　Ⅱ　Ⅲ

横向圆柱

图3-27　圆柱正交

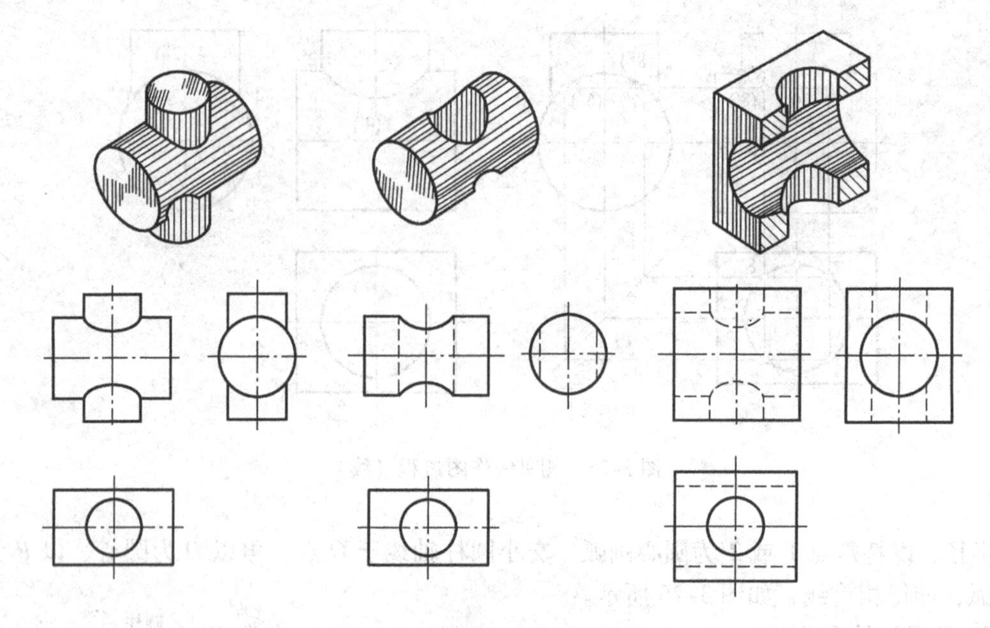

图3-28　圆柱表面相交的三种形式

做一做

例3-5：如图3-29所示，已知俯视图和左视图，求主视图。

解：轴线垂直于侧面的半圆柱体，在其左端、中间部位开了一通槽，通槽由两个正平面及轴线垂直于水平面的半圆柱面组成。所得相贯线是由两条截交线 m_1、m_2 及一段相贯线 n 组成的，m_1、m_2 与 n 连接处，在空间为相切，其正面投影应光滑连接。

根据例3-5的分析完成以下各题。

1. 补画第三视图，如图3-30所示。

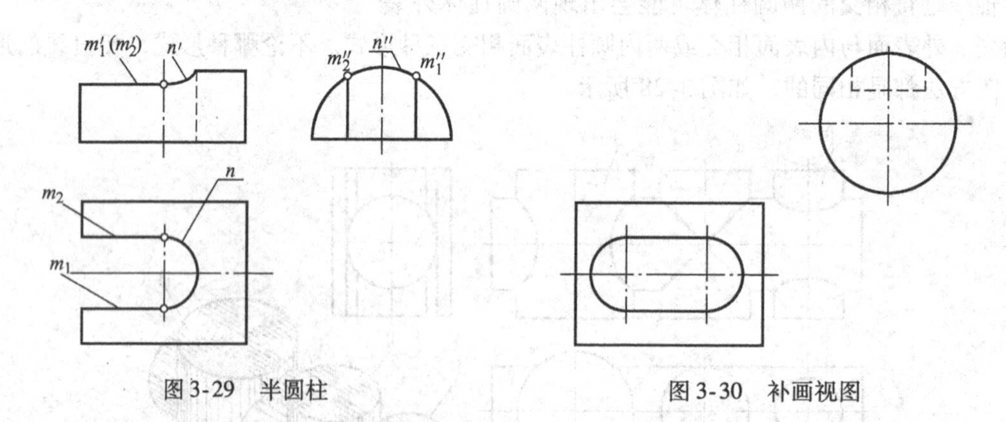

图3-29　半圆柱

图3-30　补画视图

2. 补画视图中漏画的相贯线，如图3-31所示。

例3-6：已知主视图和俯视图，求作左视图，如图3-32a所示。

解：两圆柱轴线成90°相交，相贯线是两圆柱的公共线。求相贯线时，先找外形上的公共点1″、2″、3″，再求若干一般位置点如 a''、b''等，然后光滑地连成相贯线，如图3-32b所示。

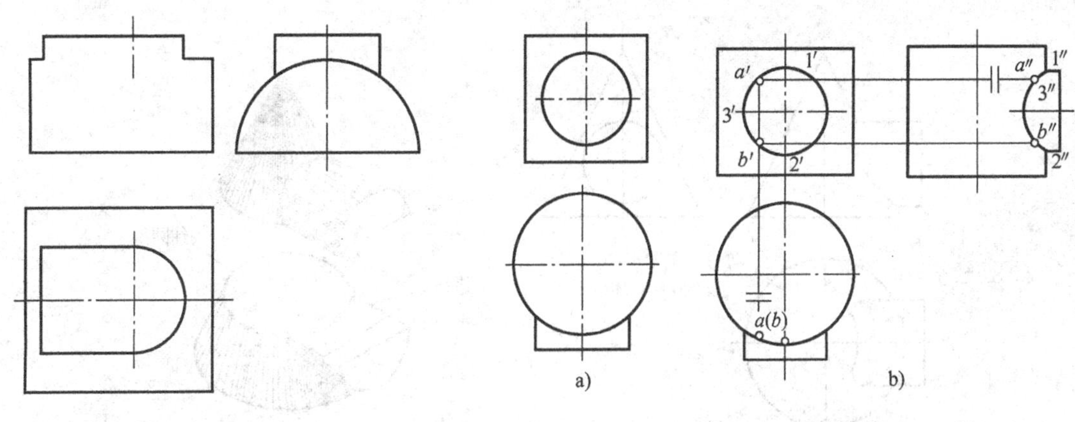

图 3-31　补画视图中漏画的线　　　　图 3-32　圆柱相贯

根据例 3-6 的分析，求第三视图，如图 3-33 所示。

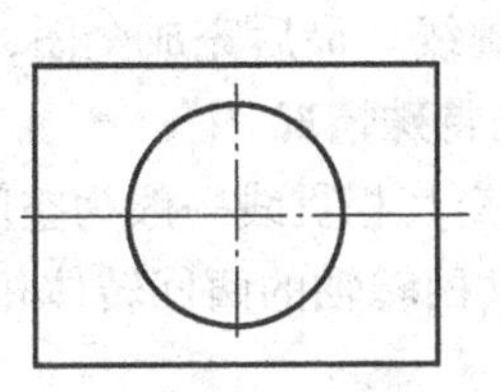

图 3-33　圆柱与半圆柱相贯

再了解

1. 圆柱与圆锥正交相贯

如图 3-34 所示，圆柱轴线与圆锥轴线垂直相交，圆柱体贯穿到圆锥体内，其相贯线是一条前后对称的空间曲线。由于圆柱的侧面投影积聚为圆，所以相贯线的侧面投影也积聚在圆上。圆锥和圆柱的正面投影、水平投影均无积聚性，不能采用直接取点法，故需用辅助平面法求解。实际作图时应先求若干特殊点，从相贯线的侧面投影定出其最上点 1″、最下点 2″、最前点 3″、最后点 4″及正面投影 1′、2′。根据 1″、2″及 1′、2′求得 1、2。通过 3″、4″作出一个辅助的水平面来切相贯体，从而求出圆柱的前素线和后素线与圆锥的交点 3 和 4。由点 3″、4″及点 3、4 求得点 3′（4′），如图 3-34a 所示。其次求作若干中间点，如定出点 5″、6″、7″、8″，通过这些点辅助水平面，在水平投影求得点 5、6、7、8，由 5、6、7、8 及点 5″、6″、7″、8″求得点 5′（6′）、7′（8′）。求作过程见图 3-34b，最后连线并判断可见性。点3、4是相贯线水平投影可见与不可见的分界点。从上往下看，只有圆柱面上半

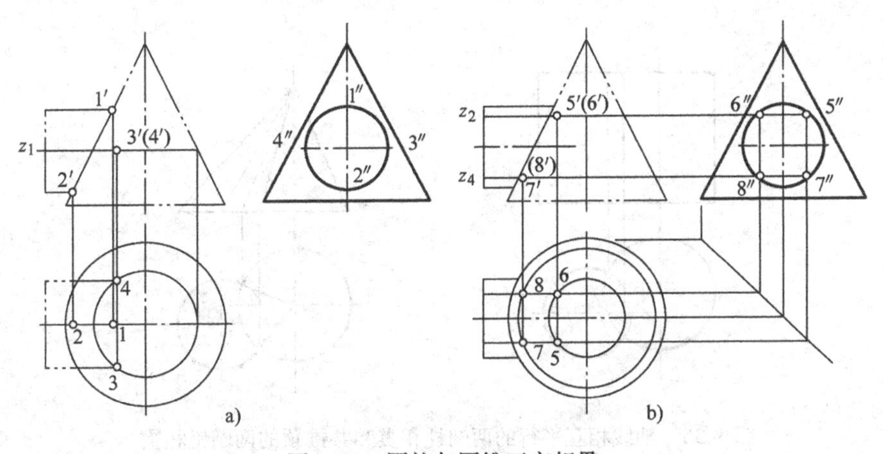

图 3-34　圆柱与圆锥正交相贯

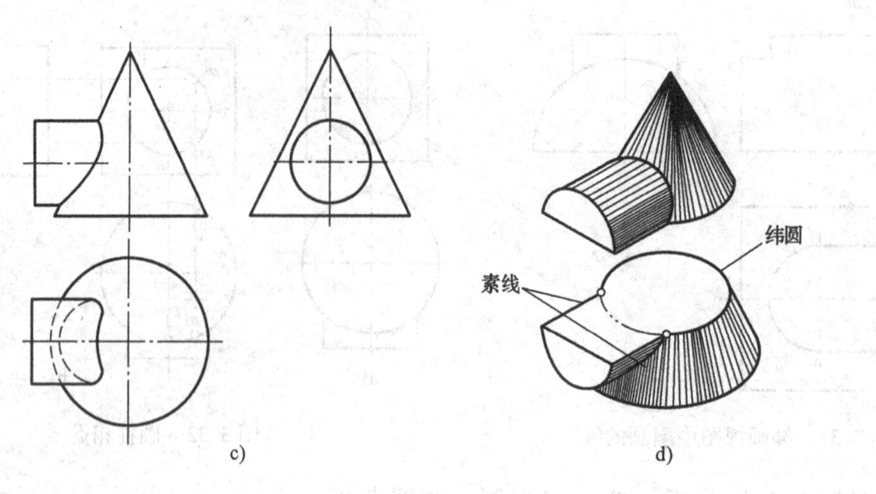

图3-34　圆柱与圆锥正交相贯（续）

部分与圆锥面的相贯线才是可见的，所以线3-5-1-6-4是可见的，应连成实线，线3-7-2-8-4不可见，连线虚线。最后完成全图，如图3-34d所示。

2. 相贯线的特殊情况

两回转体相交其相贯线一般为空间曲线，但在特殊情况下，也可能是平面曲线或直线。

1）具有公共回转轴的两回转体相贯时，相贯线为垂直于公共回转轴线的圆，如图3-35所示。

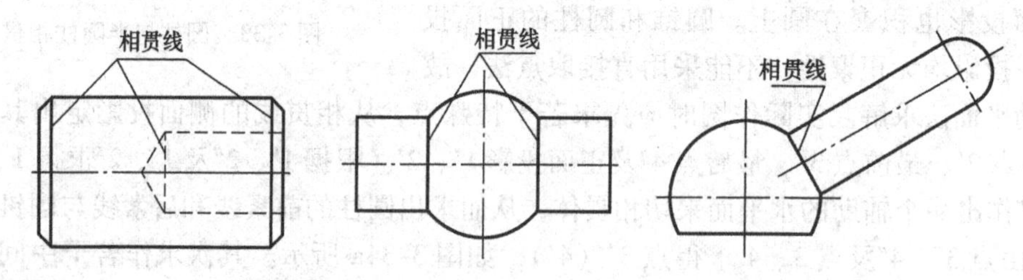

图3-35　相贯线的特殊情况

2）轴线相互平行的两圆柱相贯或共锥顶的两圆锥相贯时，相贯线为直线，如图3-36所示。

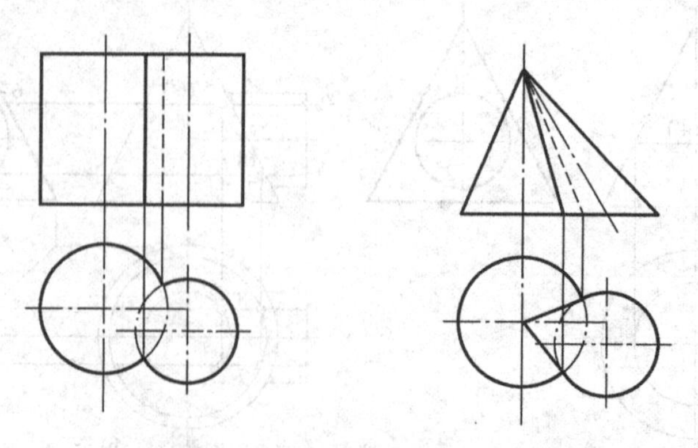

图3-36　轴线相互平行的两圆柱相贯和共锥顶的两圆锥相贯

3. 过渡线的画法

在铸件或锻件中，由于工艺上的要求，在两个表面相交处常用一个曲面圆滑地连接起来，这个过渡曲面叫圆角，此时两表面相交的棱线便不明显，在视图中也没有它的投影，这样不利于区分形体的界限，作图时，仍画出理论上的相贯线，这条线叫做过渡线。过渡线的画法与相贯线画法相同，但过渡线的两端与小圆角之间应留有空隙，如图 3-37 所示。

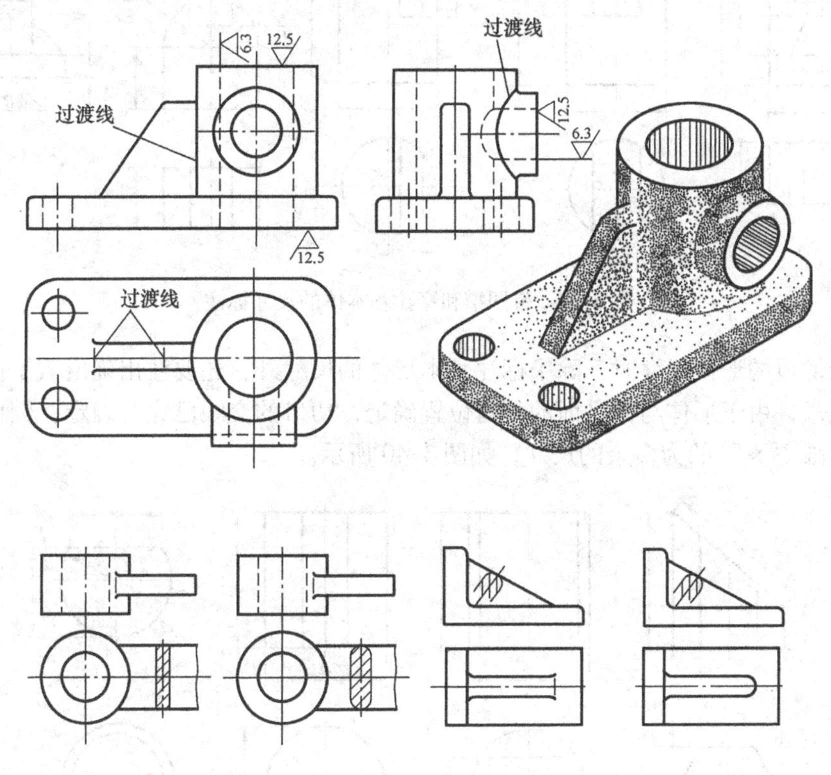

图 3-37　过渡线的画法

4. 带斜面和切口基本体的尺寸标注

带有截交线的立体是基本体经过截切形成的立体，此类形体中切口交线是由切平面位置所决定的，是切平面截断形体的截交线。标注尺寸时应注出基本体的定形尺寸和确定斜面或切口平面位置的定位尺寸，如图 3-38 所示。

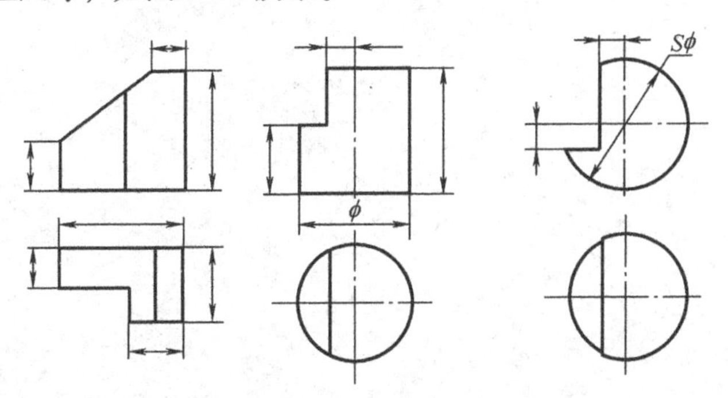

图 3-38　带斜面和切口基本体的尺寸标注

5. 带凹槽和穿孔基本体的尺寸标注

这类形体除了注出基本体的大小尺寸外，还应注出槽或孔的大小和位置尺寸，如图3-39所示。

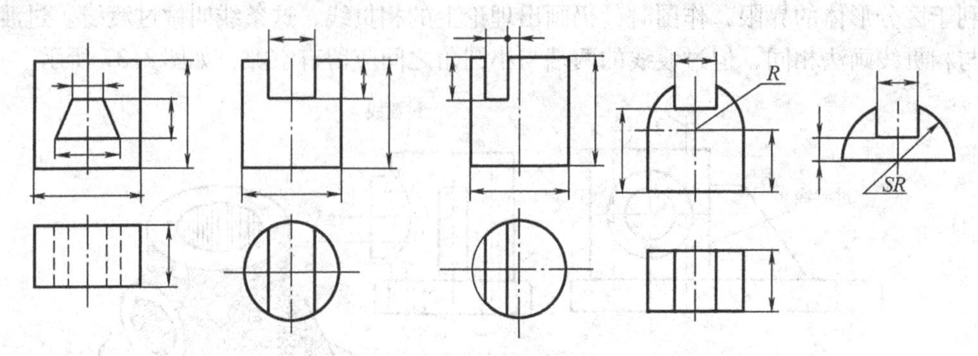

图3-39 带凹槽和穿孔基本体的尺寸标注

标注带切口的形体尺寸时，除了标注基本形体的尺寸外，还要注出确定截平面位置的尺寸。必须注意，由于形体与截平面的相对位置确定，切口的交线已完全确定，因此不应再标尺寸。图中画“×”的为多余的尺寸，如图3-40所示。

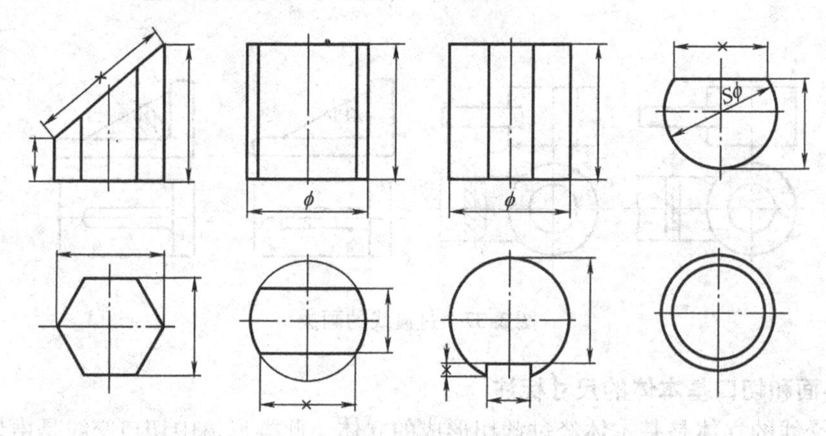

图3-40 多余的尺寸标注

第四模块　组　合　体

基本要求：

1. 了解用形体分析法和线面分析法分析各种类型的组合体。
2. 了解形体邻接表面间共面、不共面、相切、相交的画法。
3. 了解用形体分析法和线面分析法画组合体三视图的方法和步骤。
4. 了解组合体的尺寸标注。
5. 了解用形体分析法和线面分析法读组合体视图的方法和步骤，具有识读各种类型组合体视图的能力，能“二求三”或补画视图中的缺线。

任务一　组合体的形体分析

了解形体分析法、组合体的组合形式。

看一看

看图4-1、图4-2、图4-3，分析组合体是由哪些基本体组合而成的。

图4-1　组合体（1）

图4-2　组合体（2）

图4-3　组合体（3）

记一记

● 组合体：任何复杂的零件都可以看作是由若干个基本体所组成的，由两个或两个以上的基本体构成的物体称为组合体。图4-4所示支座即为一个典型的组合体。

● 形体分析法：形体分析法就是假想把组合体分解为若干个基本体，然后弄清楚各部分的形状、相对位置、组合形式以及表面连接关系，从而运用投影知识来解决画图和看图的问题。形体分析法能帮助我们把复杂问题简单化，然后一个个地去解决。如图4-4所示支座，可分解为由底板、圆筒、支撑板和肋板四个形体组成。

想一想

1. 组合体的组合形式

1）叠加类：由几个基本体叠加而成的组合体。如图 4-5a 所示的螺栓毛坯，可看成由六棱柱、圆柱叠加而成。

2）切割类：从一基本体中经切割去除某些部分形成的组合体。如图 4-5b 所示的斜切工字钢，可看成由一长方体切去左上角三棱柱、前后又切去两个矩形槽而成的组合体。

3）综合类：由若干个基本体既有叠加又有切割混合而形成的组合体。如图 4-5c 所示支座，可看成由底板、支撑板、圆筒“叠加”为主，并伴随有“切割”圆孔而构成的组合体。

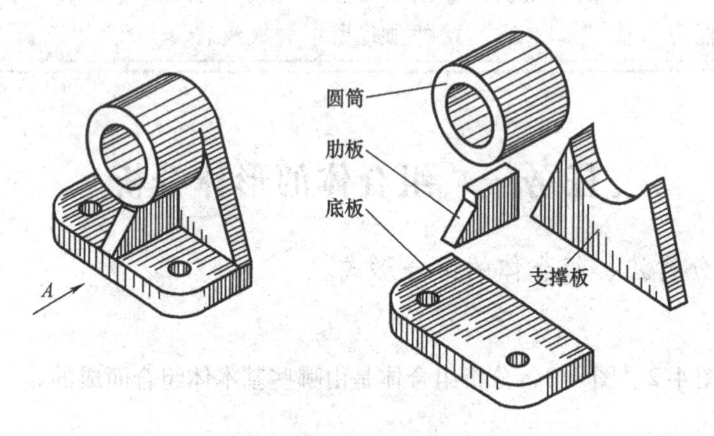

图 4-4　组合体分解

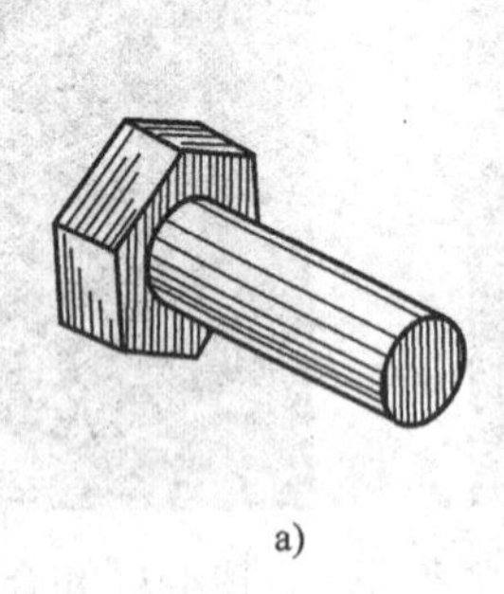

a)

b)

c)

图 4-5　组合体工件

2. 组合体的表面连接关系

组合体中的各基本体表面之间有平齐（同面）、不平齐（不同面）、相切、相交四种连接形式，如图 4-6 所示。

1）平齐（同面）：当两形体的表面平齐时，两邻接表面间不画分界线。

2）不平齐（不同面）：当两形体的表面不平齐时，两邻接表面间应画分界线。

3）相切：当两形体的表面相切时，在相切处不画线。

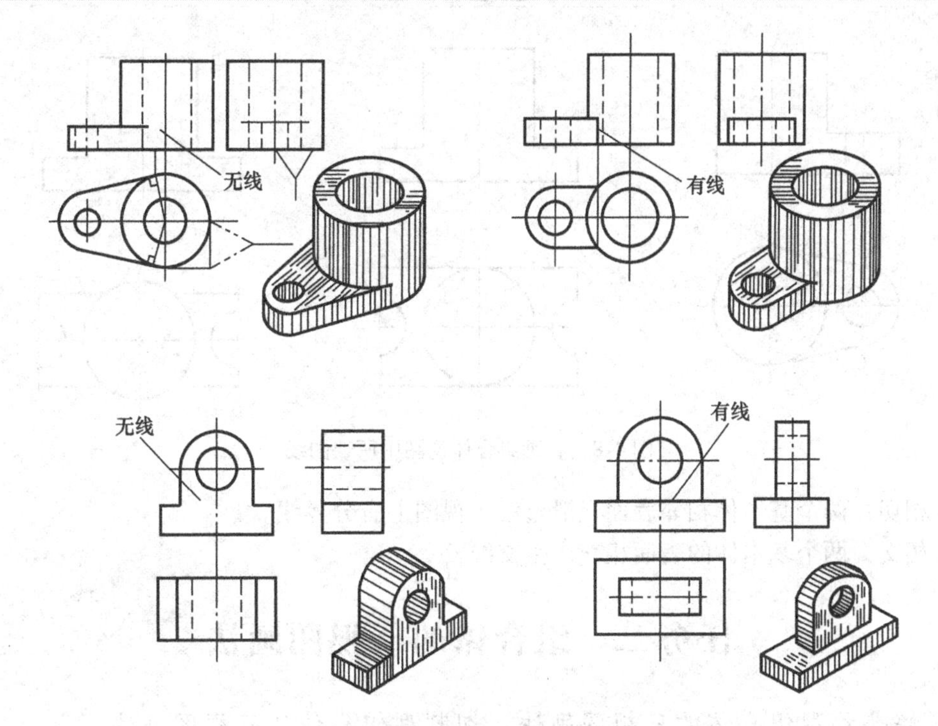

图4-6 组合体的表面连接关系

4）相交：当两形体的表面相交时，在相交处应画出交线。

画组合体的视图时，必须注意其结合形式和各组成部分表面间的连接关系，这样才能不多画线或漏画线。同样，在读图时，也必须注意这些关系，才能想清楚整体结构形状。

做一做

图4-7所示为一组合体。图4-7a中，底板与圆柱相交，在主视图中应画出交线的投影；图4-7b中底板与圆柱相切，在主视图中不应画出交线。

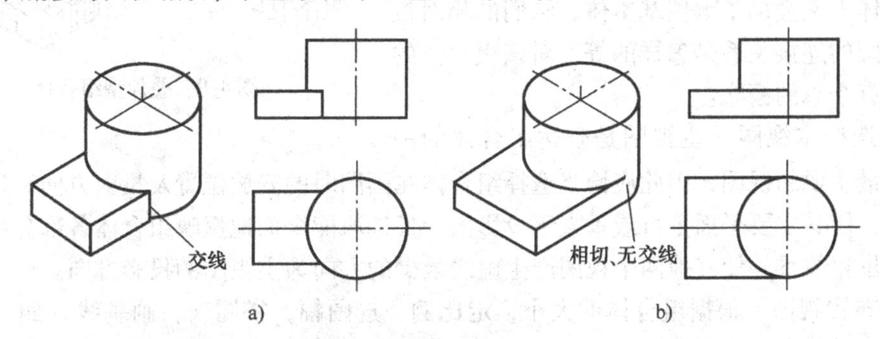

图4-7 组合体视图中的线

参照以上分析，补画图中所缺图线，如图4-8所示。

再了解

- 不共面：两个基本体叠加时，只有叠合处表面重合，没有公共表面，视图上有分界线。
- 共面：两个基本体互相连接的一个平面或曲面，视图上没有分界线。

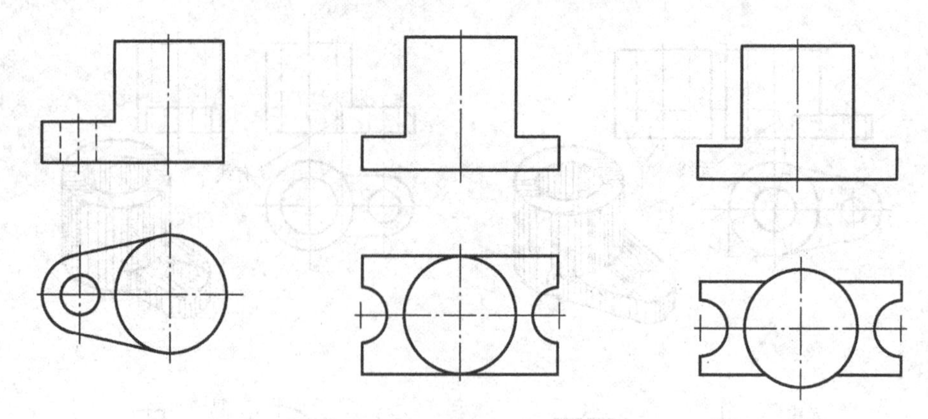

图 4-8　补画组合体视图中所缺图线

- 相切：两个基本体相邻表面光滑过渡，视图上有分界线。
- 相交：两个基本体的表面相交产生交线。

任务二　组合体的三视图画法

了解叠加型组合体的三视图画法、切割型组合体的三视图画法。

看一看

看图4-9，分析叠加型组合体。

记一记

1. 叠加型组合体三视图的画法

（1）形体分析　画图前应对组合体进行形体分析，分析构成组合体最基本的形体是什么、在主体的基本体上又叠加了哪些基本体、它们的相对位置及表面间的连接关系是怎样的等，对该组合体的形体特点有个总的概念。

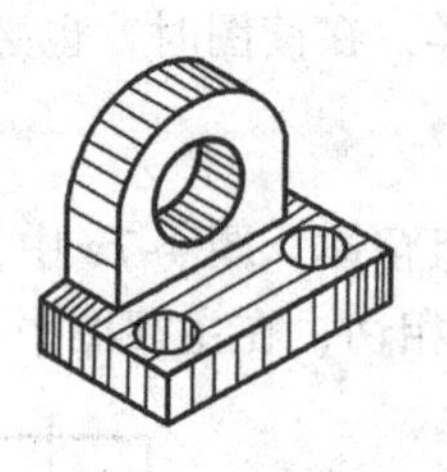
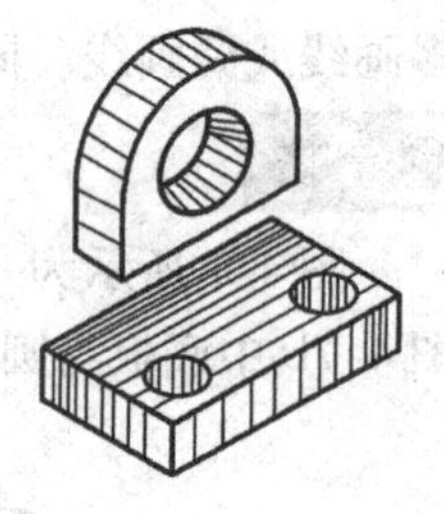

图 4-9　叠加型组合体

（2）选择主视图　主视图是表达组合体的一组视图中最主要的视图，因此应恰当选择组合体在画图时的安放位置及投射方向。通常将组合体放正，使其主要平面平行或垂直于投影面，且选取能全面地反映组合体各部分的形状特征、相对位置关系并使其他两个视图产生虚线最少的方向为主视图的投影方向。

（3）布置视图　根据组合体的大小，定比例，选图幅，搭图架，画基线（组合体的底面、端面、对称中心线等）。

（4）画底稿　起稿时，先画出形成组合体最基本形体的三视图，在此基础上再用叠加、切割等组合方式逐步完成其他形体视图。应先画大的形体，后画小的细节；先画外部形状，后画内部结构。一般先画表面形体特征最明显的视图，然后再画其他视图，各视图应同时进行。

2. 切割型组合体三视图的画法

（1）形体分析　切割型组合体与叠加型组合体类似，画图前，都要作形体分析，分析切割前的主体形状、切割的方法及位置、穿孔的形状和位置、切割的次数等。

（2）选择主视图　主视图应尽可能多地反映形体的特征，同时要考虑合理的安放位置，使在其他视图中不产生虚线或少产生虚线。

（3）布置视图　根据组合体大小来确定比例，各视图之间的位置要摆放适当，画出各视图的基准线，各视图之间要留有一定的空间，以便进行尺寸标注。

（4）画底稿　画基本体的三视图。

想一想

1. 叠加型组合体三视图的画法

以图4-9所示组合体为例，说明叠加型组合体三视图的画法。

（1）形体分析　图4-9所示的组合体可以分析为由两个基本形体构成，一个是直立的半圆头板，上面有一个圆柱孔；另一个是水平放置的长方板，上面有两个圆柱孔。两板简单地叠加在一起，后端面同面。

（2）选择主视图　长方板底面放平，选择正对着半圆头板投射的方向为主视图方向。

（3）布置视图　根据组合体的大小，定比例，选图幅，搭图架，画基线（组合体的底面、端面、对称中心线等），如图4-10a所示。

（4）画底稿　先画底板的主视图、俯视图，再画半圆头板的主视图，后画俯视图、左视图，如图4-10b、c、d、e所示。

（5）检查、加深　画完底稿后，要对全图进行仔细检查、修改，擦去多余的线条，然后按规定加深各类图线，先加深圆弧，后加深直线，如图4-10f所示。

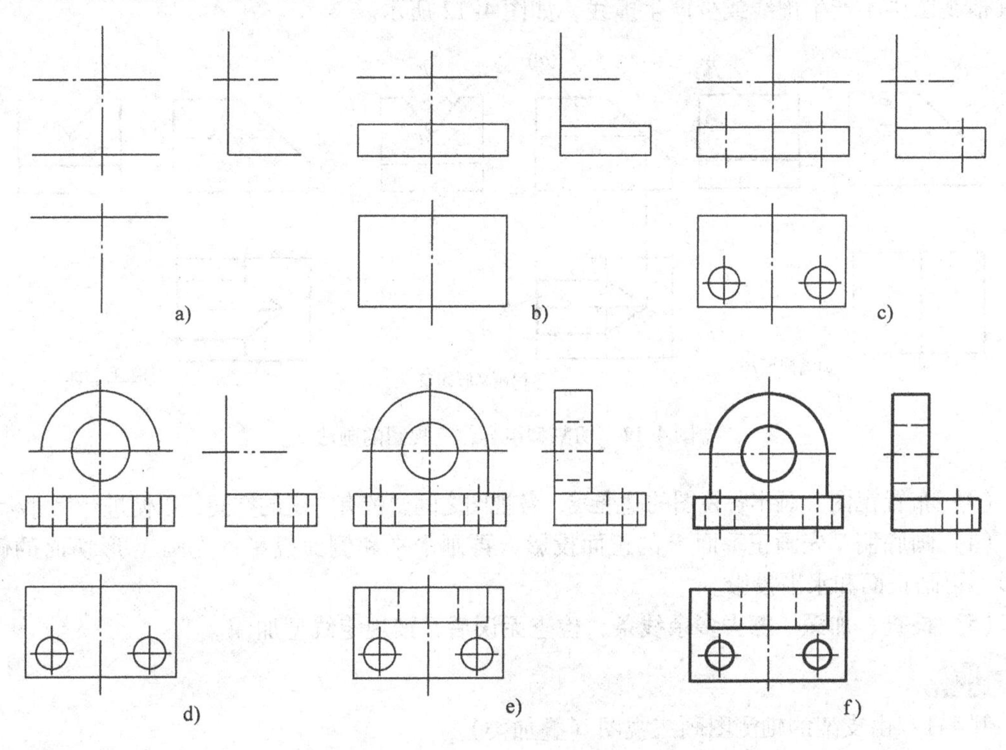

图4-10　叠加型组合体三视图的画法

2. 切割型组合体三视图的画法

以图 4-11 所示组合体为例，说明切割型组合体三视图的画法。

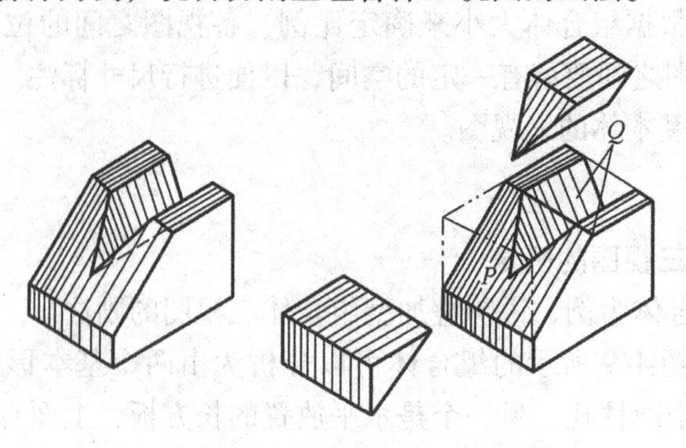

图 4-11 切割型组合体

（1）形体分析 图 4-11 所示组合体切割前的基本形体为一个四棱柱（长方体）。这个四棱柱是被正垂面 P 切去一个左上角，再被两个侧面 Q 切出 V 形槽而成的。正垂面 P 与基本体截割后产生截交线，此截交线是由两条正平线、两条正垂线所围成的矩形框，此矩形的正面投影具有积聚性，水平投影和侧面投影都具有类似性。两侧垂面与基本体截交产生的交线是由两条侧垂线、一条侧平线和一条一般位置直线所围成的梯形框，这样的梯形有两个。这两个侧垂面在侧面内部具有积聚性，而在水平面和正面内都具有类似性。

（2）选择主视图 主视图应尽可能多地反映形体的特征，同时要考虑合理的安放位置，使其他视图中不产生虚线或少产生虚线，如图 4-12 所示。

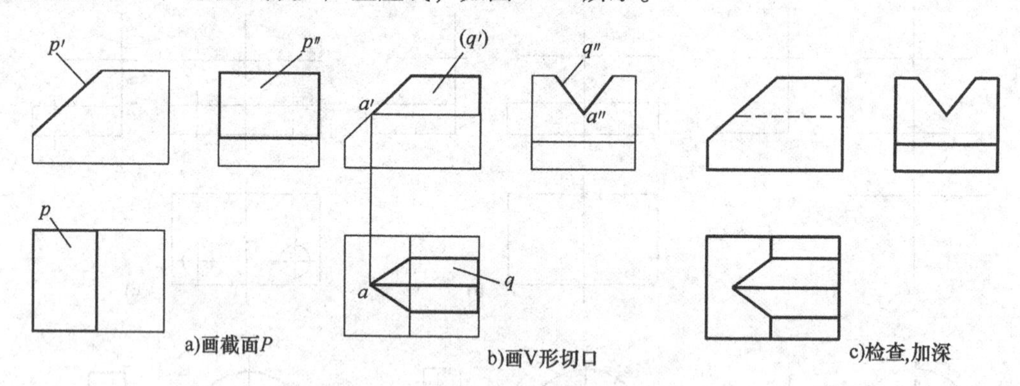

图 4-12 切割型组合体三视图的画法

（3）布置视图 画出各视图的基准线，各视图之间要留有一定的空间，以便进行尺寸标注。

（4）画底稿 先画正垂面 P 的正面投影，再画水平和侧面投影；先画 V 形切面的侧面投影，再画正面和水平投影。

（5）检查、加深 擦去多余线条，检查无误后，按规定线型加深。

做一做

例 4-1：由支架的轴测图画三视图（叠加类）。

分析：如图 4-13g 所示，支架由底板、立板、三角肋板三个形体组成，其中立板在底板上方，后面与底板共面，三角肋板在底板上面、立板前面。

解：作图时，首先画出底板的三视图，然后分别画出立板、三角肋板的三视图，再画出底板、立板上的圆角及孔、槽的投影，最后检查、加深，完成全图，如图4-13a、b、c、d、e、f所示。

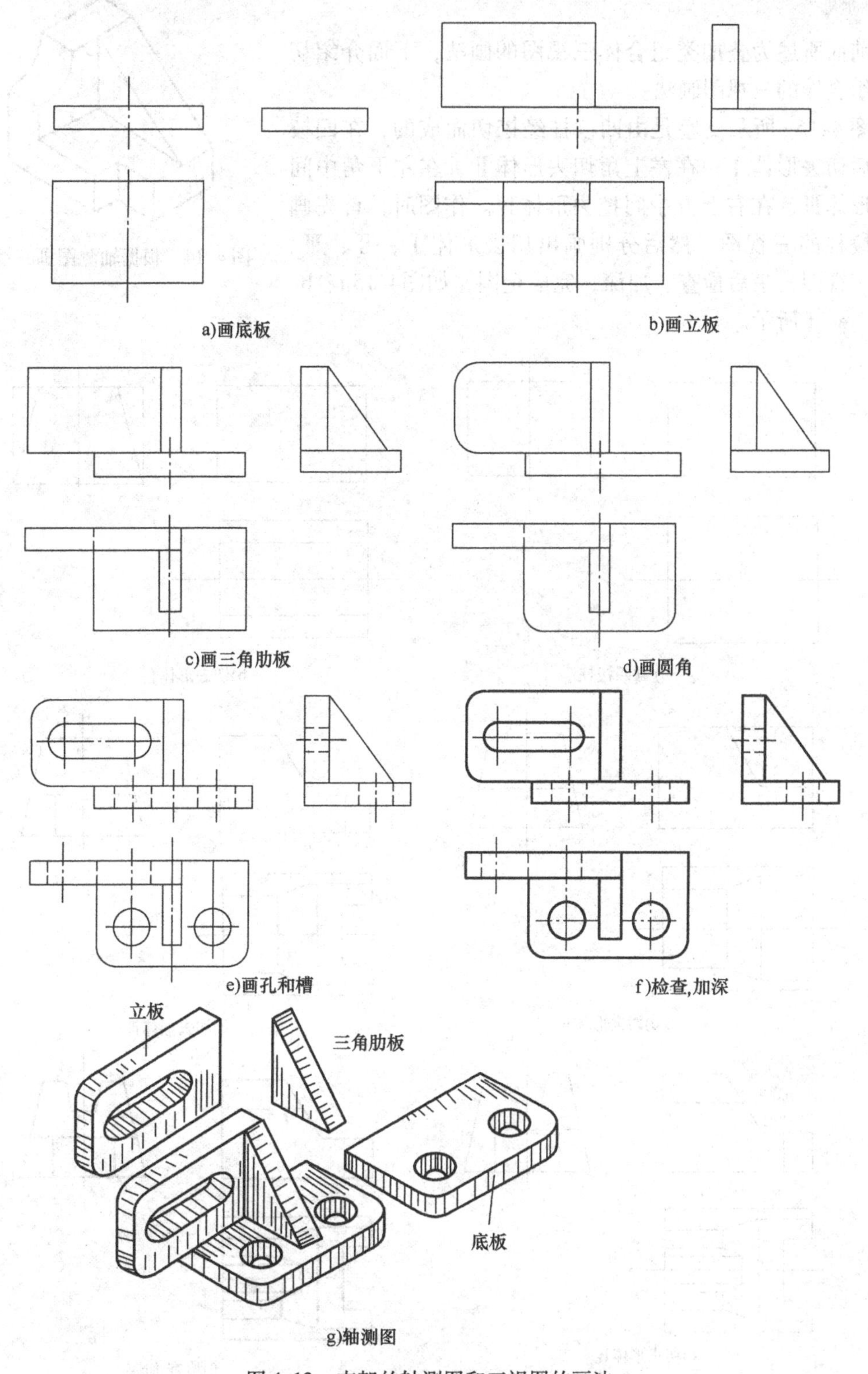

图4-13 支架的轴测图和三视图的画法

根据例4-1的分析，由图4-14所示轴测图画三视图（尺寸直接量取，取整数）。

再了解

前面所述为叠加类组合体三视图的画法，下面介绍切割类组合体的三视图画法。

图4-14　根据轴测图画三视图

图4-15g所示支座是由四棱柱经挖切而成的，在四棱柱前后切去形体Ⅰ，在左上角切去形体Ⅱ，在左下角中间挖去形体Ⅲ，在右上方中间挖去形体Ⅳ。作图时，首先画出四棱柱的三视图，然后分别画出切去形体Ⅰ、Ⅱ、Ⅲ、Ⅳ的三视图，最后检查、加深，完成全图，如图4-15a、b、c、d、e、f所示。

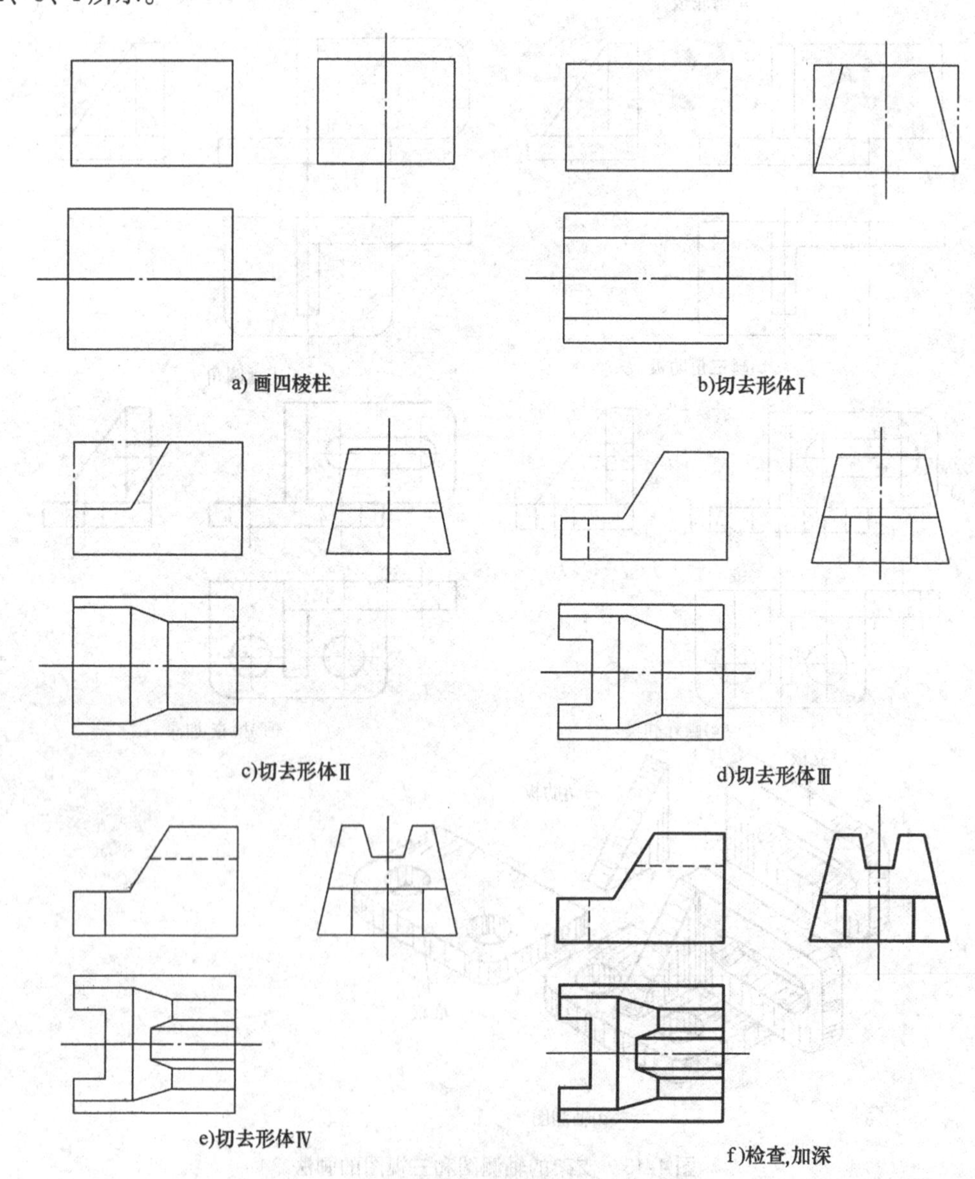

a) 画四棱柱　b)切去形体Ⅰ　c)切去形体Ⅱ　d)切去形体Ⅲ　e)切去形体Ⅳ　f)检查,加深

图4-15　由支座的轴测图画三视图

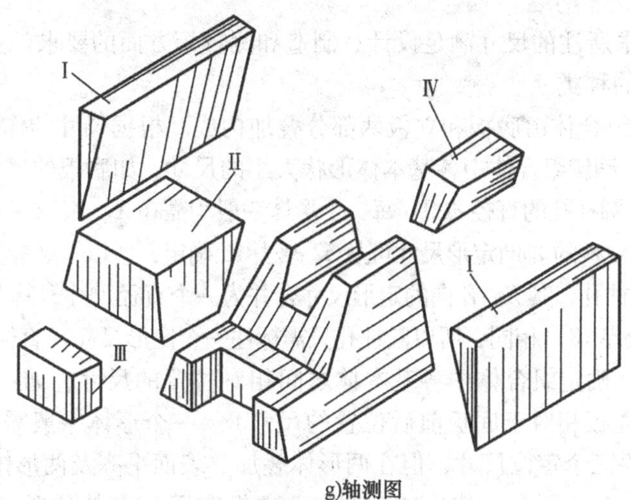

g)轴测图

图 4-15　由支座的轴测图画三视图（续）

任务三　组合体尺寸的标注

了解标注组合体尺寸的基本要求，掌握尺寸种类、尺寸基准、标注组合体尺寸的方法与步骤。

看一看

看图 4-16 中零件的尺寸标注，分析尺寸标注的原理。

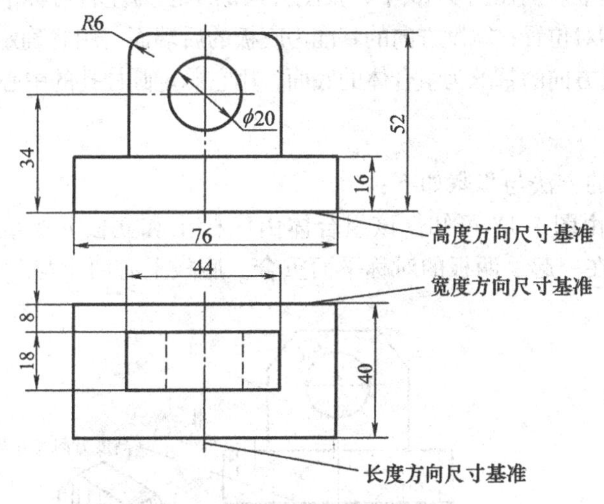

图 4-16　组合体尺寸的标注

记一记

1. 组合体尺寸标注的基本要求

（1）正确　所标注的尺寸应严格遵守国家标准的规定。

（2）完整　要求所注各类尺寸齐全，既不能遗漏，也不能重复。

（3）清晰　要求所注尺寸分布整齐清晰，便于查找和阅读。

（4）合理　要求所注的尺寸满足设计、制造和测量等方面的要求。

2. 组合体尺寸的种类

图4-16所示的组合体由底板和立板两部分叠加构成。根据尺寸的作用不同，分类如下：

（1）定形尺寸　确定组合体中各基本体形状大小的尺寸，如底板的尺寸76、40、16，立板的尺寸44、18、*R*6，圆柱孔的直径*ϕ*20。每一个形体一般均需在*X*、*Y*、*Z*（长、宽、高）三个方向确定其大小，由于立板的*Z*向定形尺寸可从52减去16确定，所以不必标注立板的*Z*向定形尺寸。又如立板上的圆柱孔，其*X*、*Z*向的定形尺寸合并为一个直径尺寸，其*Y*向尺寸（孔深）与立板的*Y*向尺寸（板厚18）相同，所以圆柱孔只需标注一个定形尺寸（直径）就可以了。

（2）定位尺寸　确定组合体中各基本体之间相对位置的尺寸，如：确定圆柱孔中心位置的尺寸34、确定立板相对于底板前后位置的尺寸8。一个形体一般需要在*X*、*Y*、*Z*三个方向上定位，即需要三个定位尺寸，但在两形体叠加、表面平齐及两形体的对称平面重合的情况下，则可省略一个或两个定位尺寸。例如，立板在*X*方向的位置已经确定，所以不必再标出它在*X*方向的定位尺寸。又如圆孔也只需标注它的*Z*向定位尺寸，而不需*X*方向和*Y*方向的定位尺寸。

（3）总位尺寸　确定组合体外形总长、总宽、总高的尺寸，如图4-16中的76、40及52三个尺寸。

3. 尺寸基准

标注定位尺寸起始位置的点或线称为尺寸基准。组合体具有长、宽、高三个方向的尺寸，标注每一个方向的尺寸都至少应有一个尺寸基准，以便从基准出发确定各部分形体间的相对位置。基准要选择得合理，以便于加工和测量。组合体的基准通常选取其底面、对称面，回转体的轴线、端面等作为尺寸基准。例如图4-16中，长度方向的基准为左右对称平面，用它确定立板和底板在前、后方向的相对位置；宽度方向的基准为底板的后端面，用它确定立板和底板在前、后方向的相对位置；高度方向的基准为组合体的底面，用它确定圆柱孔的中心高。

想一想

标注组合体尺寸的方法与步骤如下：

（1）形体分析　由图4-17可知，该组合体由底板Ⅰ和立板Ⅱ组成，它们都左右对称。底板Ⅰ与立板Ⅱ叠加在一起，两板的对称平面重合。底板上有两个与对称平面对称分布的小

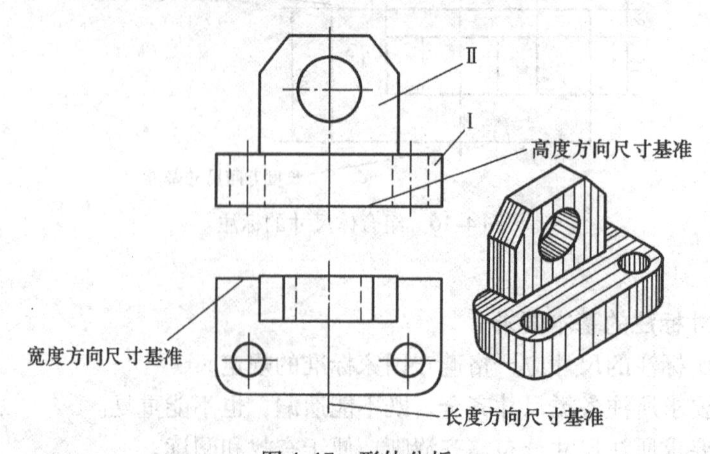

图4-17　形体分析

圆孔。立板上有一个轴线在对称平面上的圆柱孔。

（2）选择尺寸基准　长度方向尺寸基准为左右对称面，宽度方向尺寸基准为后端面；高度方向尺寸基准为底板底面。

（3）标注尺寸　如图4-18a所示，逐个注出各形体定形尺寸，分别为长70、宽36、高16及圆孔2×ϕ10，圆角R8底板上圆孔的定位尺寸为50、26，立板上的定形尺寸分别为长44、宽14、高34，倒角尺寸为28、10，圆孔ϕ20立板上圆孔的定位尺寸为35。然后标注总体尺寸：组合体的总长与总宽都与底板的长和宽相同，不必重注；组合体的总高为50。

（4）检查、调整　按形体逐个检查它们的定形、定位尺寸及组合体的总体尺寸，补其遗漏，除其重复，并对标注和布置不恰当的尺寸进行修改和调整。例如图4-18c的俯视图中，立板的宽度尺寸14（带“ * ”号的尺寸为错误尺寸）注在底板宽度尺寸36的外面不合适，将其调整位置，两板的高度尺寸及组合体的总体尺寸16、34和50组成封闭尺寸链，应去掉立板的尺寸34。调整后的尺寸如图4-18d所示。

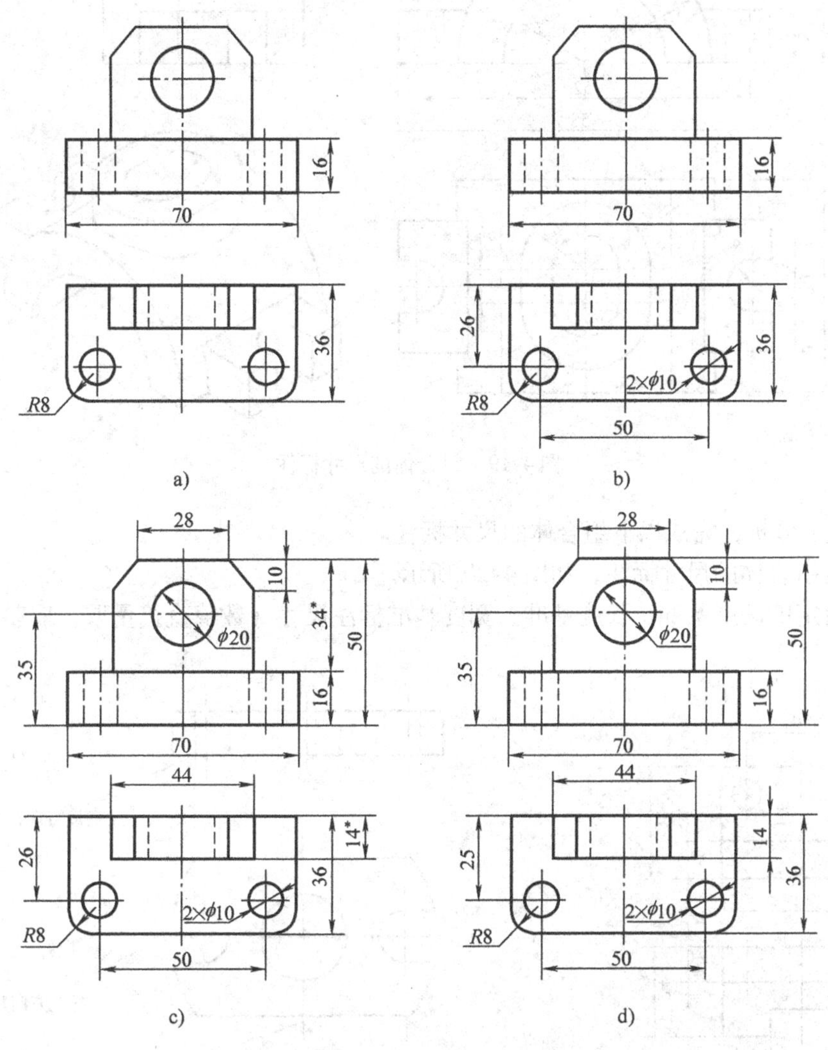

图4-18　标注组合体尺寸

最后，需要强调指出的是，尺寸要注得完整，一定要先对组合体进行形体分析，然后逐个形体标注其定形、定位尺寸。注完一个形体的尺寸再注另一个形体的尺寸，切忌一个形体的尺寸还没有注完，就标注另一个形体的尺寸。

做一做

图4-19所示组合体由三部分以叠加方式组合而成，标注尺寸时，首先确定左右对称面为长度基准，前后对称面为宽度基准，底平面为高度基准。形体分析法标注尺寸如下：①标注各形体的定形尺寸，即标注空心半圆柱半径*R*20、*R*13，宽度32；标注板定形尺寸58、8、20、*R*4；标注空心长圆柱体定形尺寸*R*10、*R*5、25。②标注定位尺寸52、5。

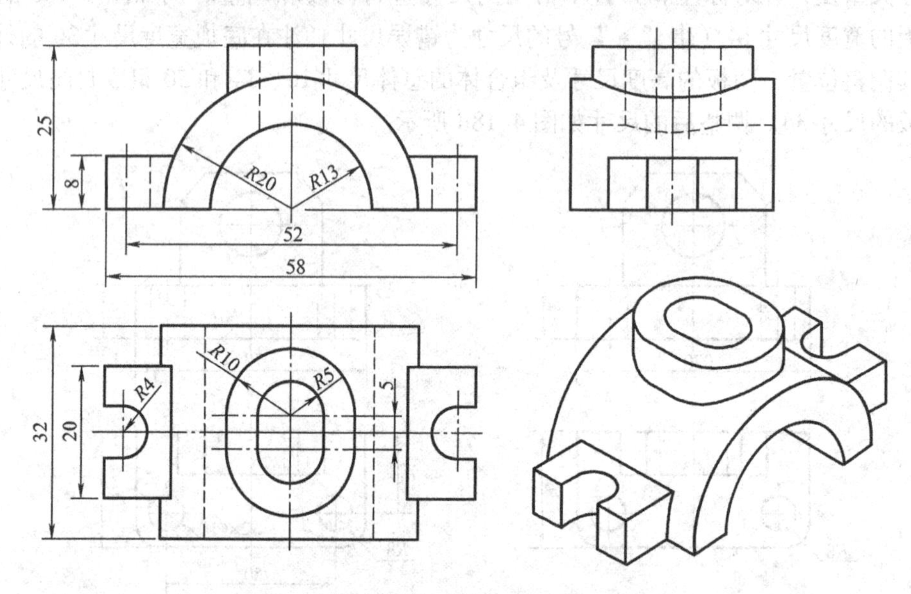

图4-19　组合体的尺寸标注

根据以上分析，完成以下组合体的尺寸标注。

1. 补全组合体的尺寸标注，如图4-20所示。

2. 按给定的高度基准、长度基准、宽度基准标注尺寸（数值直接量取，取整数），如图4-21所示。

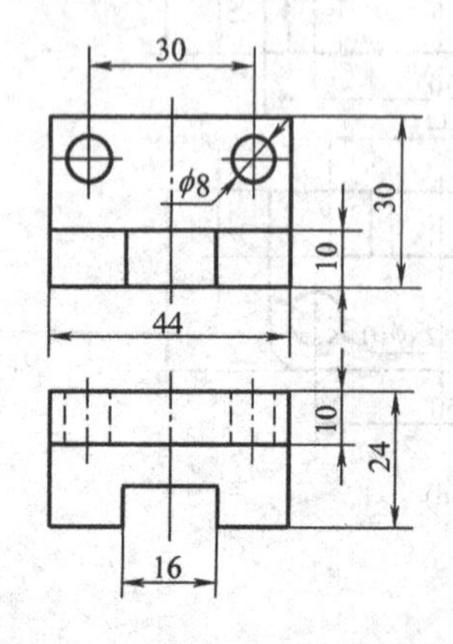

图4-20　组合体的尺寸标注

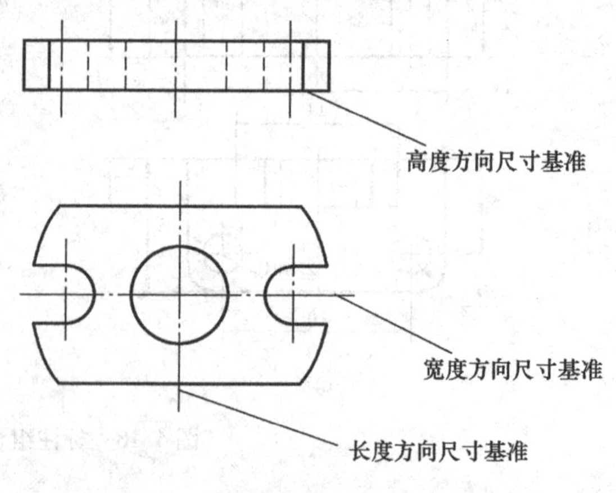

图4-21　标注尺寸

3. 补画左视图，并将应标注尺寸处的尺寸界线、尺寸箭头画出，不必注数字，如图4-22所示。

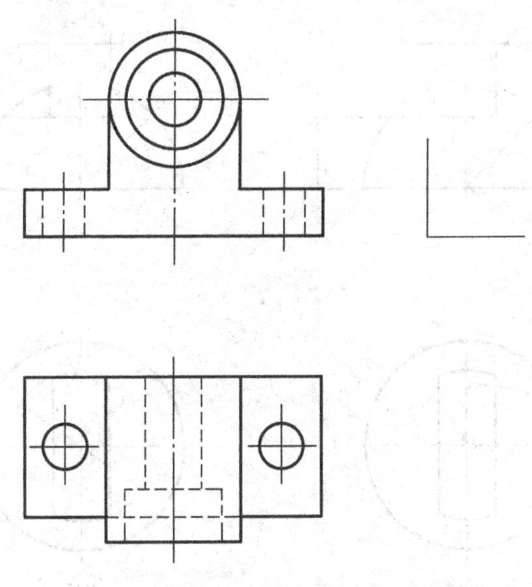

图 4-22　补画左视图并标注尺寸

再了解

1. 标注尺寸应注意的几个问题

1）各形体的尺寸应标注在反映形体特征最明显的视图上，同一形体的各个尺寸尽可能靠近，以便看图。如图 4-23 中底板的圆角半径 *R*15 注在俯视图上，而肋板的定形尺寸 26、12 则集中注在左视图上。底板中圆孔的定形尺寸、定位尺寸、圆角尺寸都集中标注，方便看图。

2）圆柱、圆锥等直径尺寸应尽量注在非圆视图上，以利于明确形体的形状；半圆弧以及小半圆的半径尺寸注在反映为圆弧的视图上；而板件上的小圆孔，则直接注在反映为圆的视图上。如图 4-23 中圆筒外径 $\phi55$ 注在左视图上，而底板上的圆角 *R*15 及圆孔 $2\times\phi15$ 则注在俯视图上。

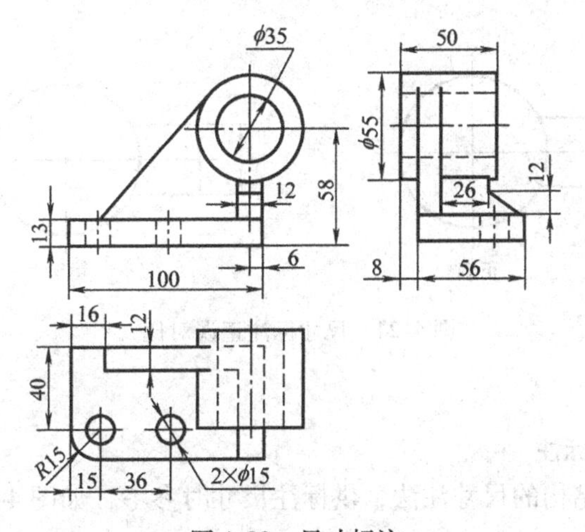

图 4-23　尺寸标注

3）不应在交线上标注尺寸。交线是由平面与立体或立体与立体相交产生的，只要注出了各基本体的定形尺寸和定位尺寸，交线即被确定，如图4-24所示。

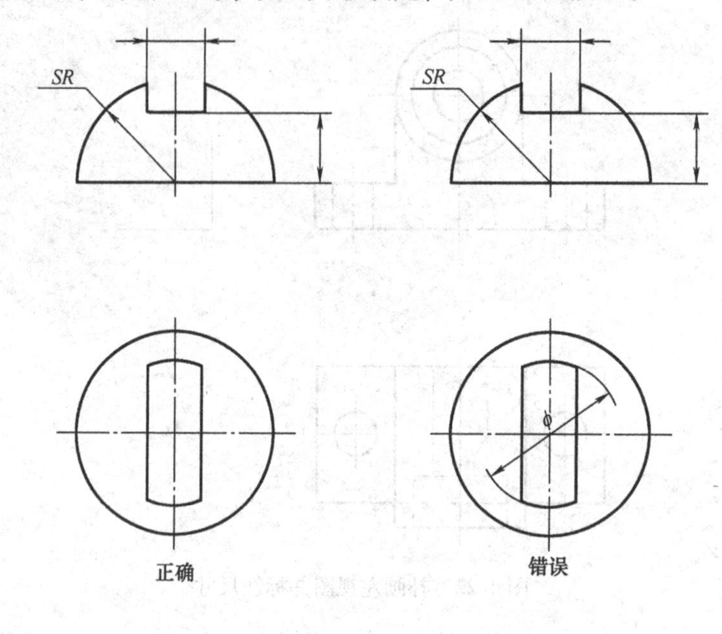

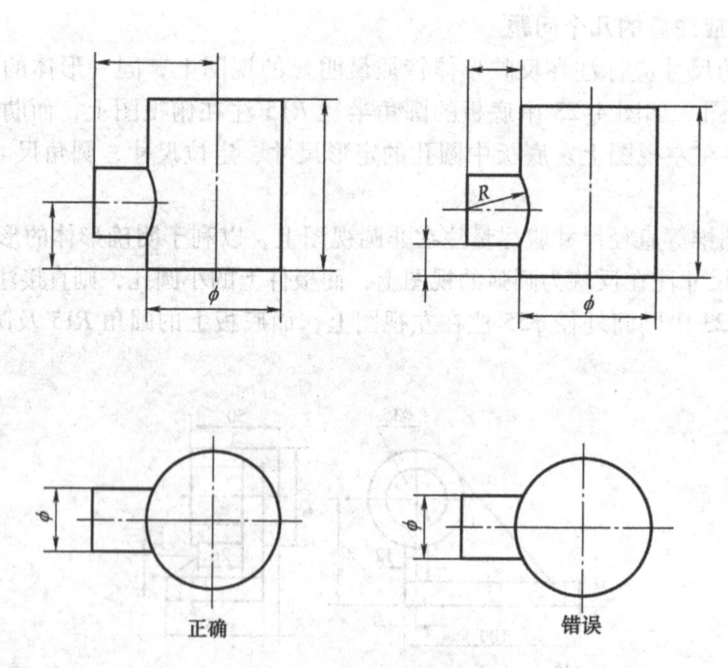

图4-24 尺寸标注正误对比

2. 常见结构的尺寸标注

下面列出一些常见结构的尺寸注法，供标注尺寸时参考，如图4-25所示。

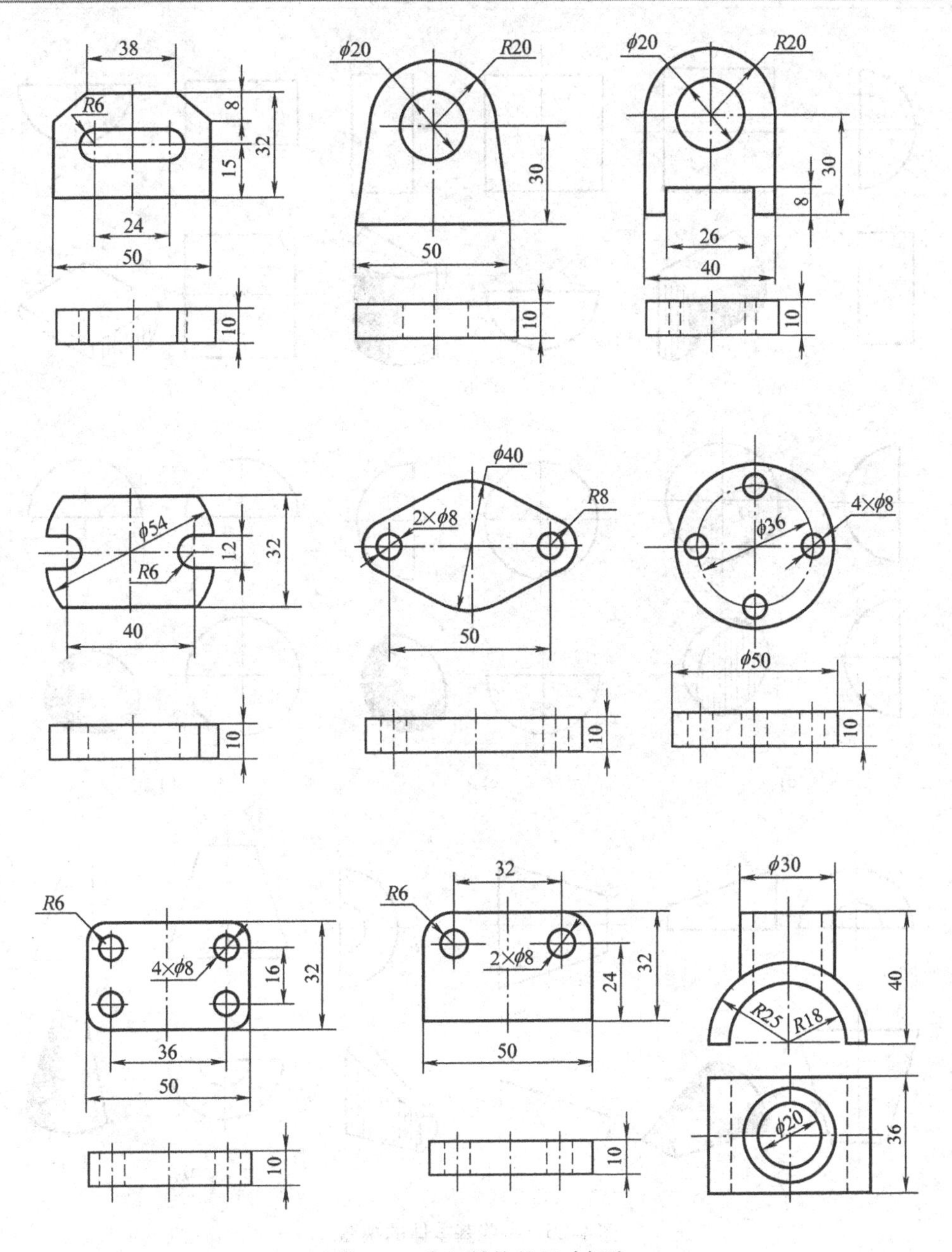

图 4-25 常见结构的尺寸标注

任务四 组合体视图的识读

了解读图的要点和方法，学会形体分析法看图、线面分析法看图。

看一看

看图 4-26 所示基本体的视图，分析其特点。

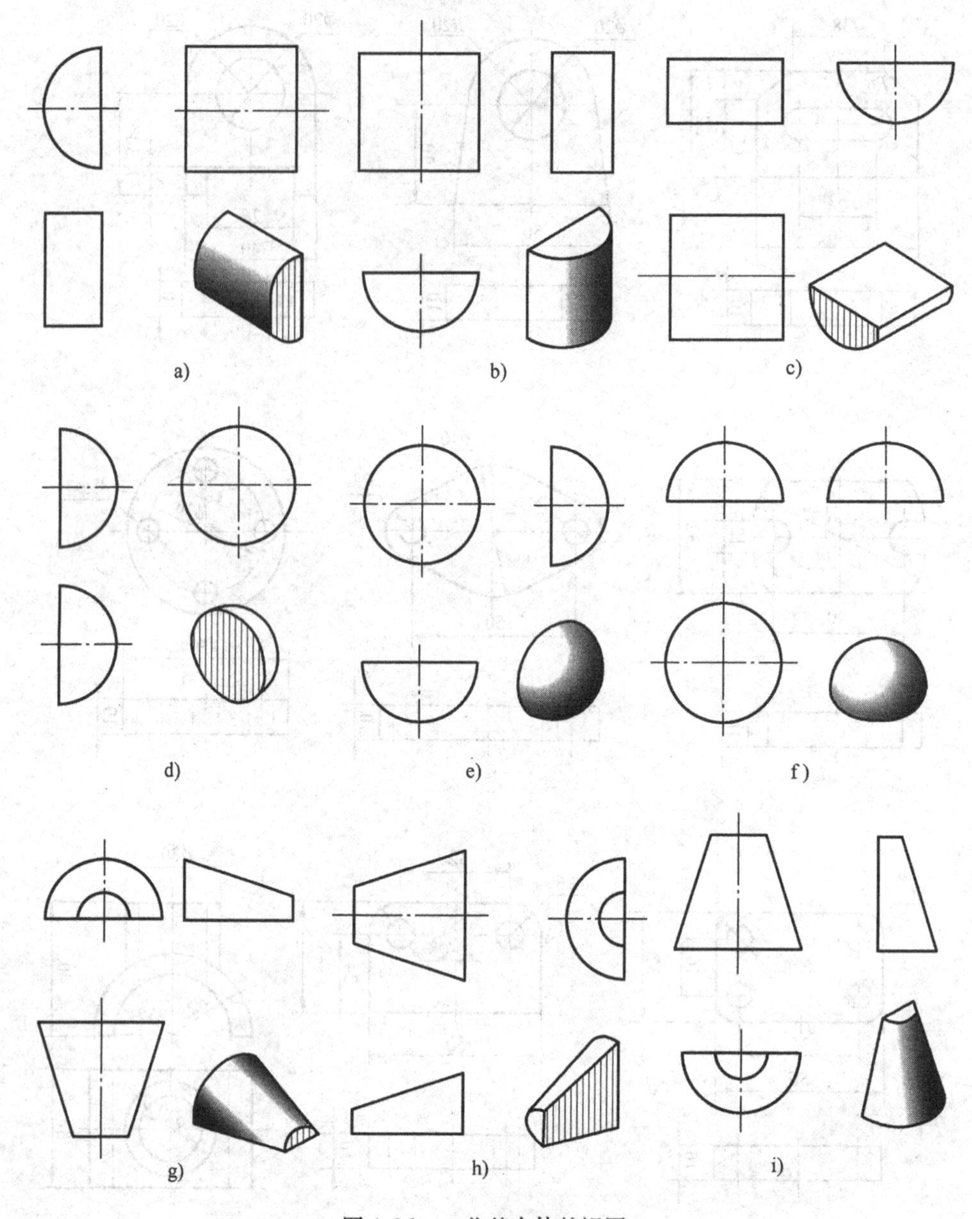

图4-26　一些基本体的视图

记一记

表4-1给出了几种基本几何体的投影特征。一般来说，视图为矩形和矩形，为长方体；矩形和三角形，为三棱柱；矩形和圆，为圆柱体；圆和三角形，为圆锥体；圆和圆，为圆球体。

表4-1　基本几何体的投影特征

一个视图	另两个视图	表达的几何体	视图的特征
圆	直径相等的圆	圆球体	三个等圆
圆	全等的矩形	圆柱体	一个圆、两个全等矩形

（续）

一个视图	另两个视图	表达的几何体	视图的特征
多边形	若干个矩形	棱柱体	一个多边形、若干个矩形
圆	全等的等腰三角形	圆锥体	一个圆、两个等腰三角形
多边形	若干个三角形	棱锥体	一个多边形、若干个三角形

想一想

1. 读图要点

（1）几个视图联系起来进行识读　如果只看一个视图一般不能够确定物体的形状。有时，即使有两个视图，若视图选择不当，物体的形状也不能够确定。如图4-27所示，三个物体的主视图是相同的，从一个视图不能确定其形状。要确定它们各自的形状，只能将主视图和俯视图联系起来分析。如图4-28所示的物体，它们的主视图和俯视图完全相同，要确定物体空间形状须配合左视图才能够确定。因此，看图时，必须把所给的几个视图联系起来进行分析，才能正确地想象出物体的空间形状。

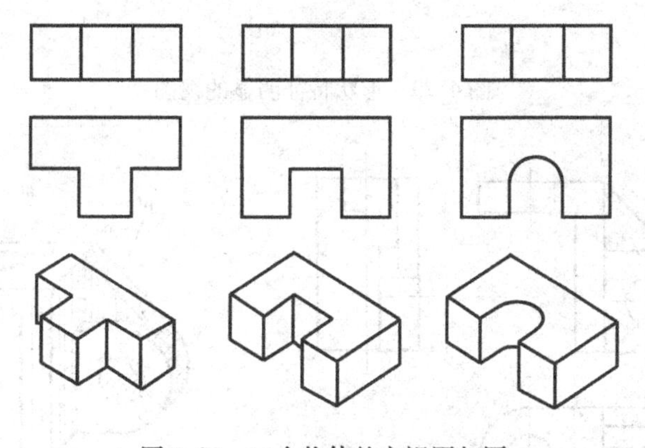

图4-27　三个物体的主视图相同

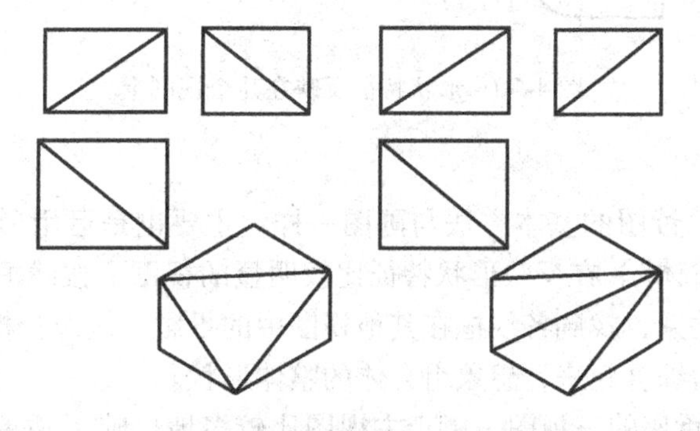

图4-28　物体的主视图和俯视图相同

（2）要从反映物体形状特征的视图看起　如图4-29a所示底板的三视图，假如只看主、左视图，那么除了底板的长、宽、高之外，其他形状也就看不出了。若将主、俯视图配合起来看，其底板的结构形状就完全确定了。很显然，俯视图是底板形状特征最明显的视图。同理，图4-29b中的主视图、图4-29c中的左视图是反映物体形状特征最明显的视图。这里需要指出的是，物体各组成部分的形状特征，并非总是集中在一个视图上。如图 4-30 所示，支架由四个形体叠加组成。主视图反映了形体Ⅰ、Ⅳ的特征，俯视图反映了形体Ⅲ的特征，左视图则反映了形体Ⅱ的特征。因此，读图时，不要只盯在一个视图上，而应当从形状特征明显的那个视图入手，配合其他视图一起思考，便能很快地想象出该物体的形状。

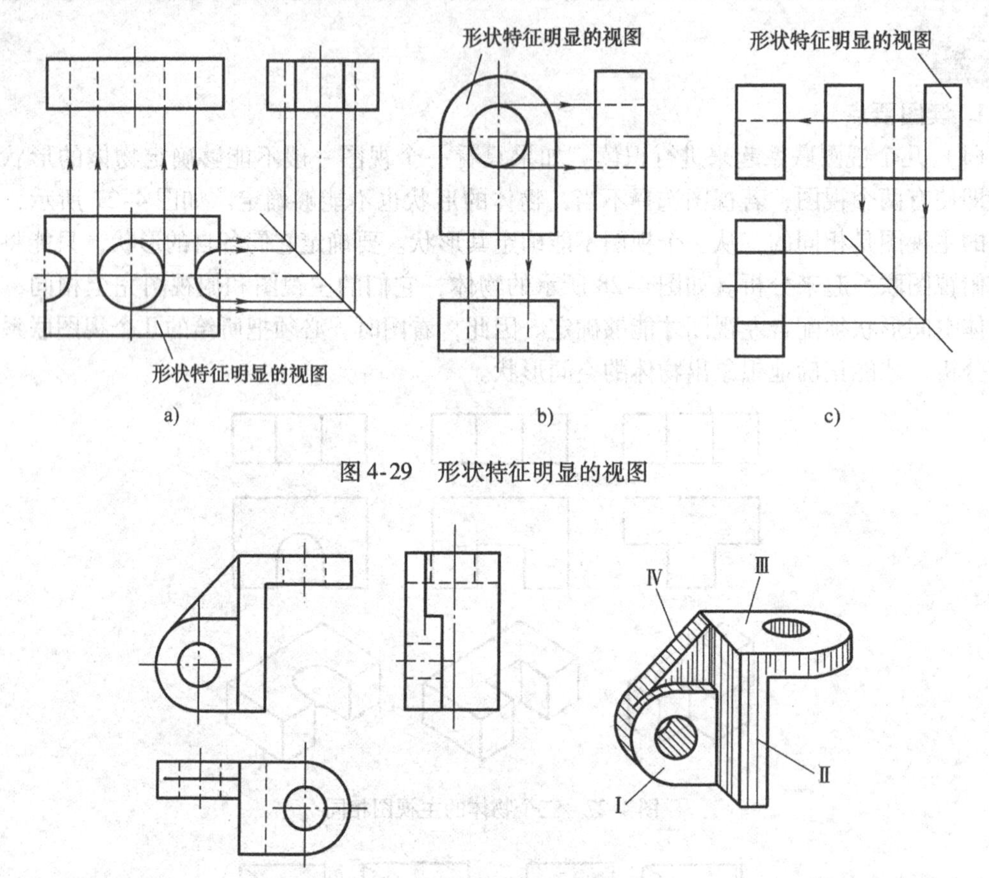

图 4-29　形状特征明显的视图

图 4-30　形状特征反映在几个视图上

2. 读图方法

（1）形体分析法　读图的基本方法与画图一样，主要也是运用形体分析法，即“分部分想形状，合起来想整体”。在反映形状特征比较明显的视图上按线框将组合体划分为几个部分，然后通过投影关系，找到各线框在其他视图中的投影，从而分析各部分的形状及它们之间的相互位置，最后综合起来，想象组合体的整体形状。

如图 4-31 所示轴承座的三视图，由于主视图比较多地反映了轴承座的形状特征，所以可先把主视图分为三个封闭线框Ⅰ、Ⅱ、Ⅲ，然后按投影关系分别找出各个线框在其他两视图中的对应投影，把每部分线框的三个投影联系起来，即可想象出该部分形体的形状。如封闭线框Ⅲ，按投影规律综合想象可知，底板Ⅲ是一个在下方中部切去长方形通槽、两侧钻有圆孔的长方体；封闭线框Ⅰ，由投影可知，为一个中上部切去半圆槽的长方体；封闭线框Ⅱ，由投影可知，为两个形状相同的三棱柱。最后，由封闭线框Ⅰ、Ⅱ、Ⅲ的相对位置可知，中部切去半圆槽的长方体居中叠加在底板Ⅲ的上表面上，两者后表面平齐，肋板Ⅱ叠加在底板Ⅲ上，左右对称，位于长方体Ⅰ两侧，且后表面与底板和长方体Ⅰ后表面平齐。轴承座整体结构形状如图4-31f所示。

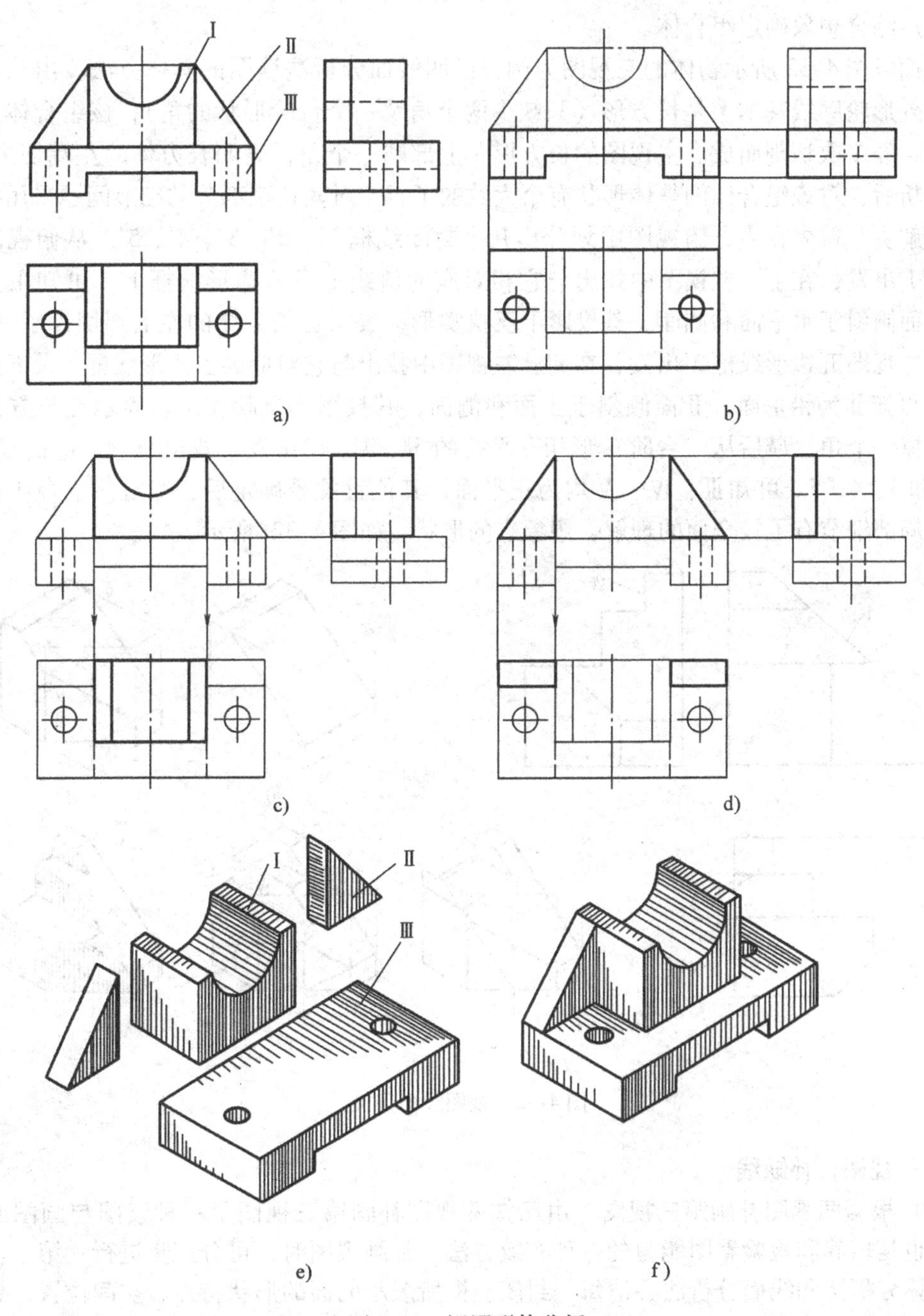

图4-31　视图形体分析

（2）线面分析法　当构成组合体的各组成部分的轮廓比较明显时，用形体分析法看图就能解决问题。然而，对于截切方式形成的复杂组合体，仅用形体分析法往往难以读懂。尚需在形体分析法的基础上，辅助以线面分析法作进一步的分析。

所谓线面分析法，就是根据“每一个形体都是由面围成的，而面是由线段构成的，视图中的一个封闭线框代表空间一个面的投影，不同的线框代表不同的面”这一原理，把组合体的视图划分成若干线框，根据投影规律分析构成形体的线面的形状、相对位置、投影特征，最后综合想象确定组合体。

下面以图4-32所示物体的三视图为例，说明线面分析法读图的具体方法。由三视图可看出，外形轮廓线基本上是长方形（只缺少两个角及一个台阶形状的角），该组合体原型是长方体，经多次切割而成。主视图的长方形左上部缺一个角，表明长方体的左端切去前角。初步分析后，对该组合体的整体形状有个大致的了解，对其切割部分的细节问题采用线面分析法去解决。首先在主、俯视图中划分出几个封闭线框1′、2′、3′、4′、5′。从俯视图八边形的框1出发，在主、左视图中找出与它相对应的斜线1′及八边形线框1″，可知Ⅰ为正垂面，Ⅰ面倾斜于水平面和侧面，其投影不反映实形，表示在长方体的左上部切掉了一个角。然后自主视图五边形线框2′出发，在俯、左视图中找出与它对应的五边形线框2及五边形线框2″，可知Ⅱ为铅垂面，Ⅱ面倾斜于正面和侧面，其投影不反映实形。表示在长方体的左前部切掉一个角，最后从“台阶”形相互平行的3″、4″、5″出发，找出与它对应的投影3′、4′、5′和3、4、5。可知Ⅲ、Ⅳ、Ⅴ均为正平面，其位置关系确定后，即对该组合体的整体结构和局部细节有了较全面的理解，想象它的形状，如图4-32f所示。

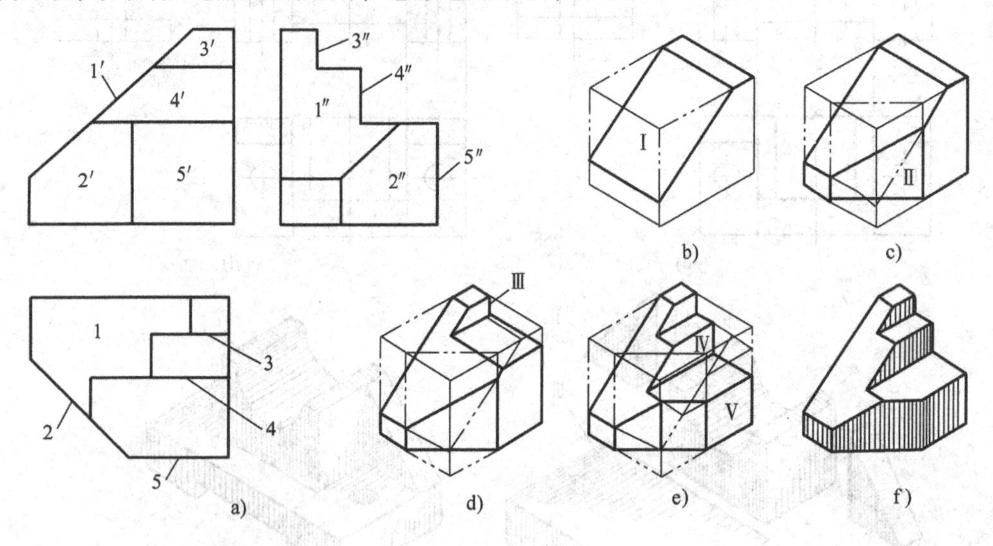

图4-32 视图线面分析

3. 补视图，补缺线

（1）根据两视图补画第三视图　由已知两视图补画第三视图是一种读图与画图的综合练习，也是培养和检验看图能力的一种有效方法。补画视图时，可分三步进行：第一步，要运用形体分析法和线面分析法弄清每一封闭线框所表示的面的形状特点、空间位置，想出物体的形状。第二步，根据投影规律，逐个画出每一部分的第三视图的投影。应按先画大的部分，后画小的部分；先画外形，后画内形；先画叠加部分，后画切割部分。边想边画，边画边想，看懂一处，补画一处。第三步，检查底稿，擦去多余的图线，按规定线型加深全图。

如图4-33a所示为一组合体的主、俯视图。可以看出，该组合体为一综合型组合体，在空心圆筒两侧叠加了两耳片，在空心圆筒中部切割出矩形槽，在两耳片上各钻一圆孔。补画左视图时首先画出主要形体空心圆筒，然后画出耳片及圆孔，最后画出圆筒上的矩形槽，矩形槽与空心圆筒形成的内、外截交线由宽相等准确画出，最后检查加深全图。

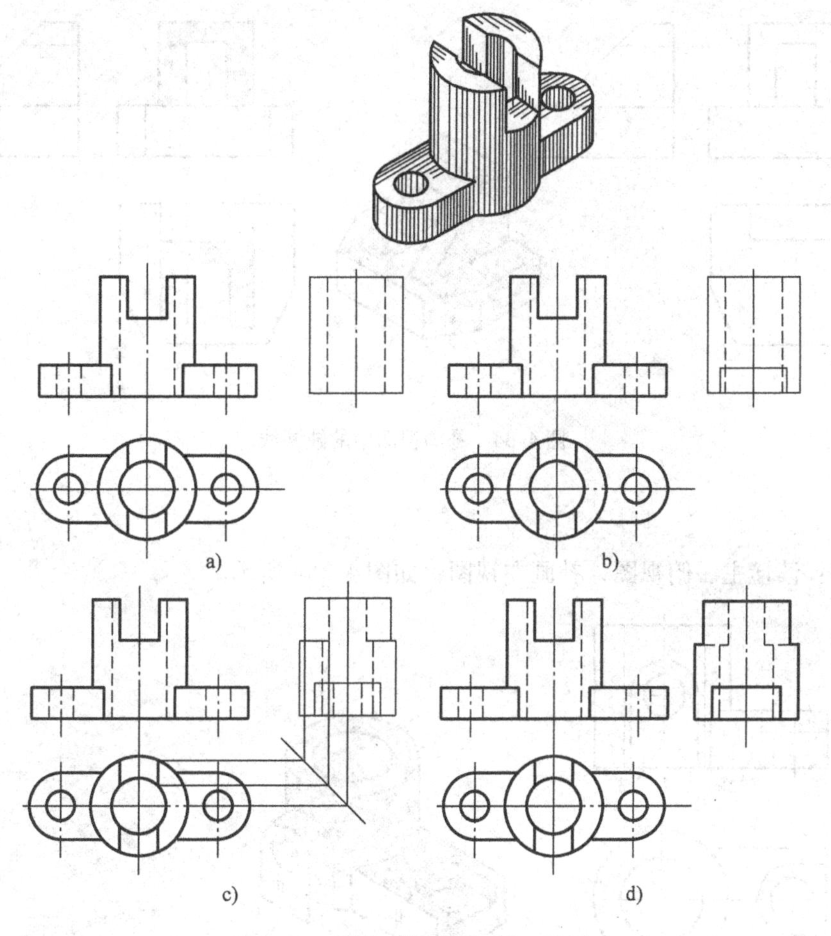

图 4-33　根据两视图补画第三视图

（2）补画视图中的缺漏线　补画视图中的缺漏线，一般是通过形体的分析和“对投影”的方法，想象出空间形状，将缺线补画出来。有些缺线还需要通过线面分析法才能补画出来，作图时，应从视图中的形状、位置特征比较明显之处出发，寻找在其他视图中的投影，要按物体的组成一部分一部分地看，发现一处补出一处。实际补线时，可从以下两方面检查：①组合体的每一部分形状在第三视图中是否表现出来，如有漏线，应补画齐全。②组合体上相邻部分的组合关系中形成的界线和表面交线是否齐全，如有遗漏，应补画。

如图 4-34a 所示为一组合体的三视图，要补画图中的漏线，首先用形体分析法读图，由主视图对应俯、左视图分析可知，该组合体是由上方的四棱柱和下方的六棱柱叠加而成的，两者左右对称，后表面平齐。四棱柱下部由前向后挖切一个方槽。

由此可知，主视图漏画了六棱柱的前边两棱线（铅垂线）的投影；左视图中漏画了六棱柱的中间棱线的投影；俯视图中漏画了四棱柱上的侧垂面Ⅰ（八边形）及方槽的投影。作图时，由俯视图按对应关系即可补画出主视图和左视图中六棱线的投影。由主视图和左视图的投影关系，可补画出俯视图中所缺的四棱柱上的侧垂面Ⅰ的投影1（是1′的类似形）及方槽的投影，如图4-34c所示。

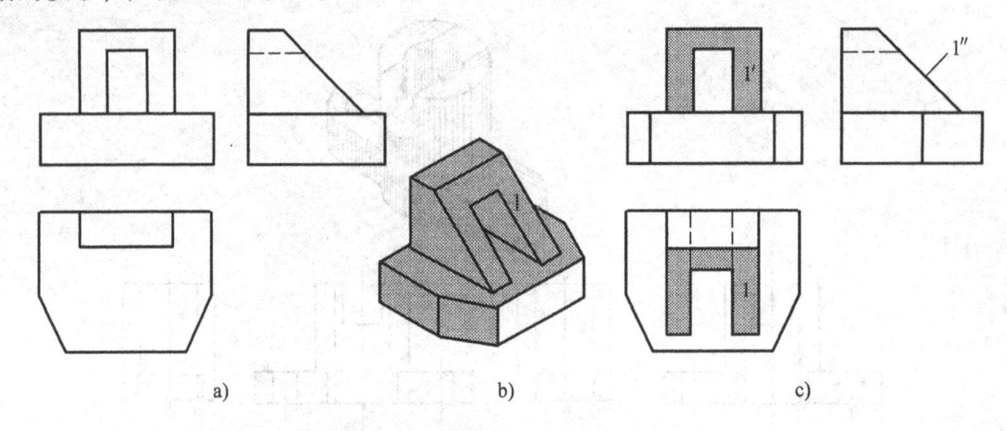

图4-34　补画视图中的缺漏线

做一做

例4-2：读懂主、俯视图，补画左视图，如图4-35a所示。

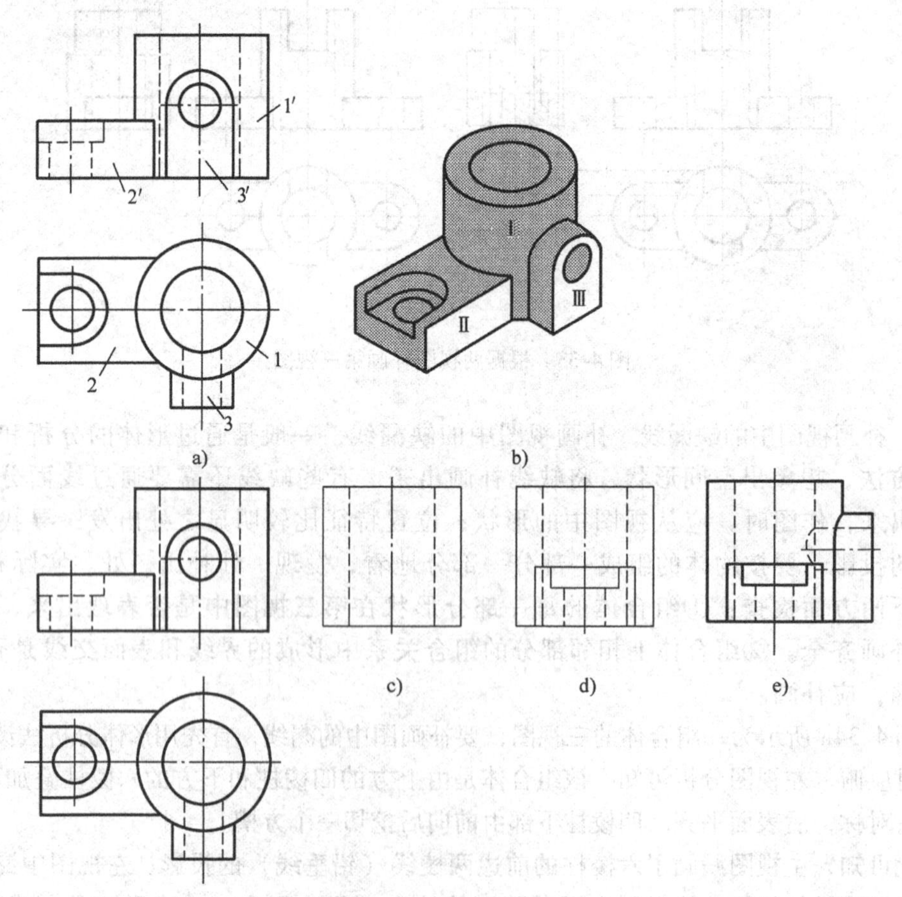

图4-35　补画组合体左视图

分析：由投影关系分线框、对线条，可将组合体假想分解为三个部分：Ⅰ、Ⅱ部分俯视图反映其形状特征，主视图反映其高度；Ⅲ部分主视图反映其形状特征，俯视图反映其与Ⅰ部分的组合关系。由此可想象出：Ⅰ部分为空心圆柱，Ⅱ部分是一个四棱柱与Ⅰ相交，该四棱柱左上方挖切一个左方右圆的U形槽，接着向下挖切一圆柱孔，Ⅲ部分为一个下为长方体、上为半圆柱的凸台，它与Ⅰ相交，Ⅲ部分上的小圆柱孔与Ⅰ部分内圆柱孔相贯；Ⅰ、Ⅱ、Ⅲ部分底平面共面形成了该组合体。

解：作图时，首先画出Ⅰ部分的投影，如图4-35c所示；再画出Ⅱ部分在左视图中的投影，如图4-35d所示；最后画出Ⅲ部分在左视图中的投影，并画出所有截交线和相贯线的投影，如图4-35e所示。

参照例4-2，补画图4-36中的第三视图。

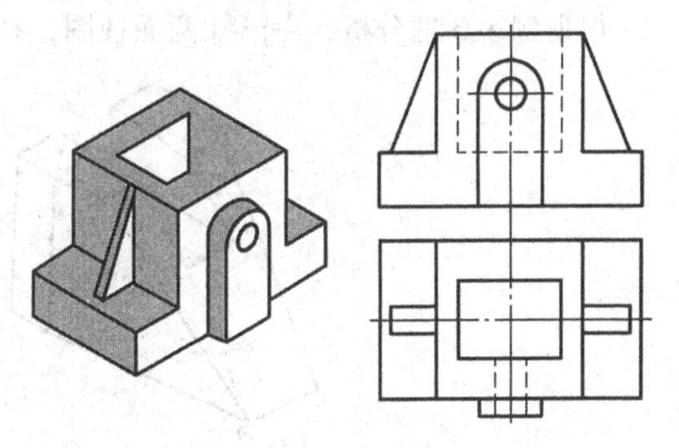

图4-36　补画图中的第三视图

再了解

例4-3：读懂组合体的主、俯视图，补画左视图，如图4-37a所示。

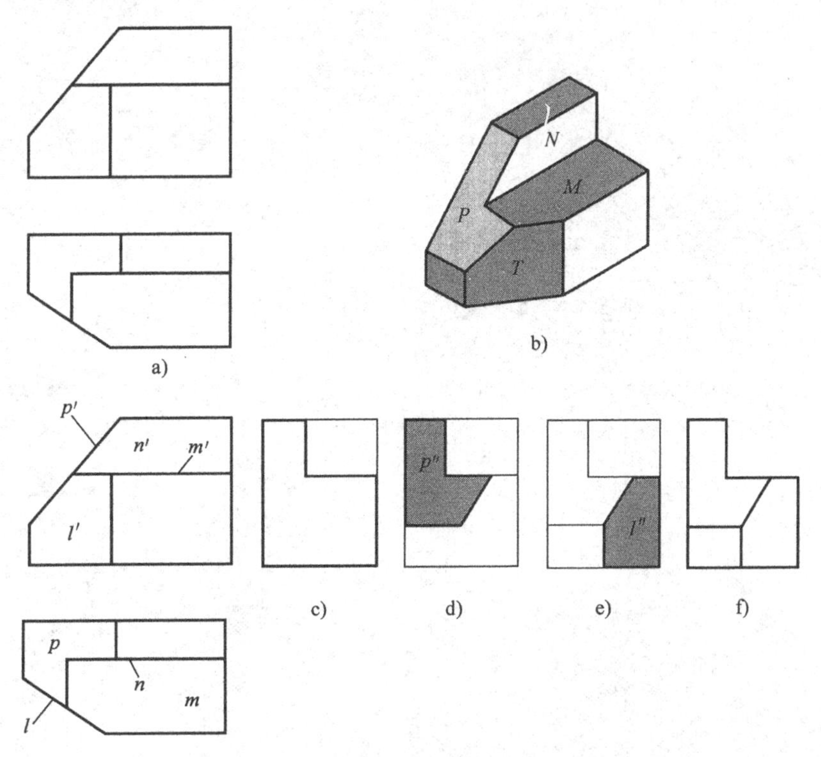

图4-37　组合体视图分析

分析：由已知视图可知，该组合体是由四棱柱切割而成的。由主视图左上缺角可知，四棱柱被正垂面P切割；由俯视图左端的两缺角可知，四棱柱被铅垂面T切割；由俯视图的m线框对应主视图的积聚直线m'可知，四棱柱被一水平面M切割；由主视图n'线框对应俯视图积聚直线n可知，四棱柱被一正平面N切割，前上方形成一切口。

解：作图时，首先按照投影规律补画四棱柱的侧面投影，并画出 M、N 平面的侧面投影，如图4-37c所示。分析 P 面的投影，由正面投影和水平投影，画出其侧面投影，如图4-37d所示。分析 T 面的投影，由正面投影和水平投影，画出其侧面投影，如图4-37e所示，最后完成组合体的左视图，如图4-37f所示。

根据例4-3的分析，由已知两面视图，补画第三视图，如图4-38所示。

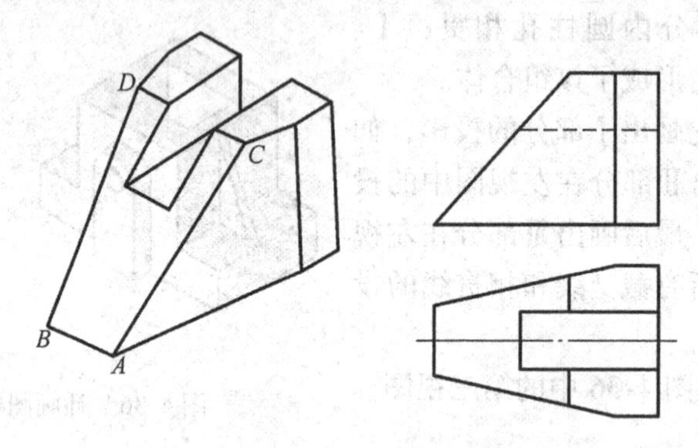

图4-38　由已知两面视图补画第三视图

第五模块　机械制图基础

基本要求：

1. 了解徒手绘图的方法。

2. 了解视图的种类、适用场合、标注、画法。

3. 了解剖视图的概念、种类、剖切方法及常用的剖切面，能根据不同形状结构的机件选择合理的表达方案。

4. 了解断面图的概念、种类、标注、画法，局部放大图的概念、标注、画法，常用的简化画法。

5. 了解第三角投影的基本知识。

任务一　视　　图

了解基本视图（名称、配置和投影关系）、向视图、局部视图、斜视图。

看一看

看图5-1、图5-2所示零件模型，分析如何用视图来表达。

图5-1　零件模型（1）

图5-2　零件模型（2）

记一记

- 基本投影面：六面体的六个面。
- 基本视图：物体向基本投影面投射所得的图形，称为基本视图。
- 向视图：可自由配置的视图。
- 局部视图：将物体的某一部分向基本投影面投射所得的视图。
- 斜视图：将物体向不平行于基本投影面的方向投射所得的视图。

想一想

1. 基本视图

生产实际中，一些简单的机件仅需一个或两个视图就可以表达清楚，而当机件形状较复杂时，用三个视图有时也难以表达机件的结构，这时，可把机件置于六面体当中，由机件的前、后、左、右、上、下六个方向，分别向六个基本投影面投影，就得到六个基本视图。它们分别是：

主视图——从前向后投影得到的视图，反映机件的长度和高度。

俯视图——从上向下投影得到的视图，反映机件的长度和宽度。

左视图——从左向右投影得到的视图，反映机件的宽度和高度。

仰视图——从下向上投影得到的视图，反映机件的长度和宽度。

右视图——从右向左投影得到的视图，反映机件的宽度和高度。

后视图——从后向前投影得到的视图，反映机件的长度和高度。

六个基本投影面的展开方法是：正投影面不动，其余按箭头所指的方向旋转，与正投影面共面，形成六个基本视图，各视图按图5-3所示位置配置时，一律不标注视图名称。六个基本视图的投影规律是：主、俯、仰、后长对正；主、左、右、后高平齐；俯、左、右、仰宽相等，如图5-3所示。

2. 向视图

向视图是可以自由配置的视图，如图5-4中视图上方标有字母的几个视图均为向视图。为便于读图，应在向视图的上方用大写拉丁字母标出该向视图的名称（如*A*、*B*等），并在相应的视图附近标注同样字母，并用箭头指明投影方向。

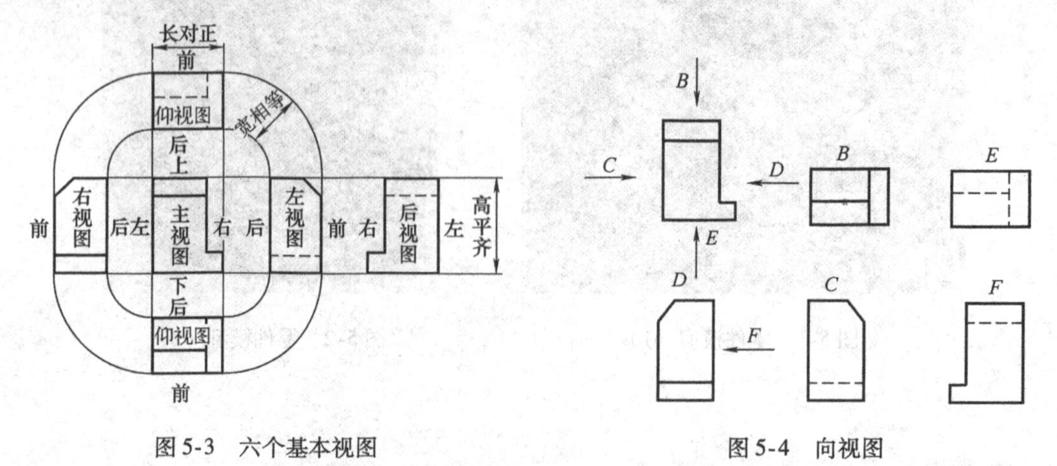

图5-3　六个基本视图

图5-4　向视图

3. 局部视图

将机件的某一部分向基本投影面投影所得到的视图称为局部视图，局部视图是不完整的基本视图，只是基本视图的一部分，它可以减少基本视图的数量，补充基本视图尚未表达清楚的部分。

如图5-5所示机件的底板，空心圆筒主、俯视图已表达清楚，仅剩左侧的凸台尚未表达清楚，又没有必要画出完整的左视图，这时采用*A*局部视图进一步深入表达。

画局部视图时，其断裂边界用波浪线表示。当机件局部结构完整且外轮廓又成封闭时，波浪线可省略不画，如图5-5c所示。

局部视图的位置应尽量按投影关系配置，当中间没有其他图形隔开时，可省略标注，如图5-5b下方的局部视图。

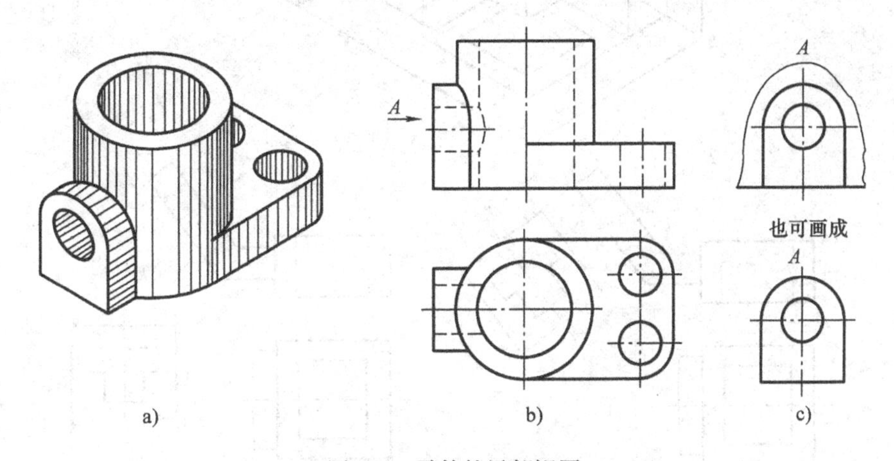

图5-5　零件的局部视图

局部视图也可按向视图的配置形式配置，并采用向视图的标注形式。

4. 斜视图

如图5-6所示，机件上倾斜部分的T形槽在俯、左视图中不反映真实投影，此时选取一个与主视图所在基本投影面垂直，同时与机件右端倾斜部分平行的新辅助投影，并将倾斜部分向新投影面进行投影，再将新投影面绕新轴朝投影方向展开至与*V*面重合，所得视图即为斜视图，如图5-6中的*K*视图。斜视图通常只画出斜面上尚未表示清楚的局部结构，其余部分用波浪线断开，斜视图一般按投影关系配置，为画图方便，也允许将图形转正画出。

做一做

根据前面的分析，由给出的轴测图和主视图，画出局部视图和斜视图（尺寸从轴测图中量取，取整数），如图5-7所示。

再了解

局部视图的特殊画法：为了节省绘图时间和图幅，对称机件的视图可画一半或四分之一，并在对称中心线的两端画两条与其垂直的平行细实线。在这种画法中采用细点画线代替波浪线来作为断裂边界，如图5-8所示。

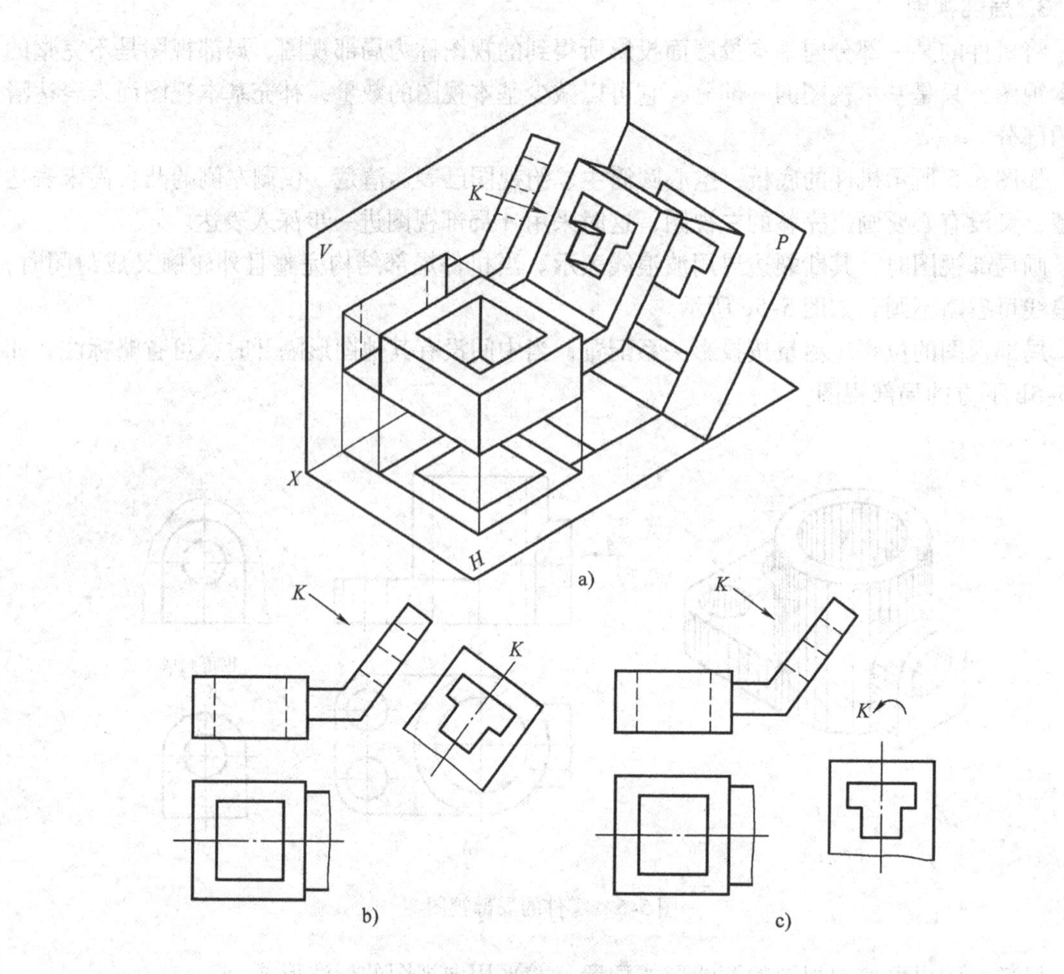

图 5-6　斜视图

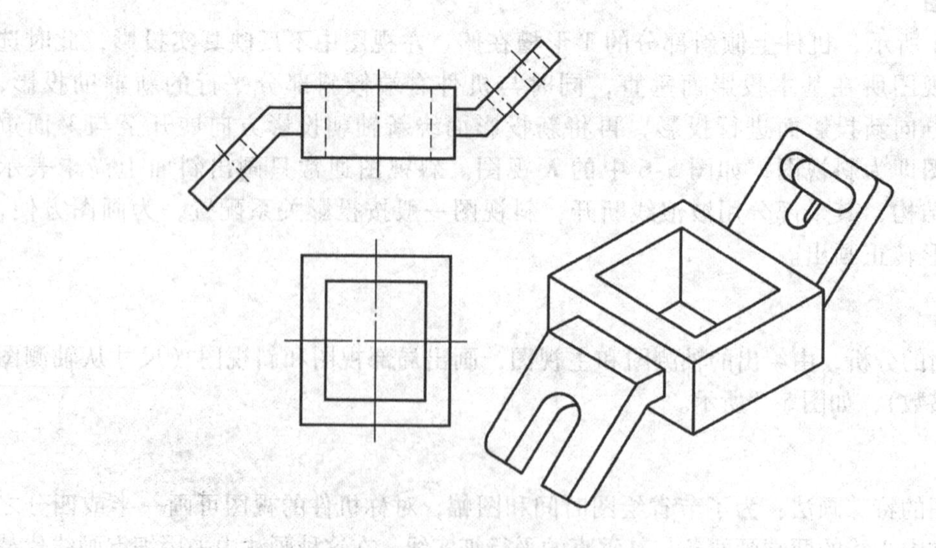

图 5-7　画出局部视图和斜视图

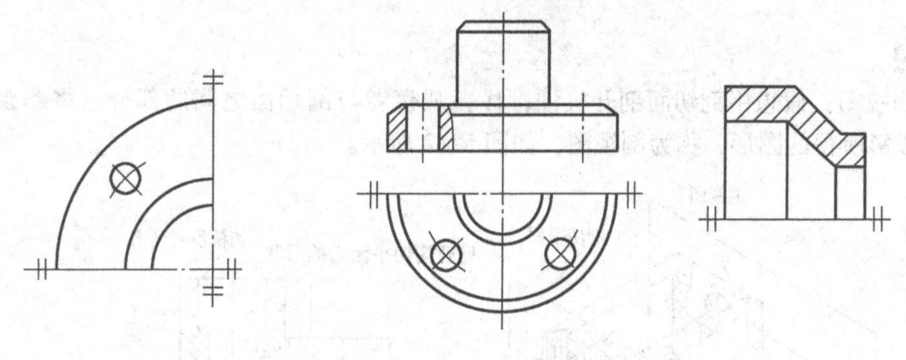

图 5-8　局部视图的特殊画法

任务二　剖　视　图

了解剖视图的概念、画剖视图的方法步骤、几种常用的剖切面和剖切面方法（全剖、半剖、局部剖、单一剖、旋转剖、阶梯剖等）。

看一看

看图 5-9、图 5-10、图 5-11 所示零件模型剖视图，了解几种剖切方法。

图 5-9　全剖

图 5-10　半剖

图 5-11　局部剖

记一记

● 剖视图：假想用剖切面剖开机件，移去观察者与剖切面之间的部分，将剩余部分向投影面投影所得的图形，称为剖视图，如图5-12所示。

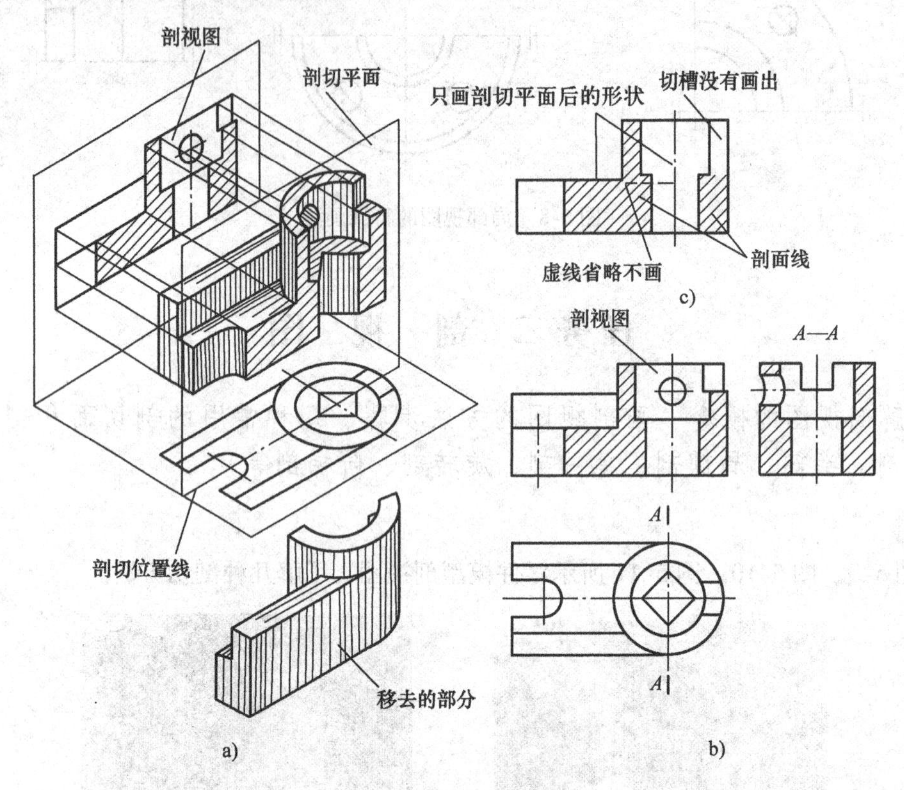

图5-12 剖视图

● 剖视图的种类：按剖切范围大小，剖视图可分为全剖视图、半剖视图和局部剖视图。

● 全剖视图：用剖切面完全地剖开机件所得到的剖视图，称为全剖视图。

● 半剖视图：当机件具有对称平面时，在垂直于对称平面的投影上，以对称中心线为界，一半画成视图，另一半成剖视图，这种剖视图称为半剖视图，如图5-13所示。

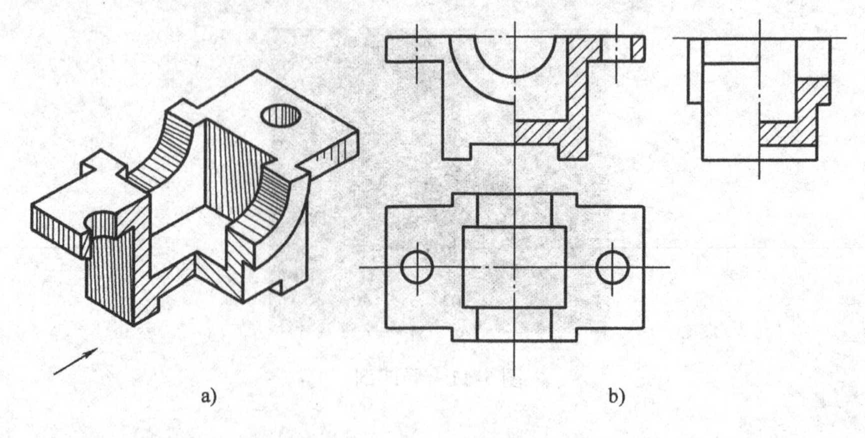

图5-13 半剖视图

● 局部剖视图：用剖切面局部地剖开机件所得的剖视图，称为局部剖视图，如图5-14所示。

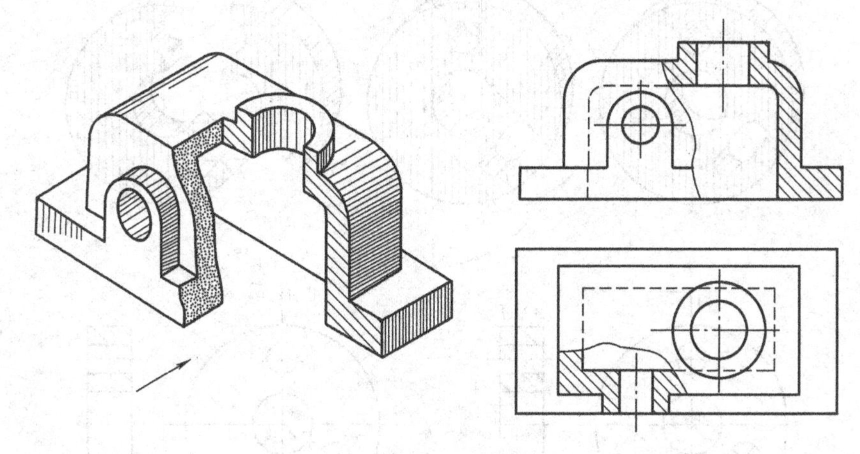

图5-14　局部剖视图

● 剖切面的种类：单一剖切面、几个平行的剖切平面，几个相交的剖切平面。

● 单一剖切面：用一个剖切面剖开机件的方法，称为单一剖切。

● 几个平行的剖切平面：用两个或两个以上彼此互相平行，且平行于基本投影面的剖切平面剖开机件的方法，称为阶梯剖，如图5-15所示。

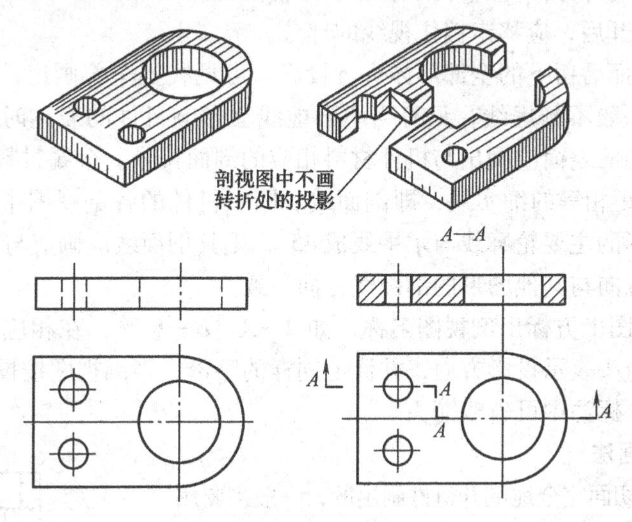

图5-15　阶梯剖

● 两个相交的剖切平面：用两个相交的剖切平面剖开机件的方法，称为旋转剖，如图5-16所示。

想一想

1. 剖视图的画法及标注

剖视图画法分为剖、移、画、标几步，具体如下。

1）剖：为使剖视图能充分反映机件内部实形，剖切面应通过机件的对称面或内部孔、

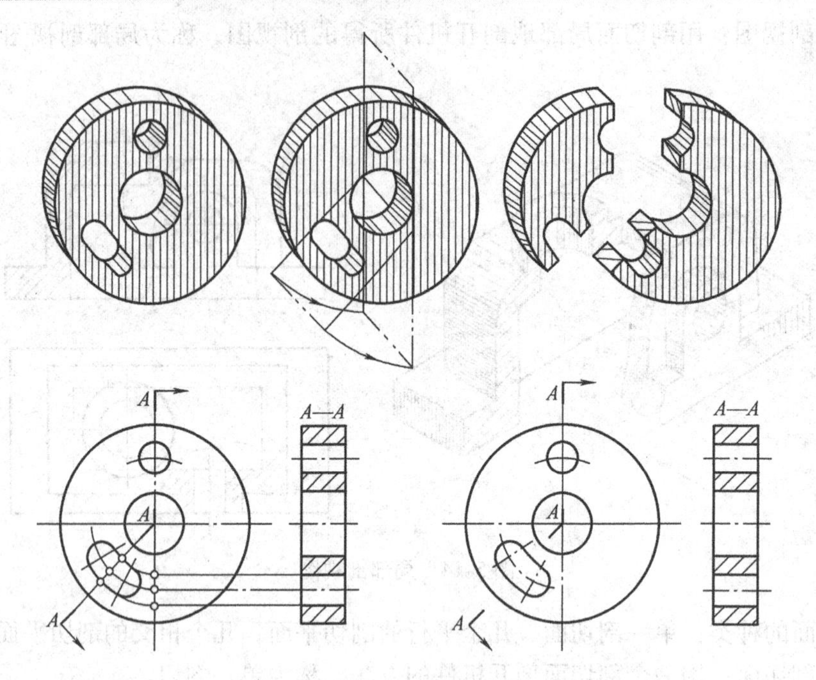

图5-16　旋转剖

槽等结构的轴线，一般情况下应平行于投影面进行剖切。

2）移：机件剖开后，应移走挡住视线的部分。

3）画：对剖切面后留下的全部形体进行投影，可见线要全部画出，不可遗漏。为使图形清晰，剖视图中一般不画虚线，只有当不画虚线会影响机件的表达时，才画出必要的虚线。与剖切面相接触的表面应画出与机件材料相应的剖面符号。金属材料的剖面符号为倾斜45°、相互平行、间距相等的细实线，即剖面线。同一机件的各剖视图中的剖面线方向、间距应一致。如果图形的主要轮廓线与水平线成45°，则其剖面线应画成与水平线成30°或60°的细实线，其倾斜方向与其他图形的剖面线方向一致。

4）标：在剖视图上方标出剖视图名称，如 *A—A*、*B—B* 等，在相应视图上用剖切符号表示剖切位置，用箭头表示投影方向，并注上同样的字母；当剖视图按投影关系配置、中间无其他图形隔开时，标注中可省略箭头。

2. 全剖视图的画法

全剖视图是用剖切面完全地剖开机件画出的，一般主要用于表达外部形状简单、内部形状复杂而又不对称的机件。对于外形简单的对称机件，也可采用全剖视图，如图5-17所示。

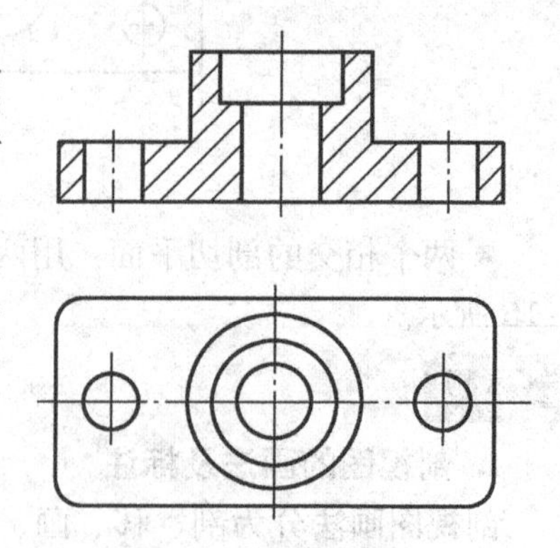

图5-17　全剖视图画法

3. 半剖视图的画法

对于内、外形状都比较复杂且具有对称平面的机件，应采用半剖视图。图5-18所示机件的内外形状比较复杂，前、后、左、右对称，故可将主视图和俯视图画成半剖视图。

（1）先画主视图

1）剖：用平行 *V* 面且通过竖孔轴线的剖切面剖开机件。

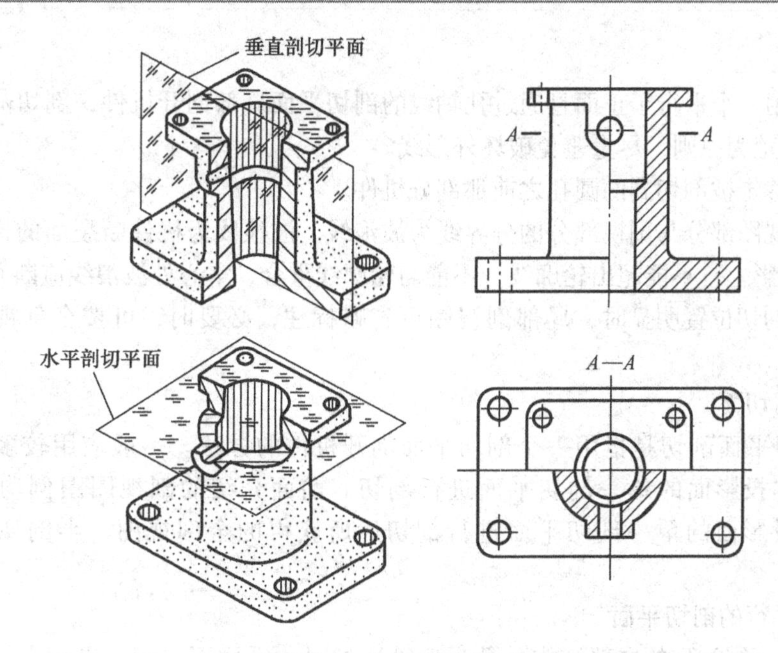

图5-18　半剖视图的画法

2）移：移走机件的前半部分。

3）画：以对称中心线为界，一半画成剖视图，表示内形；另一半画成视图，表达外形。视图与剖视图的分界线为点画线。由于机件对称，半个视图中的虚线不要画出，上、下板中的圆孔，需用细点画线表明其中心位置。

4）标：半剖视图的标注方法与全剖视图相同。由于剖切面通过前、后对称面且按投影关系配置，所以标注全省。

（2）再画俯视图

1）剖：剖切前使机件“恢复”原状，然后通过凸台孔轴线的水平剖切面剖开机件。

2）移：移去剖切面以上挡住视线的部分。

3）画：以对称中心线（水平点画线）为界，一半（前半部）画成剖视图，另一半（后半部）画成视图。

4）标：由于机件上、下不对称，剖切面未通过对称面，但俯视图按投影关系配置，因此，可省略箭头。

4. 局部剖视图的画法

当机件仅需要表达局部区域的内部结构形状，或不宜采用全剖、半剖视图时，可采用局部剖视。局部剖视图不受机件是否对称的限制，具有内外兼顾、表达灵活、图形简明的特点，应用十分广泛。如图5-19a所示机件，只有上、下圆孔需要表示，故可将主视图画成局部剖视图，画法如图5-19b所示。

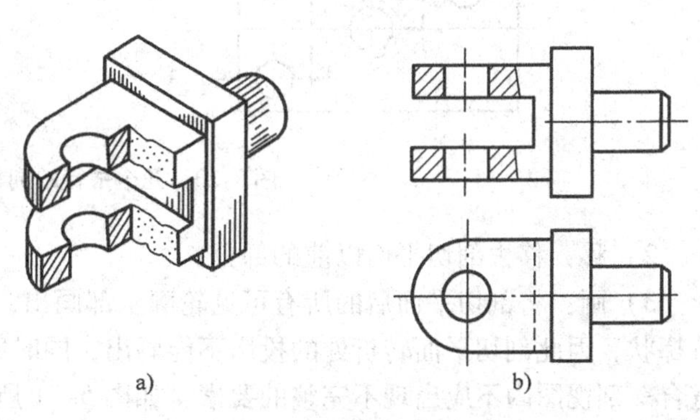

图5-19　局部剖视图的画法

步骤如下：

1）剖：用一个平行于正面且通过孔轴线的剖切平面局部剖开机件，剖切范围的大小以将内线表达清楚为原则，尽量避免破坏外形线。

2）移：移走被剖切到的圆孔之前那部分机件。

3）画：视图部分与剖视部分的分界线为波浪线。波浪线为机件断裂面的投影，应画在机件实体的投影上，不能超出轮廓线，不能与轮廓线重合，空心处波浪线应断开。

4）标：剖切位置明显时，局部剖视图可省略标注，必要时，可按全剖视图的形式来标注。

5. 单一剖切面

单一剖切平面剖切是指用一个剖切平面剖开机件的方法。一般应用较多的是，用平行于某一基本投影面的单一剖切平面进行剖切。前面介绍的剖视图图例均是采用平行于某一基本投影面的单一剖切平面进行剖切后所获得的全剖视图、半剖视图、局部剖视图。

6. 几个平行的剖切平面

当机件上不同类型的内部结构（孔、槽等）的对称平面不在同一平面上，但彼此互相平行时，可用几个平行的剖切平面剖开机件，然后将剖切平面之后的部分进行投影，这样的剖切方法，称为阶梯剖。

图5-20所示机件上有三种形状、大小、结构不同的孔，且轴线又不在同一个平面内，采用单一剖切面剖切不能完全表达其内部形状，需采用这种阶梯剖切的方法，步骤如下：

1）剖：用三个相互平行的正平面，且又衔接成阶梯状的剖切平面，分别通过孔的轴线剖开机件，如图5-20所示。

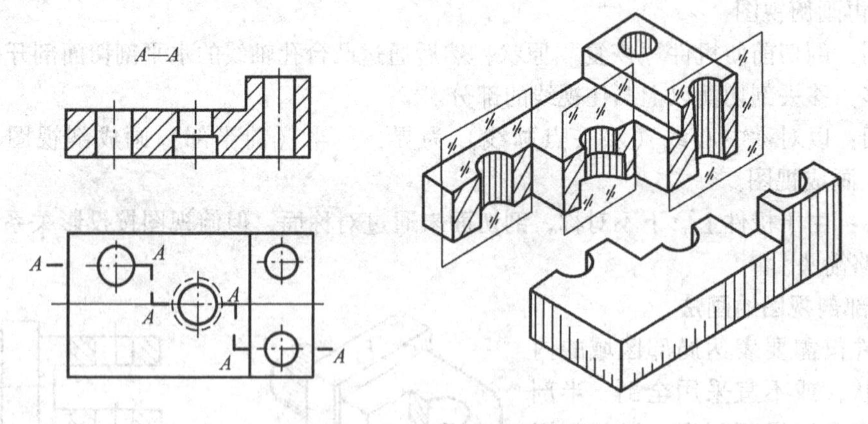

图5-20　几个平行的剖切平面

2）移：移去剖切平面以前的部分。

3）画：将剖切平面后的所有可见轮廓全部画出，剖面内画上剖面线。由于是假想剖成阶梯状，因此剖切平面转折处的投影不能画出，同时剖切平面的转折处也不应与视图轮廓线重合。剖视图内不应出现不完整的要素，如图5-21所示。仅对具有公共对称中心线或轴线的图形，才允许各画一半，如图5-22所示。

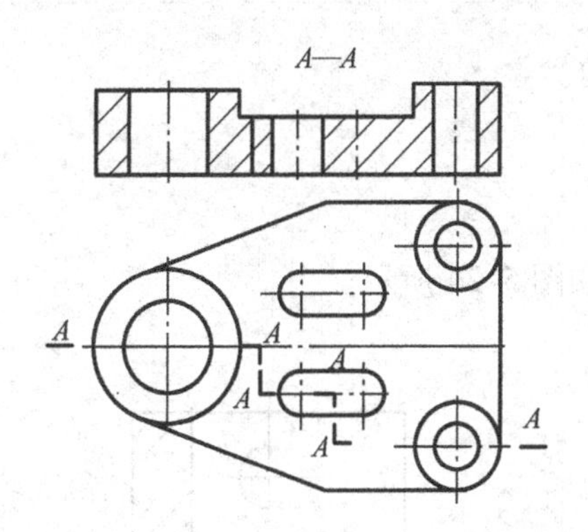

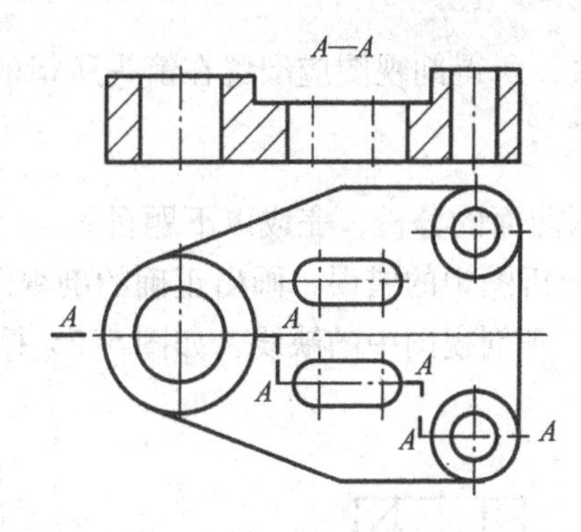

图 5-21　阶梯剖切（1）

4）标：剖视图必须标注，即在剖视图上方标出剖视图名称 *A*—*A* 等，在剖切面的起、迄和转折处用剖切符号表示剖切位置和投影方向，并标注相同的字母。当剖视图按投影关系配置，中间又没有其他图形隔开时，可省略箭头。

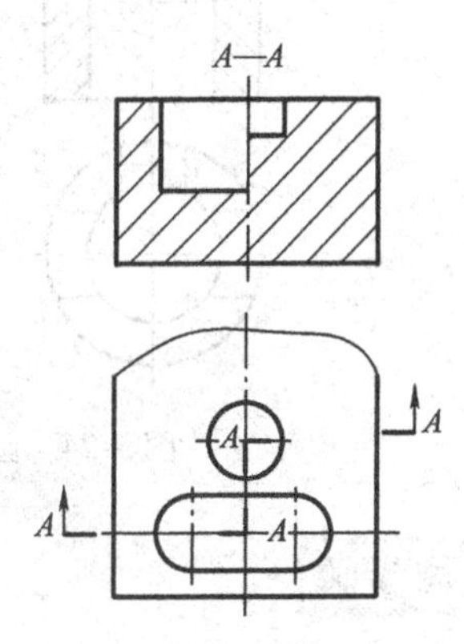

图 5-22　阶梯剖切（2）

7. 两个相交的剖切平面

当机件上不同类型孔、槽等结构的对称平面不在同一平面上且不平行时，可用两个相交于机件回转轴线的剖切平面剖开机件，再将被剖切的倾斜部分旋转到与基本投影面平行后，再进行投影，这样的剖切方法称为旋转剖。图 5-23 所示机件有三种形状、大小、结构不同的孔，既不在同一平面内，也不互相平行，只能采用旋转剖切的方法。

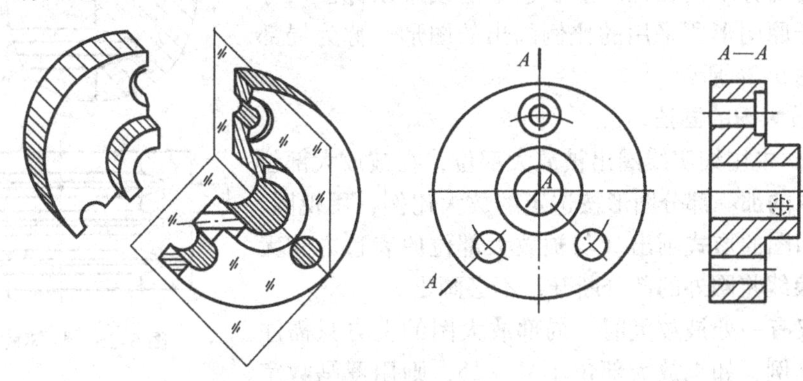

图 5-23　机件旋转剖切

步骤如下：

1）剖：用两个相交于机件回转轴线的侧平面和正垂面剖开机件，注意使一个剖切平面平行于基本投影面来安放机件。

2）移：将剖切平面左边的小半块移去。

3）画：将机件被垂面剖到的结构“旋转”到与侧平面共面后，再将所有被剖到的结构向侧投影面投影，在剖面内画上剖面线。剖切平面后的其他结构一般仍按原来的位置投影（图 5-23 中的虚线为小圆孔）。

4）标：剖视图必须标注，标注方法同几个平行面剖切的剖视图相同，但应注意箭头指向多半块，所得剖视图应配置在箭头所指的方向。

做一做

根据前面的分析，完成以下题目。

1. 分析图中的错误，画出正确的剖视图，如图 5-24 所示。
2. 补齐剖视图中的缺线，如图 5-25 所示。

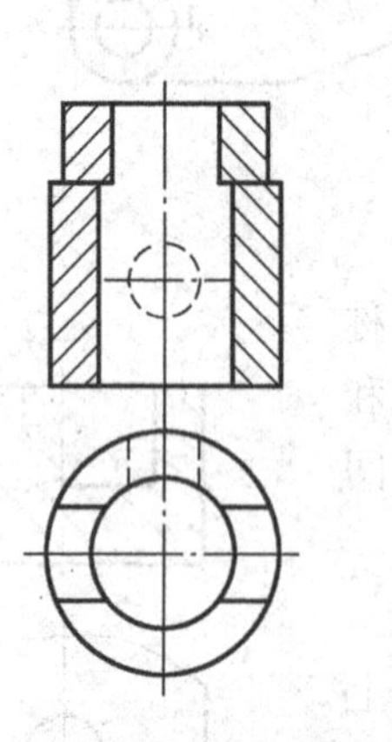

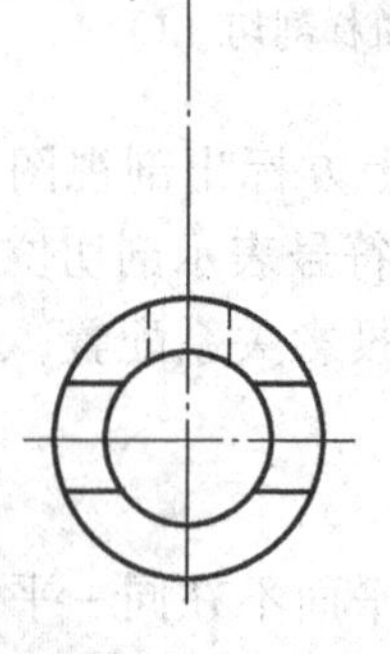

图 5-24　画出正确的剖视图

图 5-25　补齐剖视图中的缺线

再了解

1. 局部放大图

机件上的部分结构在视图上表达不清或难以标注尺寸时，可用大于原图形所采用的比例画出的图形，称为局部放大图，如图 5-26 所示。

2. 局部放大图的画法

在图 5-26 中用细实线圈出被放大部位，在被放大部位附近，将圈内的那一部分图形按选定的放大比例，用视图、剖视图或断面图的形式画出（与被放大部位原表达方式无关）并用波浪线将圈外的部分断开，不必画出。

机件上仅有一处被放大时，局部放大图的上方只需注明所采用的比例，如果放大部位不只一处，则用罗马数字编号，并在局部放大图上标出相应的罗马数字和所采用的比例。

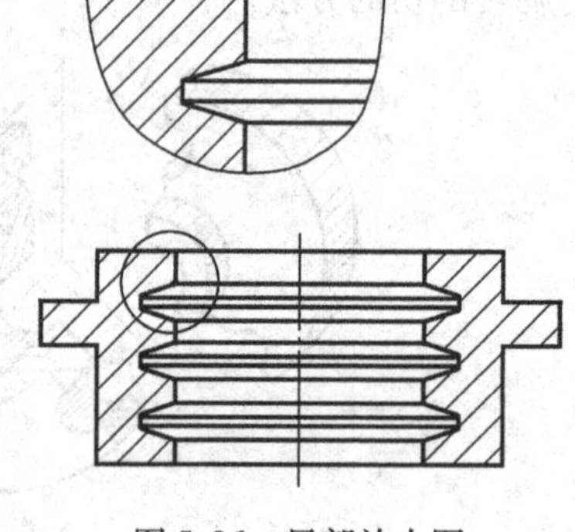

图 5-26　局部放大图

任务三　断　面　图

了解断面图（移出断面图与重合断面图）的概念和种类。

看一看

看图 5-27、图 5-28 所示断面图模型。

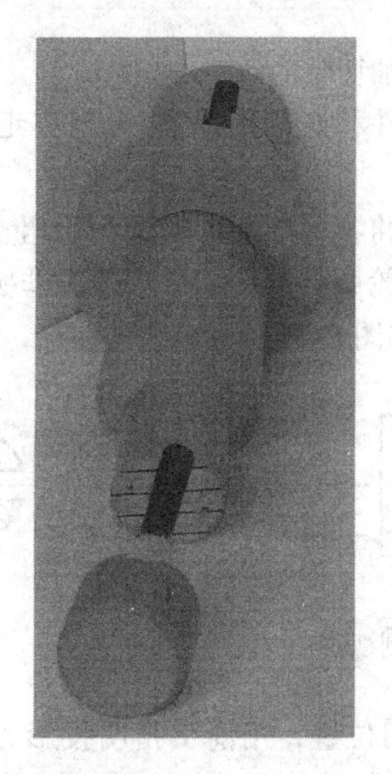

图5-27　断面图模型（1）

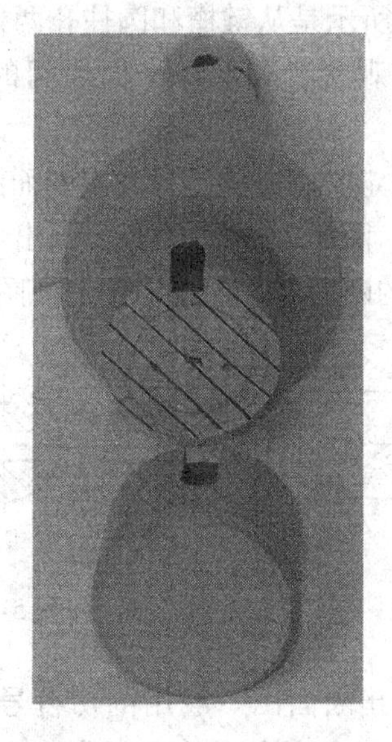

图5-28　断面图模型（2）

记一记

● 断面图：假想用剖切平面将机件的某处切断，仅画出断面的图形，称为断面图，如图 5-29 所示。

● 断面图的分类：断面图分为移出断面图和重合断面图。

● 移出断面图：画在视图轮廓之外的断面图，如图 5-29 所示。

● 重合断面图：画在视图轮廓之内的断面图，如图 5-30 所示。

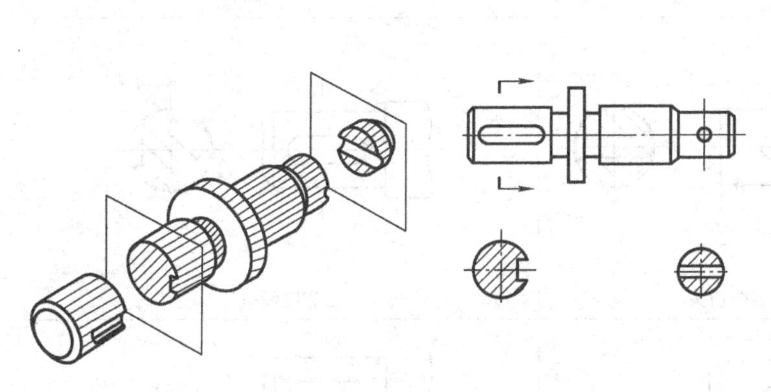

图 5-29　移出断面图

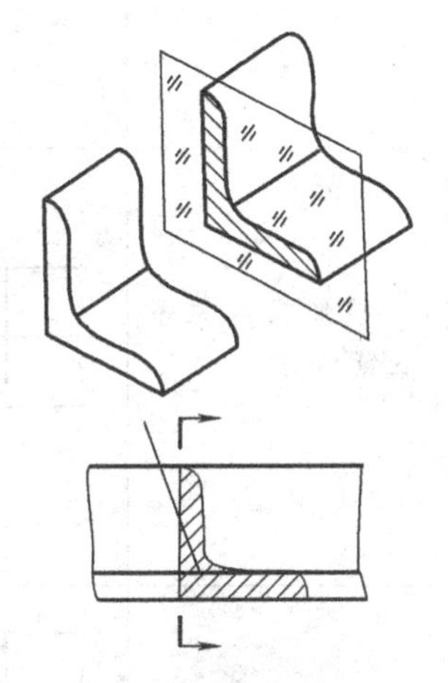

图 5-30　重合断面图

想一想

1. 移出断面图的画法及标注

移出断面图的画法分为剖、移、画、标几步，具体如下。

1）剖：假想用垂直轴线或轮廓线的剖切平面将机件从需要显示其断面形状的地方切

断，如图5-29所示是从键槽和圆柱孔两处将阶段轴切断的。

2）移：将观察者和剖切平面之间的部分机件移走，图5-29中是移走剖切面以左的部分。

3）画：按定义画，就是只画出断面的形状，将机件断面的轮廓线用粗实线画出，断面内画出剖面线。图5-29中键槽只要画出切断面的轮廓。当剖切平面通过非圆孔，导致出现实线完全分离的断面时，该结构按剖视图绘制，如图5-31所示 。

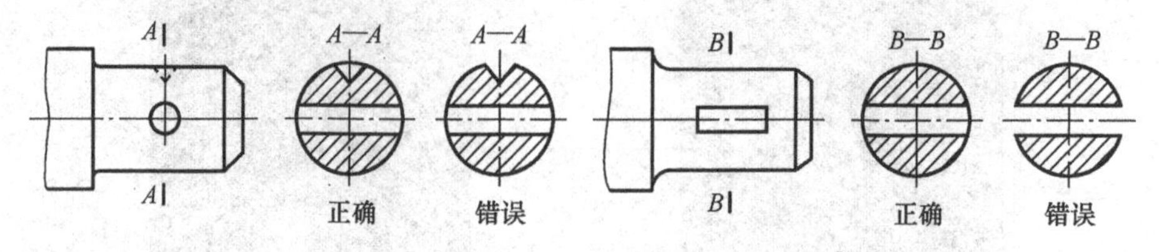

图5-31 断面剖视图

4）标：移出断面图一般用剖切符号表示剖切位置，用箭头指明投影方向，并注上字母，在断面图上方用同样的字母标出相应的名称“×—×”。但可根据断面图是否对称及配置的不同作相应的省略。标注规定见表5-1。

表5-1 断面图

	对称移出断面	不对称移出断面
按照投影关系配置	A A—A A 省略箭头	A A—A A 省略箭头
不按照投影关系配置	A A A—A 省略箭头	A A A—A 标注全部内容

2. 重合断面图的画法及标注

（1）画法　重合断面的轮廓线用细实线画出，以区别原来的视图。当断面图的轮廓线与视图的轮廓线重合时，视图的轮廓线仍应完整地画出，不得间断。

（2）标注　重合断面对称时，不必标注；不对称时，需标出剖切位置和投影方向，当不引起误解时，可省略标注。

做一做

图 5-32 所示阶梯轴右端键槽深 4mm，左起第一个移出断面图是按剖视绘制的；第二个则按定义绘制（只画断面）；第三个由于剖切面通过回转面形成的孔的轴线，所以，也按剖视来绘制；第四个是按定义来绘制的。图 5-32 中左起第一、二、三个断面图均配置在剖切符号延长线上，为对称的移出断面，故可省略标注（图中粗短线可省略），而 *A—A* 断面图配置在其他位置，故需标注。

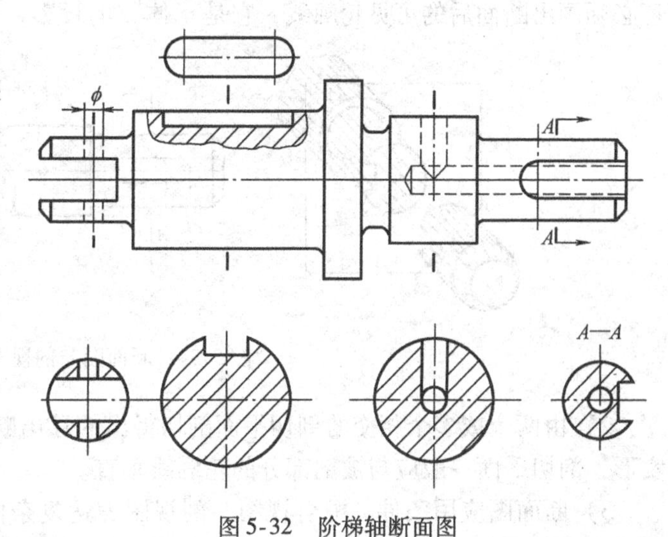

图 5-32　阶梯轴断面图

根据前面的分析，找出正确的断面图形，将判断结果填在括号内，正确的画√，错误的画×，如图 5-33 所示。

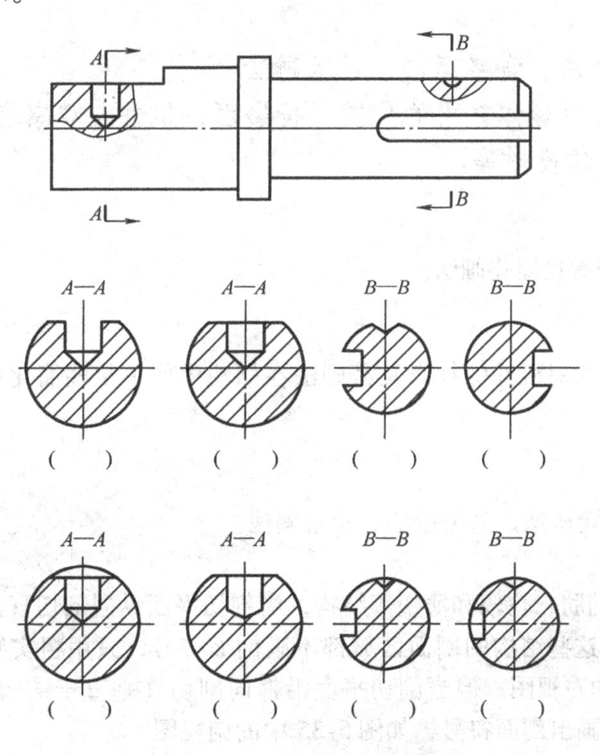

图 5-33　找出正确的断面图

再了解

应用断面图时还应注意以下几点：

1）断面图与剖视图的相同之处是均用假想的剖切面剖开机件。不同之处是：断面图只画出剖切平面与机件接触部位的图形，它是“面”的投影，而剖视图不仅要画出断面图形，还必须画出断面后的可见轮廓线，它是“体”的投影，如图5-34所示。

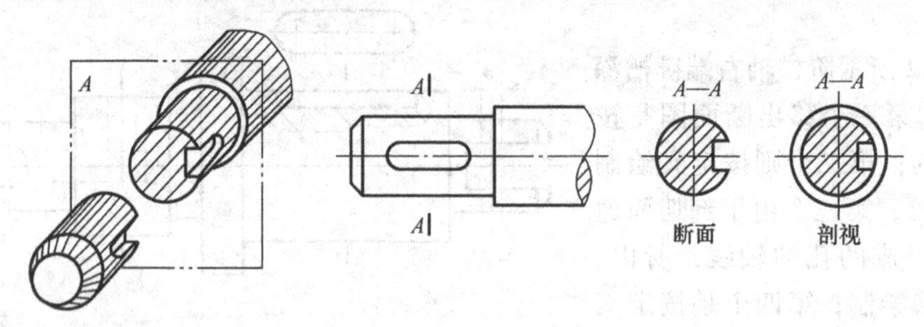

图5-34　断面图与剖视图

2）由两个或多个相交的剖切平面剖切得出的移出断面，中间一般应断开。为反映断面实形，剖切平面一般应与被剖部分的轮廓线垂直。

3）断面图应用条件：配合视图、剖视图表达复杂曲面或局部结构，如轮辐、肋、孔、键槽及型材的断面等。

任务四　简化画法

1. 了解规定画法、省略画法、示意画法。

2. 了解机件在投影体系中的位置，投影面、机件与观察者的相对位置关系，视图的配置，第三角投影等。

看一看

看图5-35，了解常见简化画法。

记一记

● 简化画法：是指对机件的投影及其画法在标注中作了某些简化或规定，使其便于作图的一种方法。

想一想

简化画法包括规定画法、省略画法、示意画法。

1. 规定画法

1）对于机件上的肋、轮辐和薄壁等结构，当剖切平面纵向剖切（通过轮辐、肋等的轴线或对称平面）时，这些结构的剖面区域都不画剖面符号，只用粗实线将它们与邻接部分分开，如图5-35中的左视图。但当剖切平面沿横向剖切（垂直于结构轴线或对称面）时，这些剖面区域就必须画出剖面符号，如图5-35中的俯视图。

2）当回转体上均匀分布的肋、轮辐、孔等结构不处于剖切平面上时，可将这些结构旋

转到剖切平面上来表达（先旋转后剖切），如图 5-36 所示。

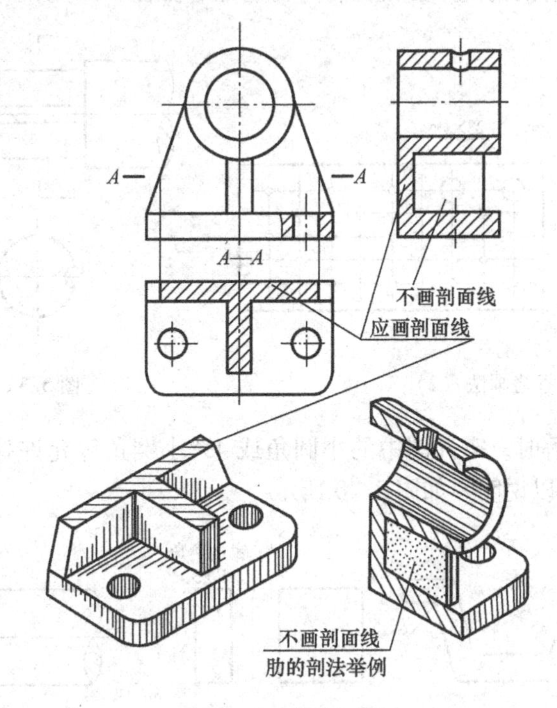

图 5-35　简化画法

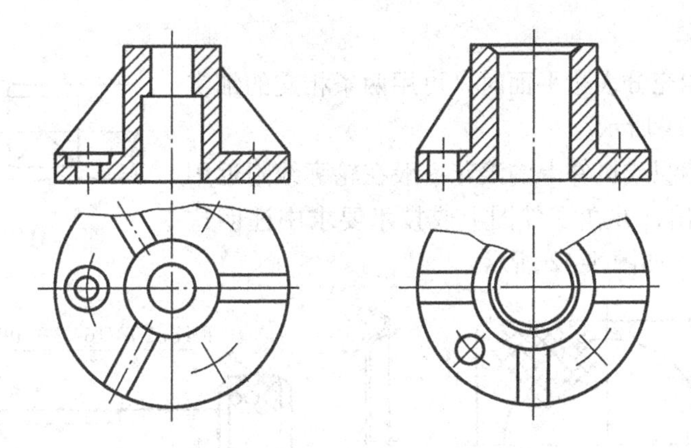

图 5-36　先旋转后剖切

2. 省略画法

1）当机件具有相同结构（如齿、槽）并按一定规律分布时，只需要画出几个完整的结构，其余相同结构省略，用细实线连接起来，并注明该结构总数，如图 5-37 所示。

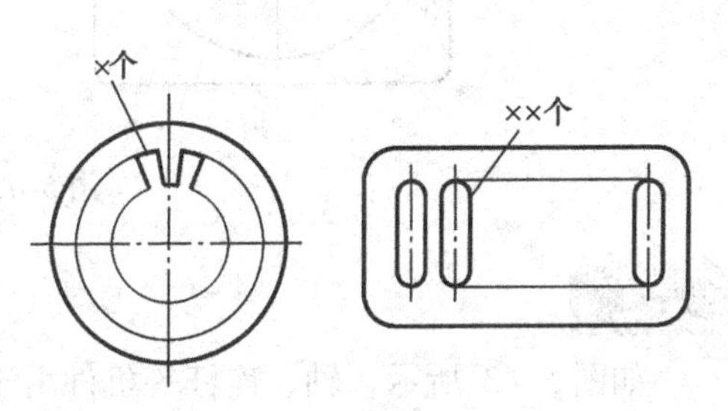

图 5-37　省略画法（1）

2）若干直径相同且成规律分布的孔，允许只画一个或几个，其余用细实线表示出中心位置，并注明总数量，如图 5-38 所示。

3）在不致引起误解的情况下，剖面符号可省略，如图5-39所示。

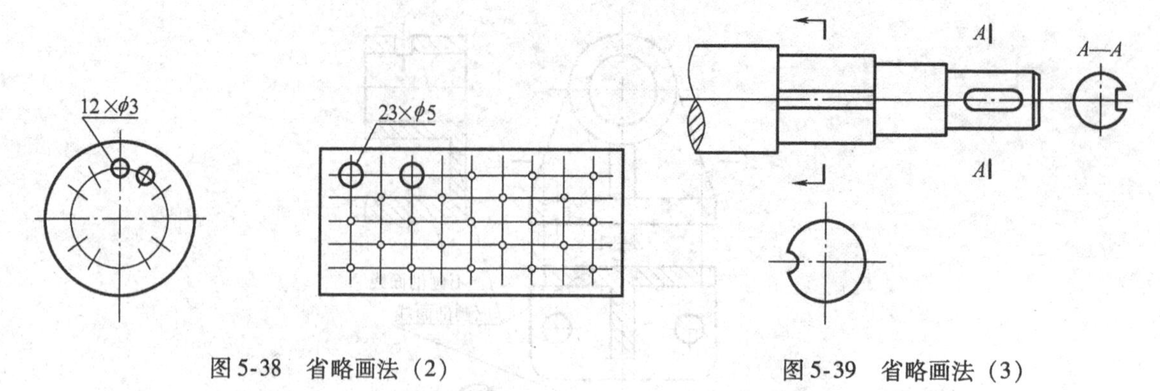

图5-38　省略画法（2）

图5-39　省略画法（3）

4）在不致引起误解时，零件图中的小圆角或45°小倒角等允许省略不画，但必须注明尺寸或在技术要求中加以说明，如图5-40所示。

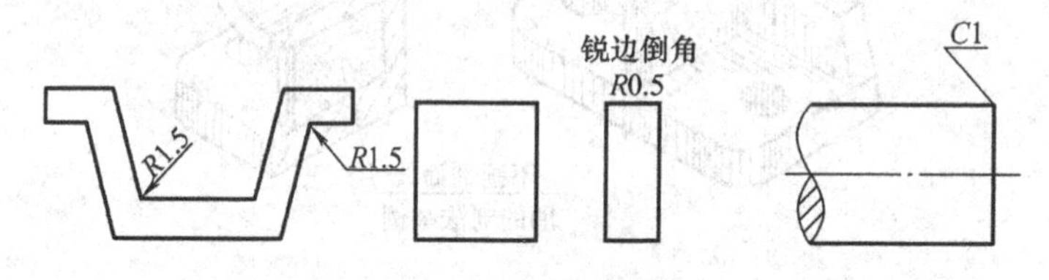

图5-40　省略画法（4）

3. 示意画法

1）当图形不能充分表达平面时，可用两条相交的细实线来表示，如图5-41所示。

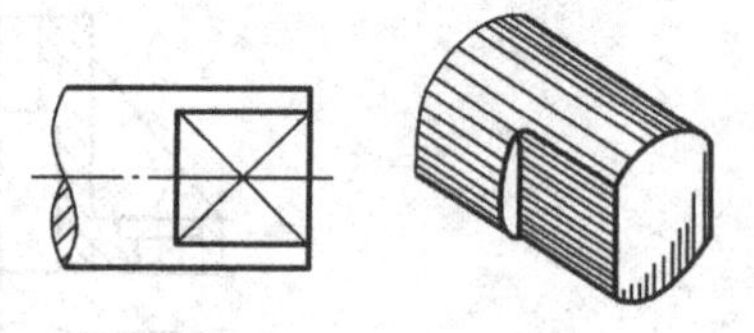

图5-41　示意画法（1）

2）网状物、编织或机件上的滚花一般在轮廓线附近用细实线局部示意画出，并在零件图上或技术要求中注明这些结构的具体要求，如图5-42所示。

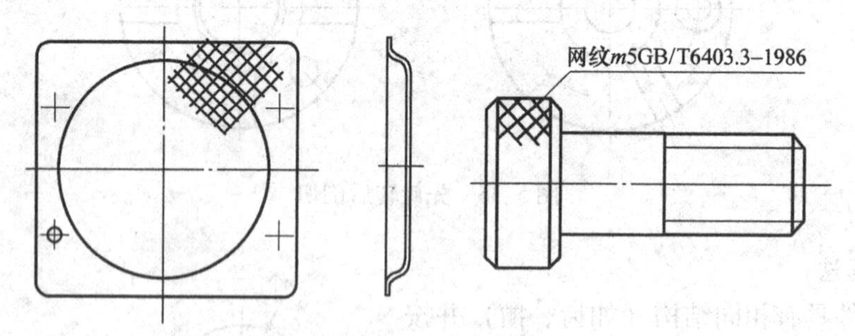

图5-42　示意画法（2）

做一做

如图5-43所示，轴、连杆等机件由于沿长度方向的形状一致或按一定规律变化，因此可断开后缩短绘制。

根据以上分析，用断面和断裂画法完成下列各图，如图5-44所示。

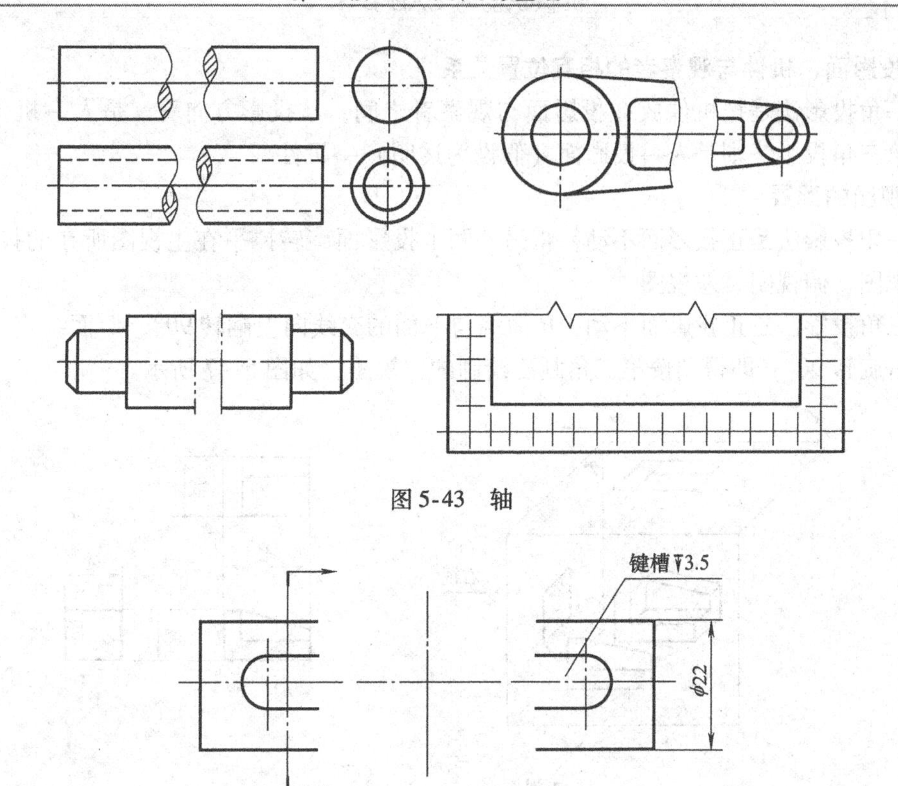

图 5-43　轴

图 5-44　轴图

再了解

在机械制图中有多种画法，目前我国采用的是第一角画法，但有些国家则采用第三角画法。为了更好地进行国际间的技术交流，应该了解第三角画法。规定采用第三角画法时，必须在图样的标题栏或标题栏外其他适当位置画出第三角投影的识别符号，如图 5-45 所示。

1. 机件在投影体系中的位置

图 5-46 所示为三个互相垂直相交的投影面，将空间分为八个部分，每部分为一个分角，按图示顺序分别称为第一分角、第二分角、第三分角……第八分角。机件放在第一分角内（*H* 面之上、*V* 面之前、*W* 面之左）称为第一角投影法；机件放在第三分角内（*H* 面之下、*V* 面之后、*W* 面之左）称为第三角投影法。

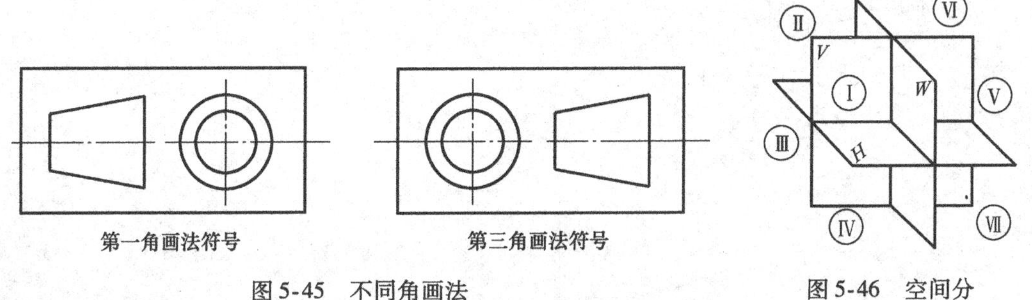

第一角画法符号　　第三角画法符号

图 5-45　不同角画法

图 5-46　空间分为八个部分

2. 投影面、机件与观察者的相互位置关系

第一角投影法是把机件放在投影面与观察者之间，从投影方向看，是人→机件→投影面；而第三角投影法则是人→投影面（假设为透明）→机件。

3. 视图的配置

第一角投影法是正投影面不动，将另外两个投影面旋转摊平在主视图所在的投影面上，得到主视图、俯视图、左视图。

第三角投影法是正投影面不动，H 面绕与 V 面的交线向上翻转 90°，W 面绕它与 V 面的交线向右旋转 90°，即得到按第三角画法绘制的三视图，如图 5-47 所示。

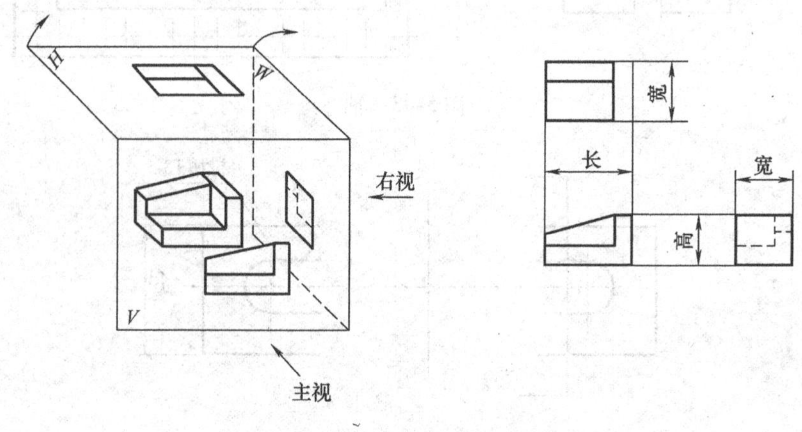

图 5-47　第三角投影法

第三角投影法三个视图的名称分别是：

① 主视图——由前往后投影在 V 面上得到的视图。

② 俯视图——由上往下投影在 H 面上得到的视图。

③ 右视图——由右往左投影在 W 面上得到的视图。

三个视图与第一角投影法一样，仍保持“长对正、高平齐、宽相等”的三等关系。与第一角投影法一样，第三角投影法也可再增加三个投影面，形成后、仰、左三个视图。

可以看出，这两种投影形成的主、俯、左、仰、右、后视图完全相同，只是相对于主视图的位置不同。在第一角投影法中，以主视图为中心，俯视图与仰视图上、下对调，左视图与右视图左、右对调，后视图位置不变，就形成了第三角投影。

第六模块　常用机件

基本要求：

1. 了解螺纹的形成原理、结构要素、分类及螺纹画法和标记，掌握螺纹联接件的种类、标记及画法。

2. 了解齿轮的作用、种类，圆柱齿轮、蜗轮蜗杆的基本知识，掌握直齿圆柱齿轮的基本参数及主要尺寸计算，掌握直齿圆柱齿轮的规定画法。

3. 了解键、销联接的作用，掌握键、销的种类、标记、规格及画法，掌握滚动轴承的结构、类型、代号、标记、简化画法。

4. 了解弹簧的作用、种类，掌握螺旋压缩弹簧的参数计算、规定画法等。

任务一　螺　纹

了解螺纹的结构要素、规定画法、种类及标记。

看一看

看图6-1所示螺纹模型，认识螺纹。

记一记

● 螺纹：圆柱或圆锥表面上沿着螺旋线所形成的具有规定牙型的凸起和沟槽，一般用于联接零件或传递动力。

● 外螺纹：圆柱或圆锥外表面上形成的螺纹称为外螺纹。

● 内螺纹：圆柱或圆锥内表面上形成的螺纹称为内螺纹。

● 牙型：通过螺纹轴线的剖面上螺纹的轮廓形状称为螺纹的牙型，常用的有三角形、梯形、锯齿形等。

● 公称直径：公称直径是代表螺纹尺寸的直径，指螺纹大径的基本尺寸。

螺纹直径有三种：

① 大径——与外螺纹牙顶或内螺纹牙底相切的假想圆柱的直径，代号为d（外螺纹）和D（内螺纹）。

② 小径——与外螺纹牙底或内螺纹牙顶相切的假想圆柱的直径，代号为d_1（外螺纹）和D_1（内螺纹）。

③ 中径——通过牙型上沟槽和凸起宽度相等处的一个假想圆柱的直径，代号为d_2（外螺纹）和D_2（内螺纹），如图6-2所示。

● 线数（n）：螺纹有单线和多线之分，由一条螺旋线形成的螺纹为单线螺纹，如

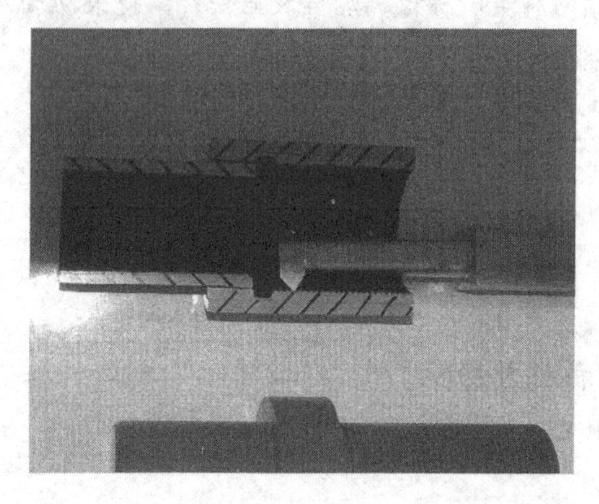

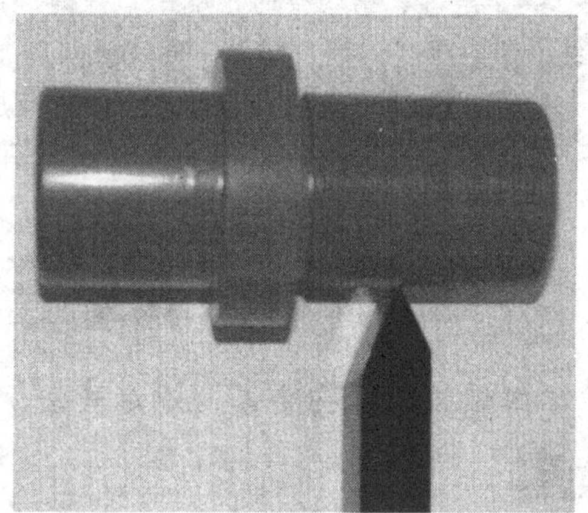

图6-1　螺纹（内、外螺纹）

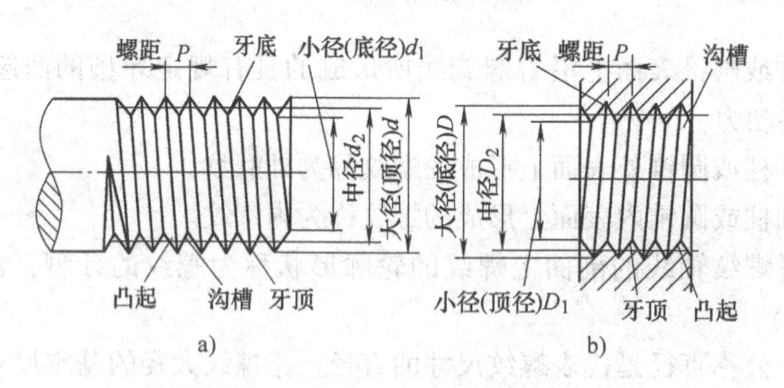

图6-2　螺纹的结构要素

图6-3a所示；沿两条或两条以上在轴向等距分布的螺旋线形成的螺纹称为双线螺纹或多线螺纹，如图6-3b所示。

● 螺距（P）：相邻两牙在中径线上对应两点间的轴向距离称为螺距，如图6-2所示。

● 导程（P_h）：同一条螺旋线上的相邻两牙在中径线上对应两点间的轴向距离称为导程，如图6-3所示。

● 螺距、导程、线数的关系为：$P_h = nP$。

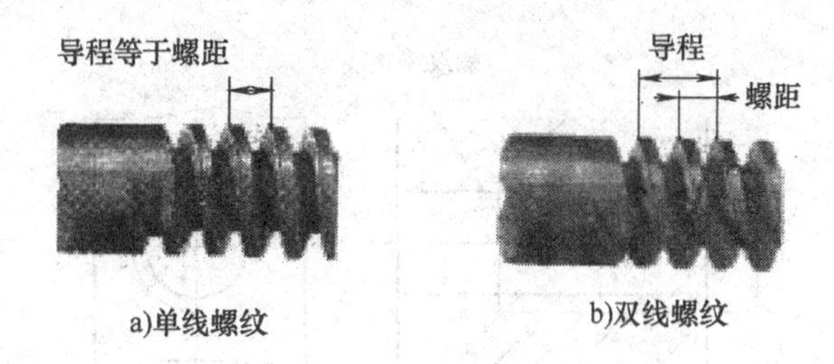

图 6-3　螺纹的线数、导程和螺距

● 旋向：螺纹有右旋和左旋之分。沿着旋进方向看，顺时针旋转时旋入的螺纹为右旋螺纹，逆时针旋转时旋入的螺纹为左旋螺纹，如图 6-4 所示。

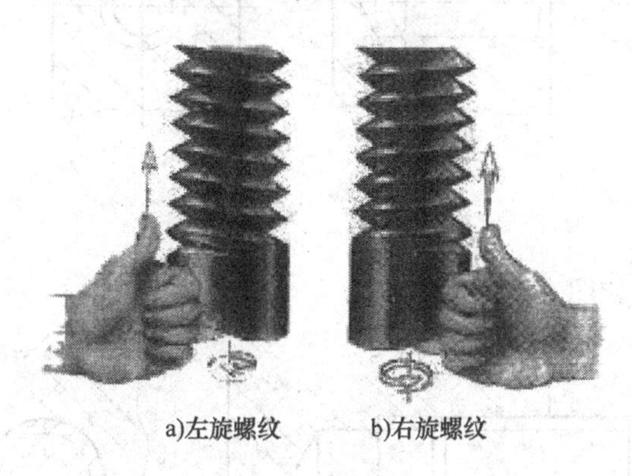

图 6-4　螺纹旋向

想一想

1. 螺纹的规定画法

1）外螺纹：牙顶线为粗实线，牙底线为细实线，如图 6-5 所示。

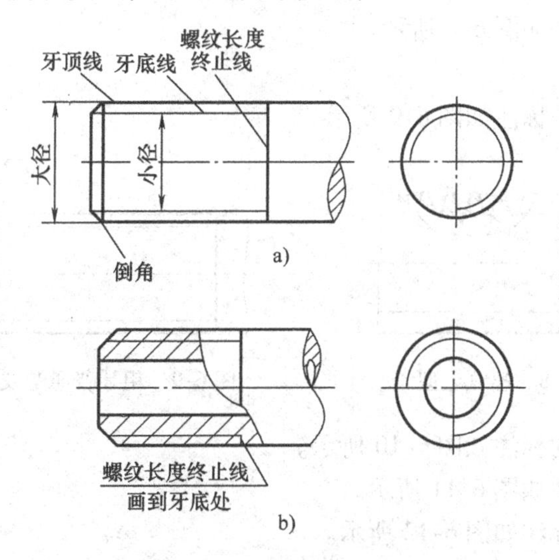

图 6-5　外螺纹

2）内螺纹：牙底线为粗实线，牙顶线为细实线，如图 6-6 所示。

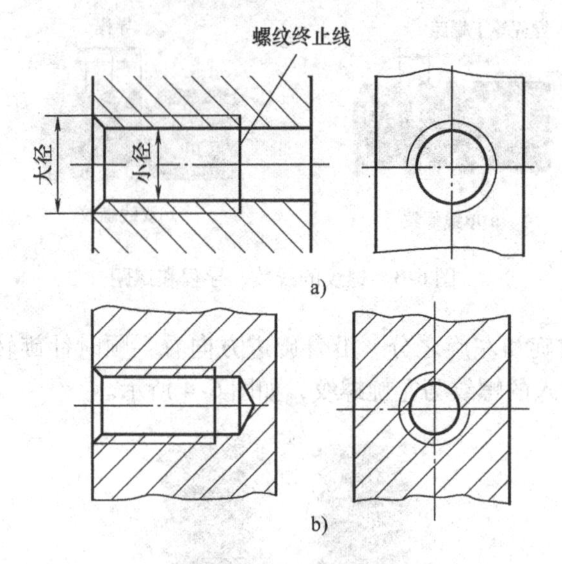

图 6-6　内螺纹

3）螺纹旋合：画法如图 6-7 所示。

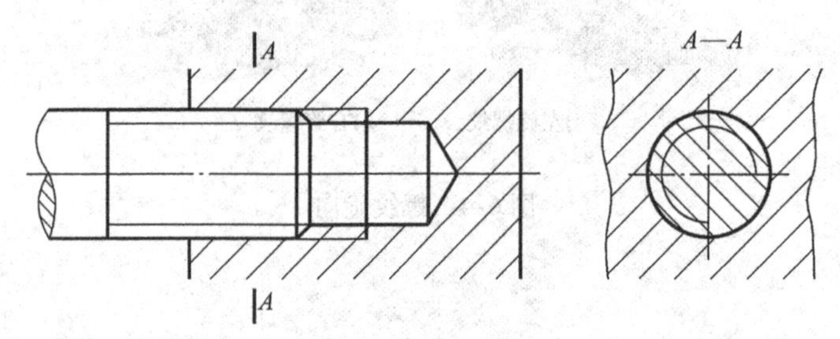

图 6-7　螺纹旋合

4）螺纹牙型：画法如图 6-8 所示。

2. 螺纹的标注

1）粗牙普通螺纹的标注如图 6-9 所示。

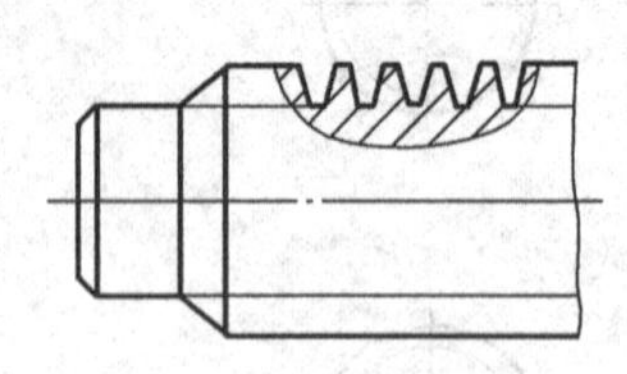

图 6-8　螺纹牙型

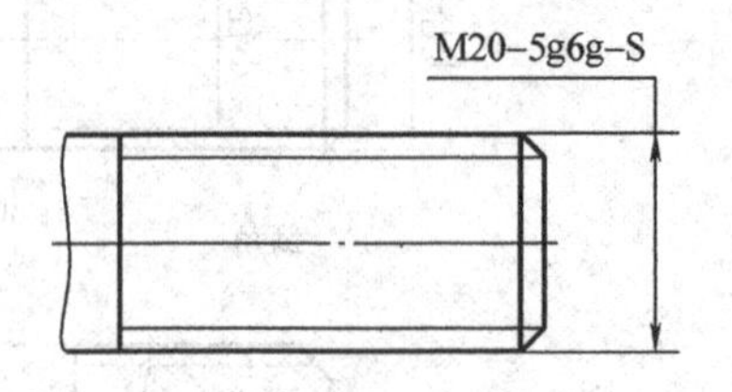

图 6-9　粗牙普通螺纹的标注

2）细牙普通螺纹的标注如图 6-10 所示。

3）梯形螺纹的标注如图 6-11 所示。

4）锯齿形螺纹的标注如图 6-12 所示。

5）55°非密封管螺纹的标注如图 6-13 所示。

6）55°密封管螺纹的标注如图 6-14 所示。

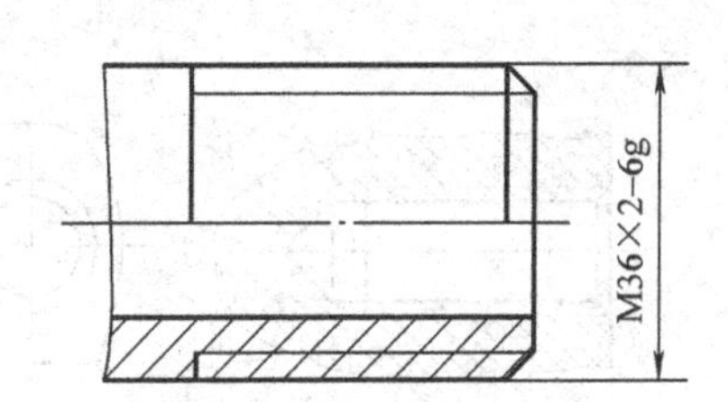

图 6-10　细牙普通螺纹的标注

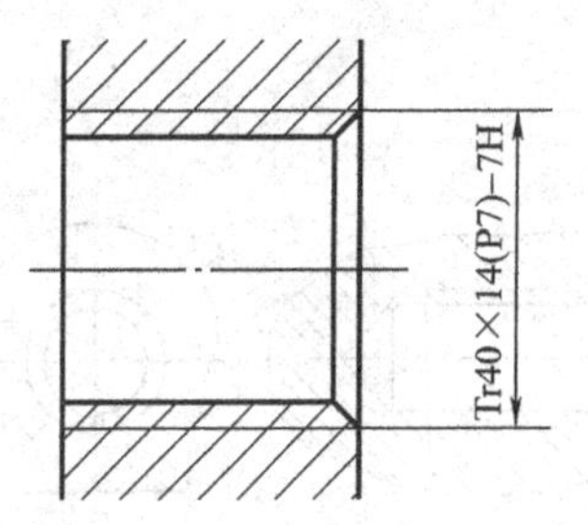

图 6-11　梯形螺纹的标注

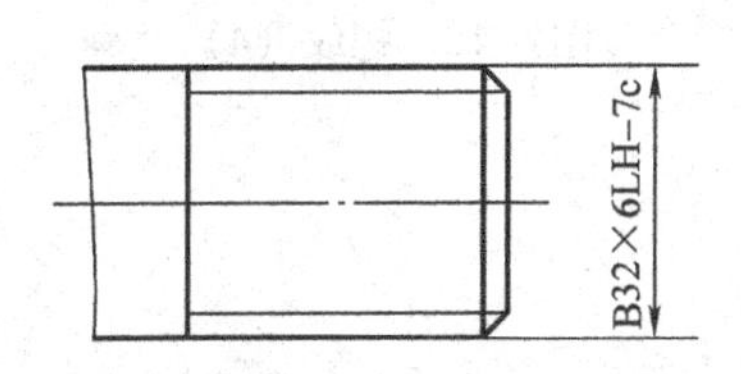

图 6-12　锯齿形螺纹的标注

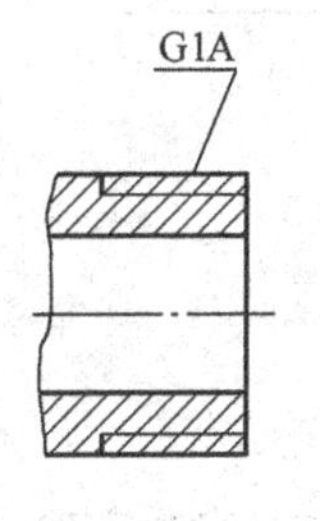

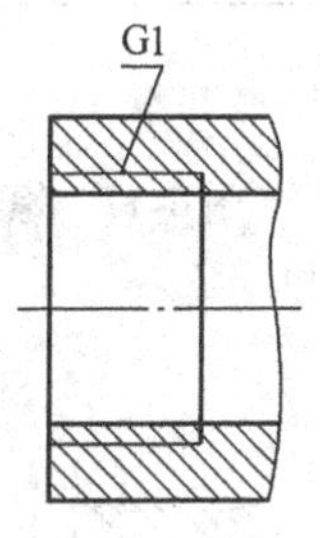

图 6-13　55°非密封管螺纹的标注

在螺纹标记和标注中，普通螺纹应用最多。细牙必须标出螺距，粗牙螺距不标注；左旋螺纹要写 LH，右旋螺纹不写；普通螺纹的旋合长度规定为短（S）、中等（N）、长（L）三种，中等旋合长度不标注；55°非密封管螺纹的外螺纹有 A 和 B 两个公差等级，应予以标注。

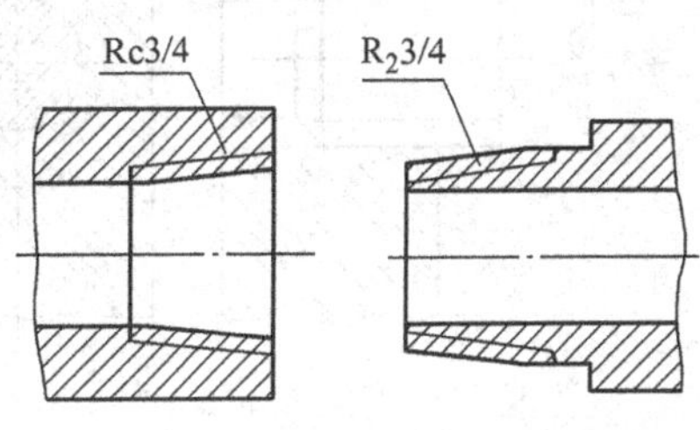

图 6-14　55°密封管螺纹的标注

3. 螺纹的种类

国家标准对螺纹的牙型、公称直径和螺距都作了规定，凡是这三个要素均符合标准的称为标准螺纹。

牙型符合标准、直径或螺距不符合标准的称为特殊螺纹。

牙型不符合标准的称为非标准螺纹。

螺纹按用途可分为紧固联接螺纹、传动螺纹、管螺纹和专门用途螺纹。

做一做

图 6-15～图 6-20 中螺纹画法有错误，将正确的画在下面空白处。

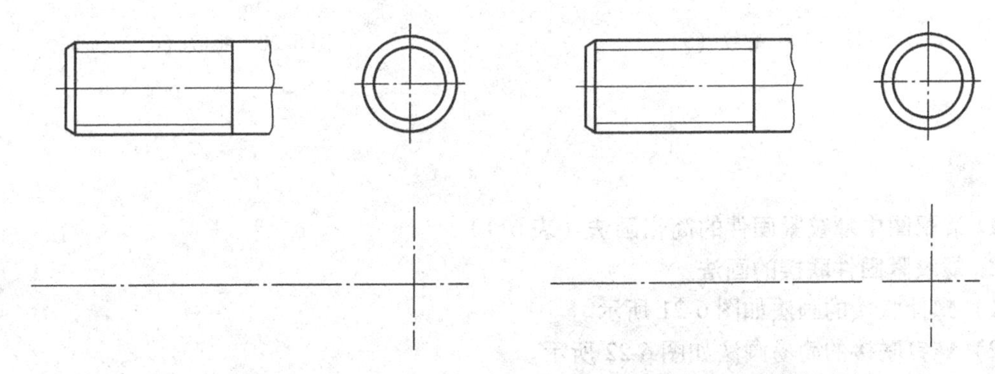

图 6-15　螺纹（1）　　图 6-16　螺纹（2）

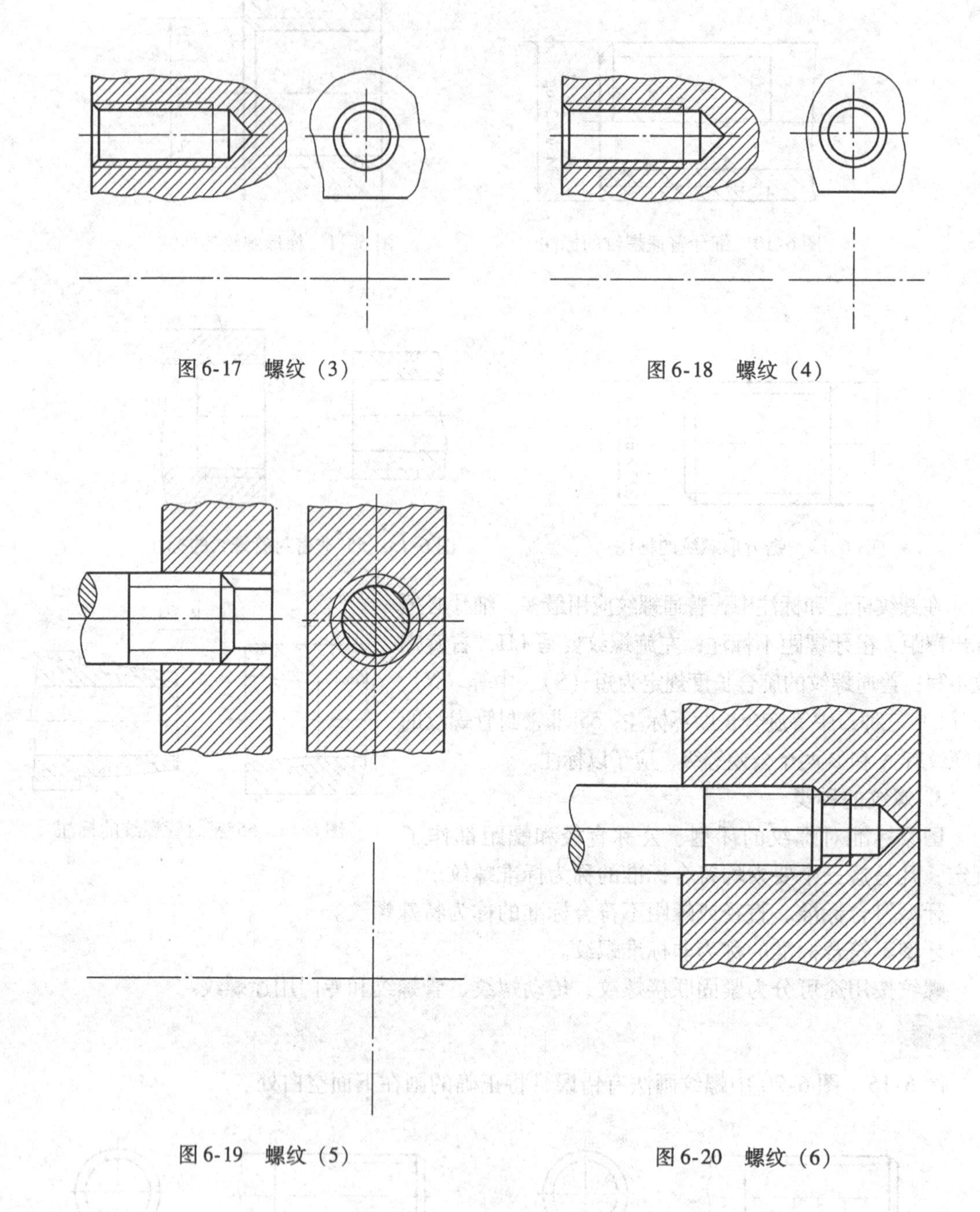

图6-17 螺纹（3）

图6-18 螺纹（4）

图6-19 螺纹（5）

图6-20 螺纹（6）

再了解

1. 装配图中螺纹紧固件的简化画法（表6-1）

2. 螺纹紧固件联接的画法

1）螺栓联接的画法如图6-21所示。

2）螺钉联接的简易画法如图6-22所示。

表6-1 螺纹紧固件的简化画法

名称	简化画法	名称	简化画法
六角头螺栓	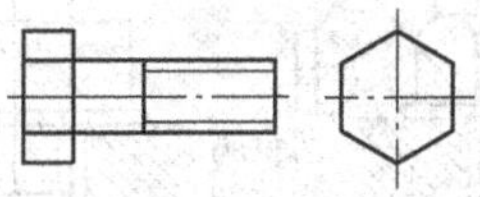	沉头开槽自攻螺钉	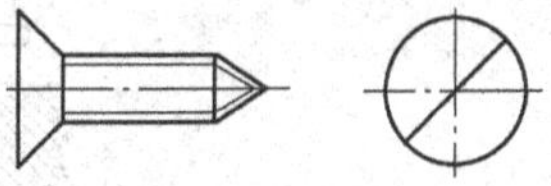
方头螺栓	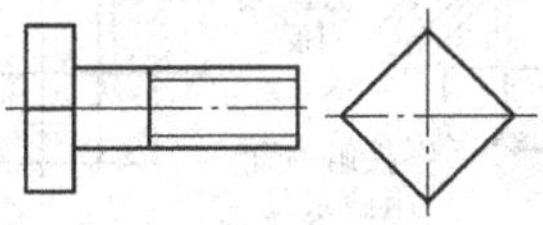	沉头十字槽螺钉	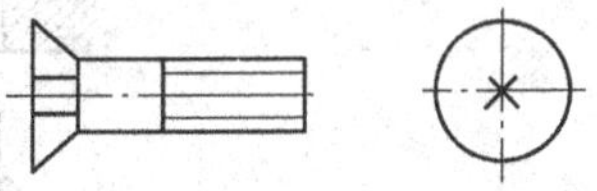
圆柱头内六角螺钉	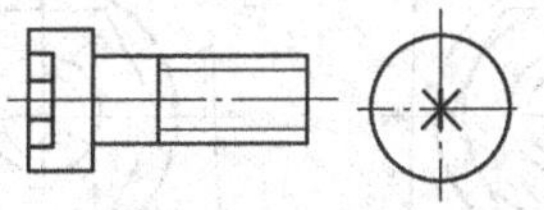	半沉头十字槽螺钉	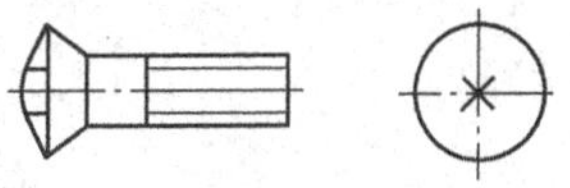
无头内六角螺钉	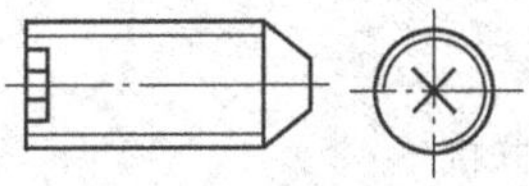	六角螺母	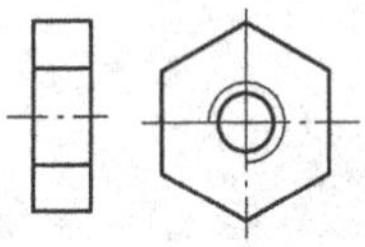
无头开槽螺钉	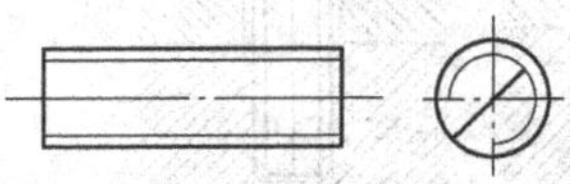	方头螺母	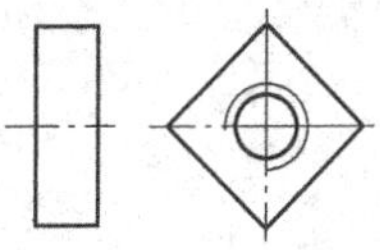
沉头开槽螺钉	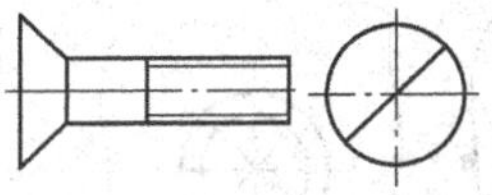	六角开槽螺母	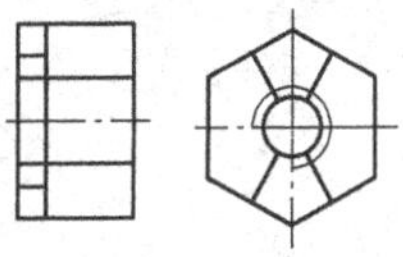
半沉头开槽螺钉	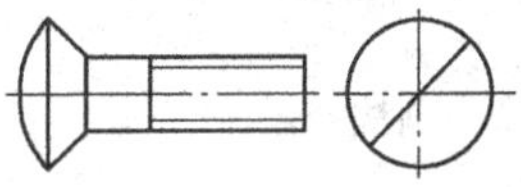	六角法兰面螺母	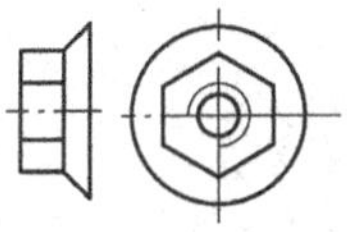
圆柱头开槽螺钉	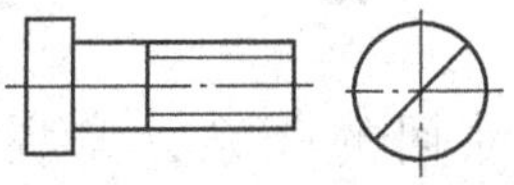	蝶形螺母	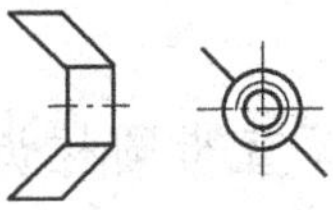
盘头开槽螺钉	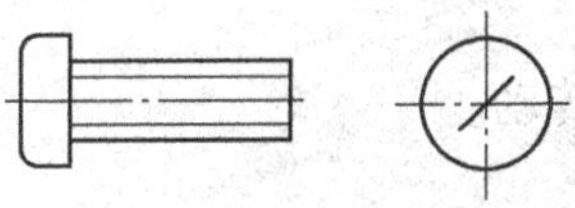		

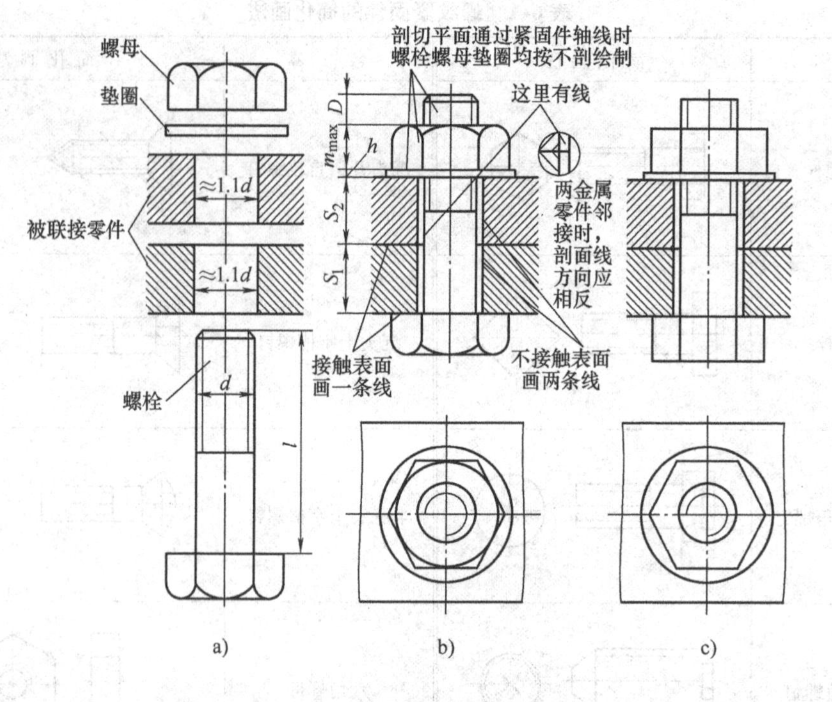

图6-21 螺栓联接

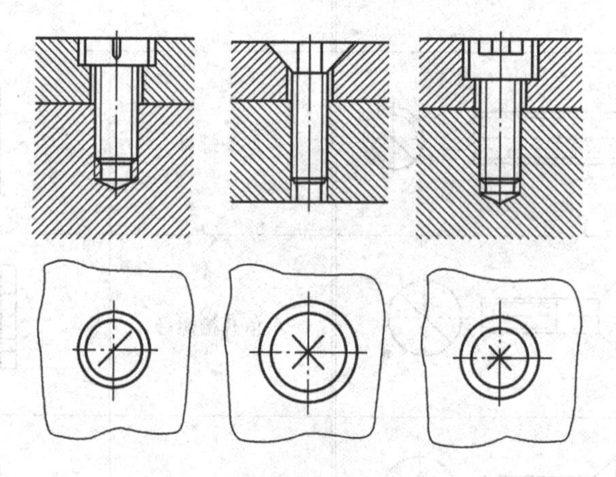

图6-22 螺钉联接简易画法

任务二 齿 轮

了解直齿圆柱齿轮的基本参数和基本尺寸间的关系，掌握齿轮的规定画法（单个齿轮画法、齿轮啮合画法）。

看一看

看图6-23～图6～28所示的齿轮模型和齿轮传动。

图 6-23 齿轮模型（1）

图 6-24 齿轮模型（2）

图 6-25 齿轮模型（3）

图 6-26 平行轴之间的传动

图 6-27 交错两轴之间的传动

图 6-28 相交两轴之间的传动

记一记

齿轮是机械传动中应用最广的零件，它可以传递动力、变换转速和改变旋转方向。常用的有三类：圆柱齿轮用于两平行轴之间的传动（图 6-26），蜗杆与蜗轮用于交错两轴之间的传动（图 6-27），锥齿轮用于相交两轴之间的传动（图 6-28）。

按齿轮方向不同可分为直齿、斜齿、人字齿三种。本节主要介绍直齿圆柱齿轮。

1. 各几何要素的名称及代号（图 6-29）

1）齿顶圆直径 d_a：通过轮齿顶部的圆的直径。

2）齿根圆直径 d_f：通过轮齿根部的圆的直径。

3）分度圆直径 d：分度圆是一个约定的假想圆，在齿顶圆和齿根圆之间，其齿厚与齿槽宽相等。

4）齿顶高 h_a：齿顶圆与分度圆之间的径向距离。

5）齿根高 h_f：齿根圆与分度圆之间的径向距离。

6）齿高 h：齿顶圆和齿根圆之间的径向距离。

7）齿厚 s：一个齿的两侧齿廓之间的分度圆弧长。

8）齿槽宽 e：一个齿槽的两侧齿廓之间的分度圆弧长。

9）齿距 p：相邻两齿的同侧齿廓之间的分度圆弧长。

10）齿宽 b：齿轮轮齿的轴向宽度。

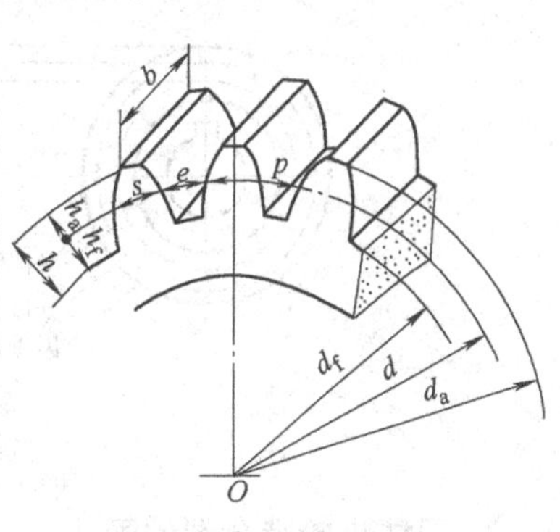

图 6-29 齿轮各部分名称

2. 直齿圆柱齿轮的基本参数

1）齿数 z：一个齿轮的轮齿总数。

2）模数 m：齿距与圆周率的比值 p/π，用 m 表示，其值已标准化，它是齿轮设计、加工制造中的重要参数。

3）压力角 α：齿廓曲线与分度圆的交点处的向径与齿廓在该点处的切线所夹的锐角。

4）总传动比 i：主动齿轮转速 n_1 与从动齿轮转速 n_2 之比，由 $n_1z_1=n_2z_2$ 得 $i=n_1/n_2=z_2/z_1$。

5）中心距 a：两圆柱齿轮轴线之间的最短距离称为中心距，$a=1/2(d_1+d_2)=1/2m(z_1+z_2)$。

3. 各几何要素的尺寸计算

1）齿顶高 h_a：$h_a=m$。

2）齿根高 h_f：$h_f=1.25m$。

3）齿高 h：$h=2.25m$。

4）分度圆直径 d：$d=mz$。

5）齿顶圆直径 d_a：$d_a=m(z+2)$。

6）齿根圆直径 d_f：$d_f=m(z-2.5)$。

想一想

1. 单个圆柱齿轮的画法

单个圆柱齿轮的画法如图 6-30 所示。

1）齿顶圆和齿顶线用粗实线绘制。

2）分度圆和分度线用细点画线绘制。

3）齿根圆和齿根线用细实线绘制，也可省略不画。在剖视图中，齿根线用粗实线绘制。

4）在剖视图中，当剖切平面通过齿轮轴线时，轮齿一律按不剖绘制。

5）当需要表示斜齿或人字齿的齿线形状时，可用三条与齿线方向一致的细实线表示。

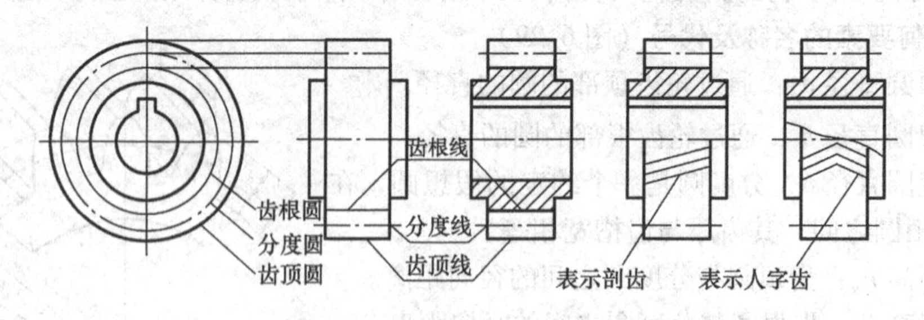

图 6-30　单个圆柱齿轮的画法

2. 圆柱齿轮啮合图的画法

1）啮合条件：一对标准圆柱直齿轮模数必须相同才能啮合，两啮合齿轮的分度圆相切。

2）啮合图画法如图 6-31 所示。

在圆柱齿轮轴线垂直于投影面的视图中，啮合区内的齿顶圆均用粗实线或省略不画，在

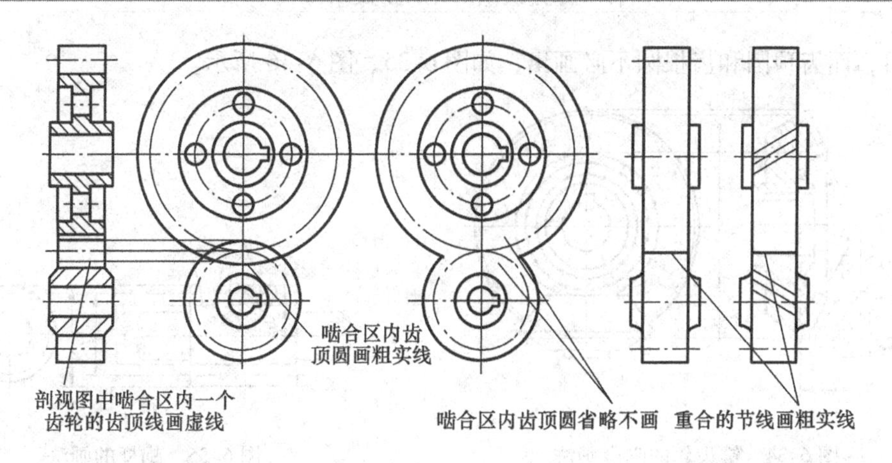

图 6-31 圆柱齿轮啮合图的画法

剖视图中，当剖切平面通过两啮合齿轮轴线时，在啮合区内，将一个齿轮的轮齿画粗实线，另一个齿轮的轮齿被遮挡的部分画虚线。画外形图时，啮合区的齿顶线不画，节线画粗实线；非啮合区的节线仍画细点画线。

做一做

直齿圆柱齿轮齿数 $z=18$，齿顶圆直径 $d_a=\phi50\text{mm}$，齿宽 $b=18\text{mm}$，轴孔直径 $d=\phi20\text{mm}$，孔口两倒角为 C1.5，按照 1∶1 比例画两面视图，并标注尺寸，如图 6-32 所示。

再了解

1. 锥齿轮的画法

画锥齿轮时主视图常采用剖视，在左视图用粗实线画齿轮大端和小端的齿顶圆，用细点画线画大端的分度圆，不画齿根圆，如图 6-33 所示。

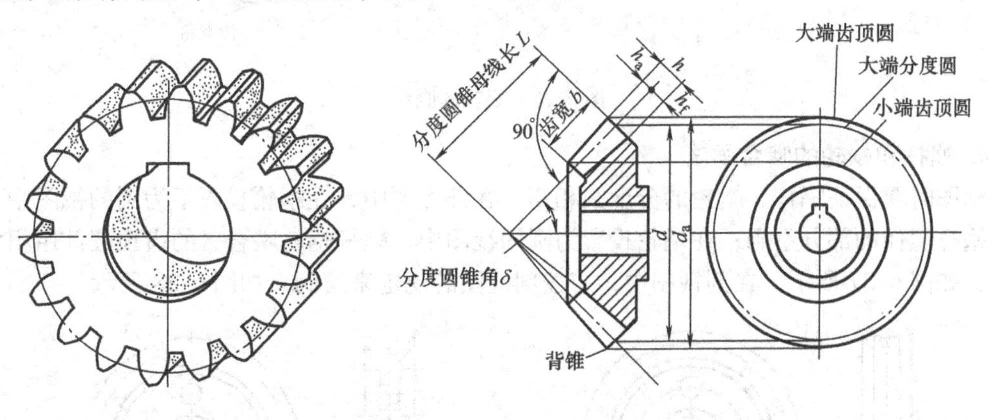

图 6-32 齿轮　　图 6-33 锥齿轮的画法

2. 锥齿轮的啮合画法

锥齿轮啮合的主视图画成全剖视图，其节线重合，用细点画线画出，在啮合区内，应将其中一个齿轮的齿顶线画成粗实线，而将另一个齿轮的齿顶线画成虚线或省略不画，如图 6-34 所示。

3. 蜗杆和蜗轮各部分的画法

其画法与圆柱齿轮基本相同，但在与蜗轮轴线成垂直方向的视图中，只画出分度圆和最外圆即可，而齿顶圆和齿根圆不必画出，如图6-35、图6-36所示。

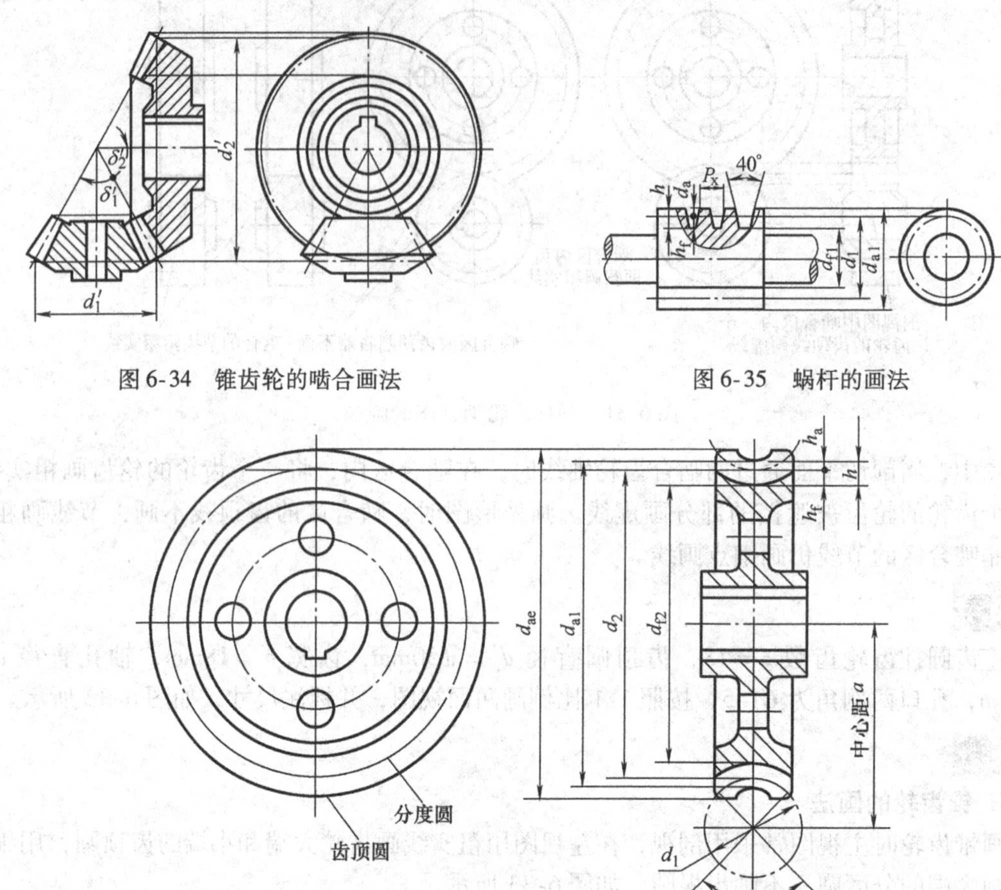

图6-34　锥齿轮的啮合画法

图6-35　蜗杆的画法

图6-36　蜗轮的画法

4. 蜗杆和蜗轮的啮合画法

画图时要保证蜗杆、蜗轮的分度圆相切。在外形图中，在蜗轮投影不为圆的视图中，蜗轮被蜗杆遮住的部分不画；在蜗轮投影为圆的视图中，蜗杆蜗轮啮合区的齿顶圆都用粗实线画出，如图6-37所示。在剖视图中，应按剖视图的规定来绘制，如图6-38所示。

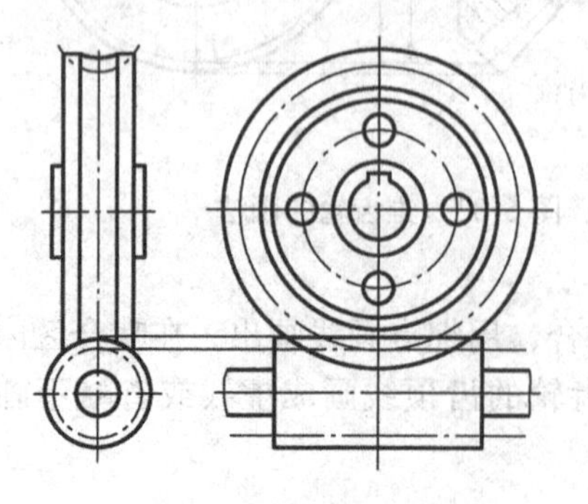

图6-37　蜗杆和蜗轮啮合的外形图

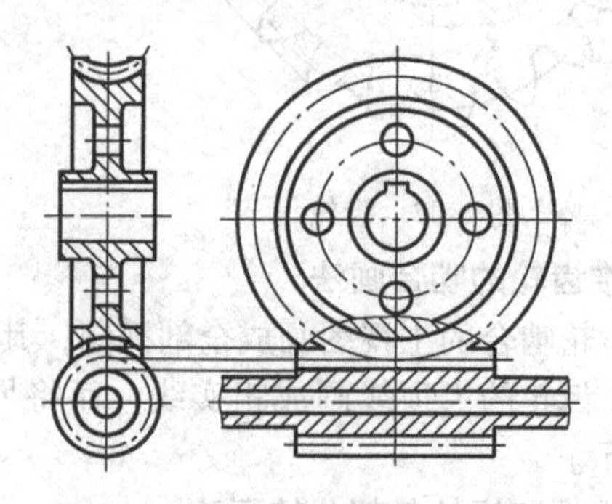

图6-38　蜗杆和蜗轮啮合的剖视图

任务三　键　与　销

了解键的种类、标记、规格和键联接的画法及销的种类、标记、规格和销联接的画法。

看一看

看图6-39、图6-40、图6-41所示键的模型，思考其作用。

图6-39　平键

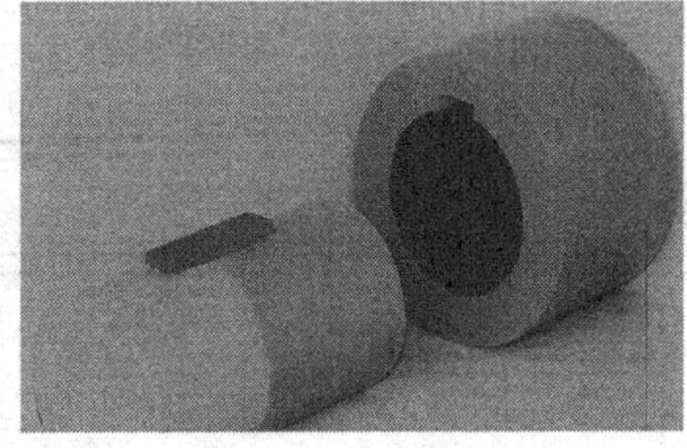
图6-40　半圆键

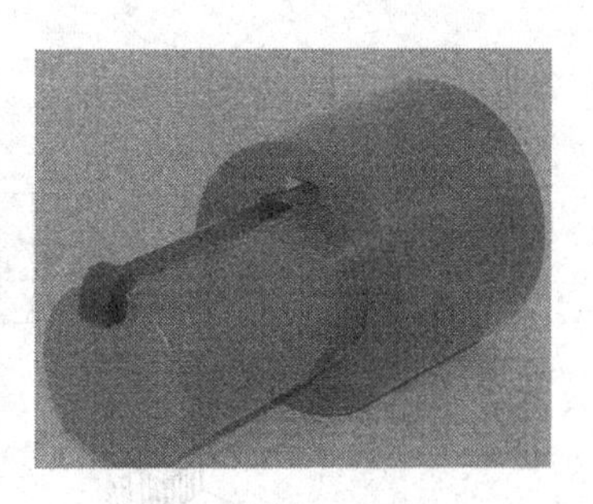
图6-41　钩头楔键

记一记

● 键：用来联接轴和装在轴上的传动零件（如齿轮、带轮）、起传递转矩作用的标准件，常用的键有普通平键、半圆键、钩头楔键等。

● 销：通常用于零件间的联接或定位，常用的销有圆柱销、圆锥销和开口销等。

想一想

1. 键联接

1）平键及其视图、联接的画法如图6-42、图6-43、图6-44所示。

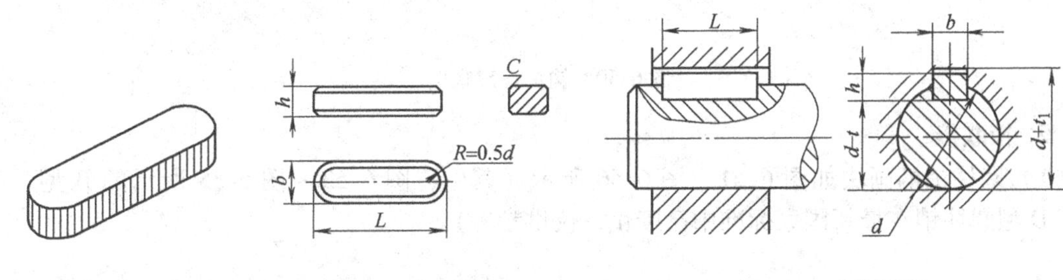

图6-42　平键　　图6-43　平键视图　　图6-44　平键联接

2）半圆键及其视图、联接的画法如图6-45、图6-46、图6-47所示。

3）钩头楔键及其视图、联接的画法如图6-48、图6-49、图6-50所示。

说明：

① 为了表示轴上的键槽，采用了局部剖视。

② 剖切平面通过轴和键的轴线或对称面时，轴和键作不剖处理。

③ 键的顶面和轮键槽底面有间隙，应画两条线。

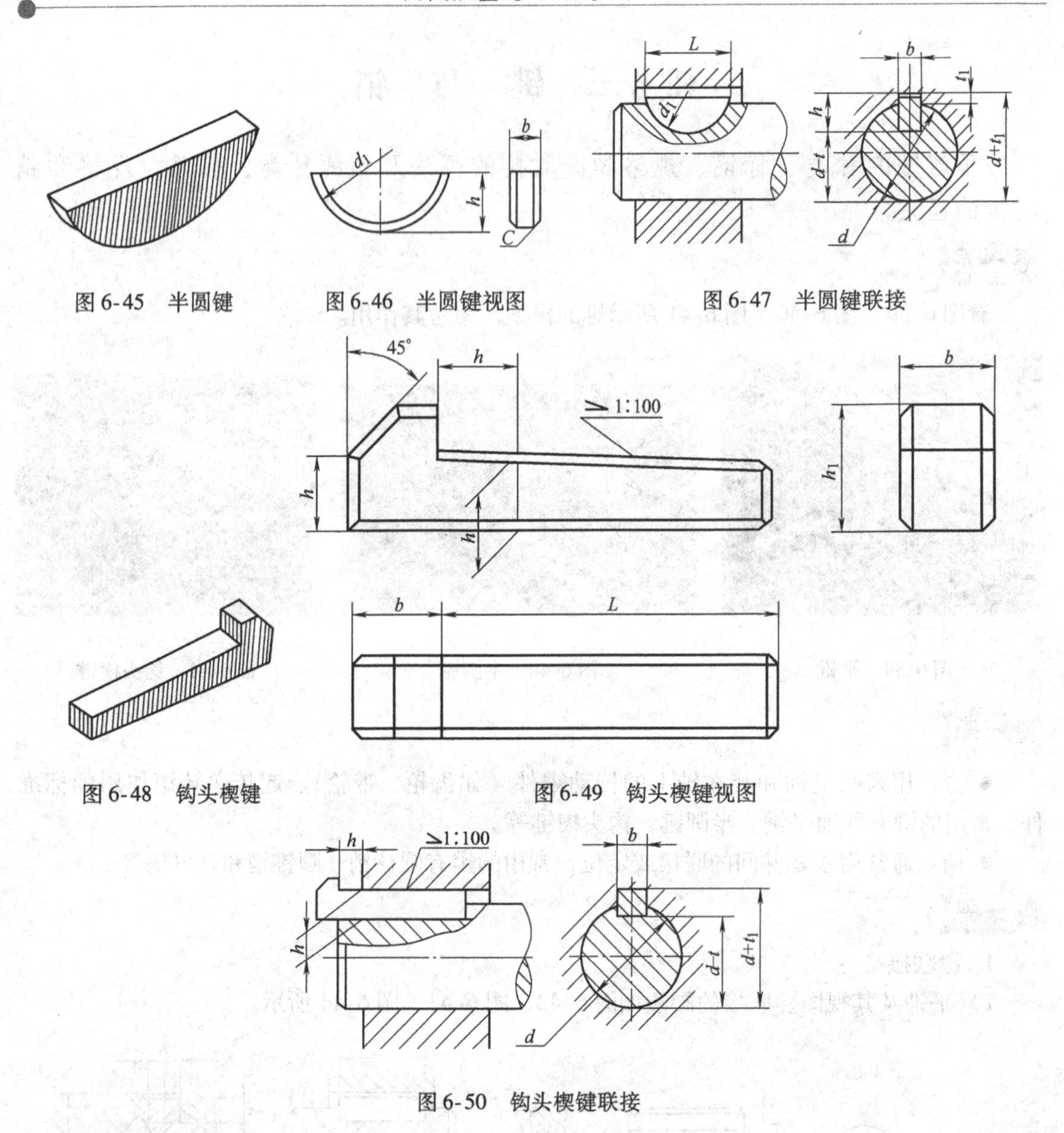

图6-45　半圆键　　图6-46　半圆键视图　　图6-47　半圆键联接

图6-48　钩头楔键　　图6-49　钩头楔键视图

图6-50　钩头楔键联接

2. 销联接

1）圆柱销的画法如图6-51～图6-56所示（其中，图6-53～图6-55所示的B型、C型、D型圆柱销在最新国家标准中已废止，仅供参考）。

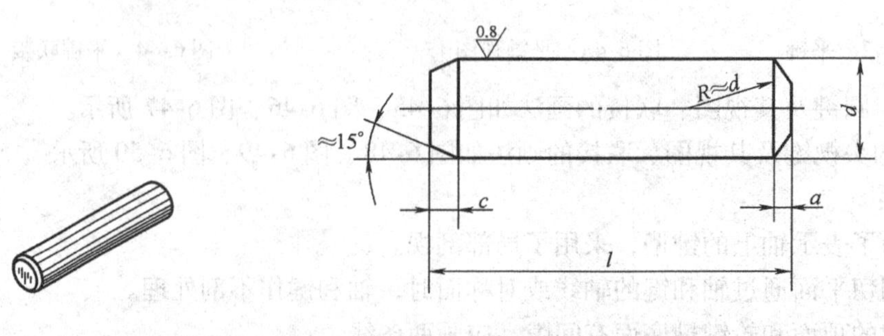

图6-51　圆柱销　　图6-52　A型

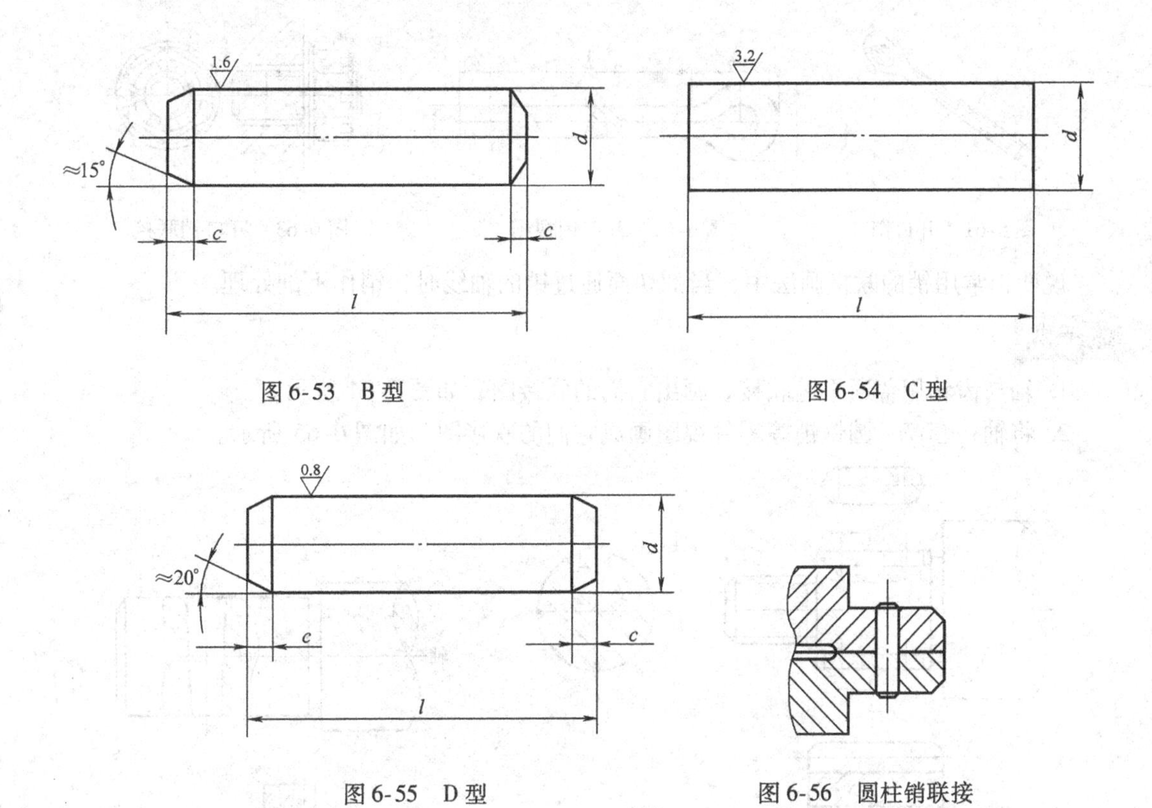

图 6-53　B 型　　图 6-54　C 型

图 6-55　D 型　　图 6-56　圆柱销联接

2）圆锥销的画法如图 6-57 ~ 图 6-60 所示。

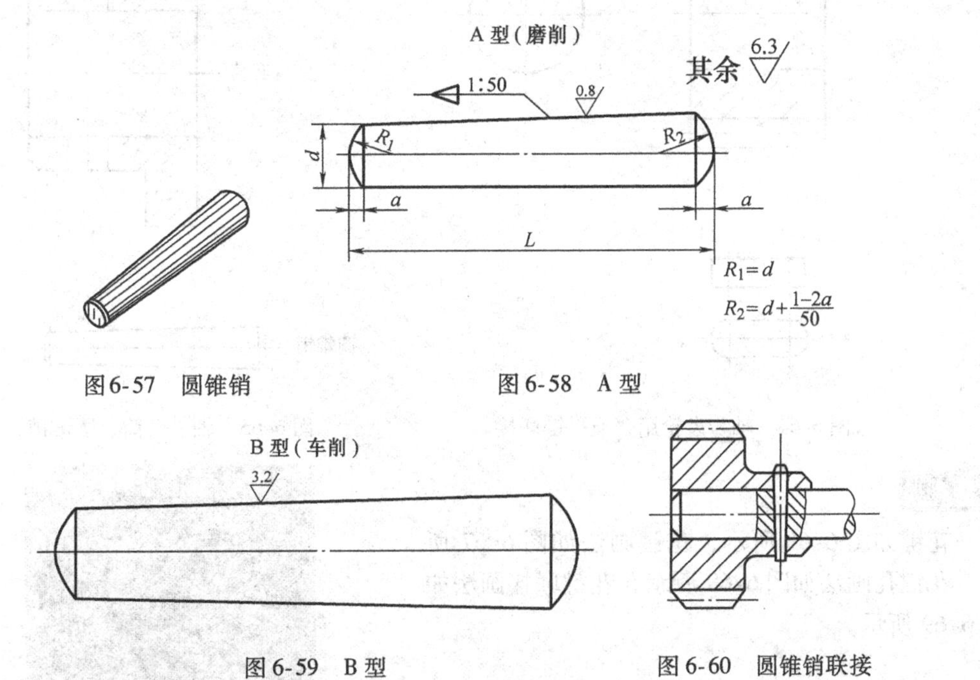

图 6-57　圆锥销　　图 6-58　A 型

图 6-59　B 型　　图 6-60　圆锥销联接

3）开口销的画法如图 6-61、图 6-62、图 6-63 所示。

图6-61　开口销

图6-62　开口销视图

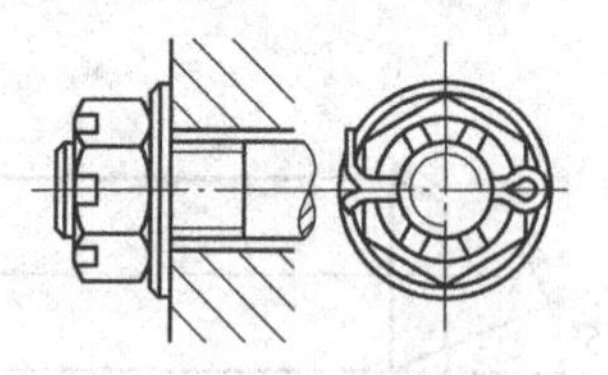

图6-63　开口销联接

说明：常用销的联接画法中，当剖切面通过销的轴线时，销作不剖处理。

做一做

1. 轴与齿轮用普通平键联接，画出它们的联接图，如图6-64所示。
2. 将轴、套筒、圆锥销等零件视图画成它们的联接图，如图6-65所示。

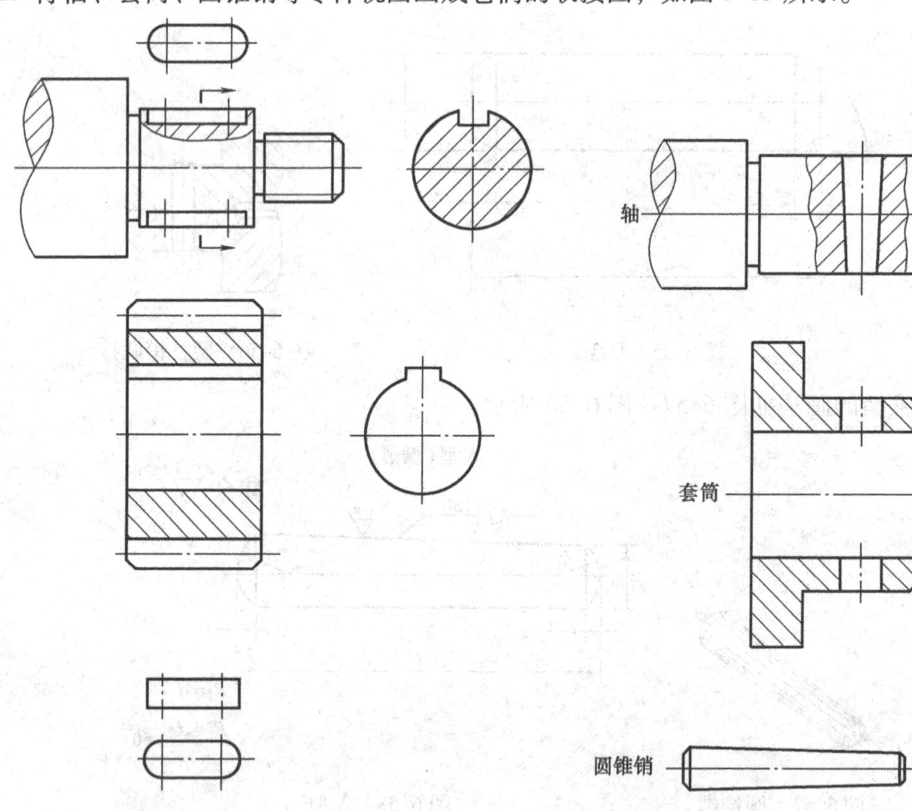

图6-64　轴与齿轮用普通平键联接

图6-65　轴、套筒、圆锥销

再了解

花键如图6-66所示，花键画法如图6-67所示，花键孔画法如图6-68所示，花键联接画法如图6-69所示。

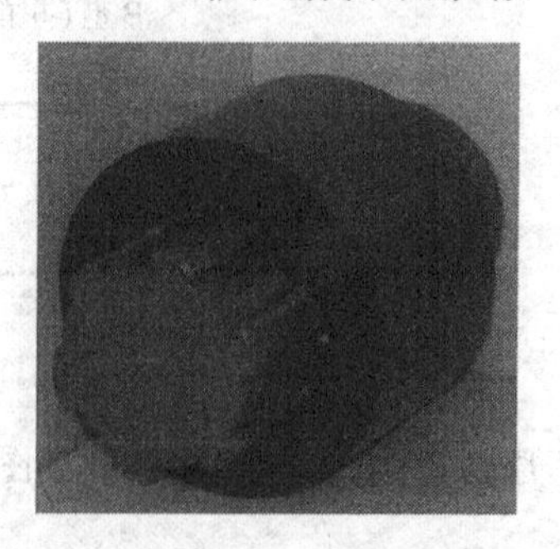

图6-66　花键

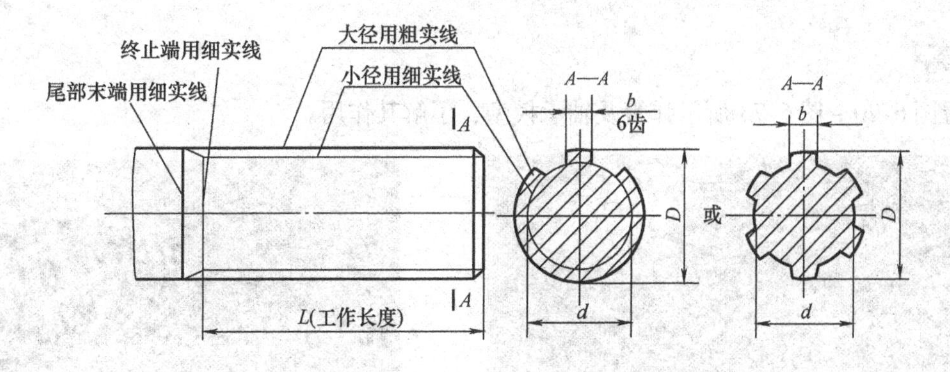

图 6-67　花键画法

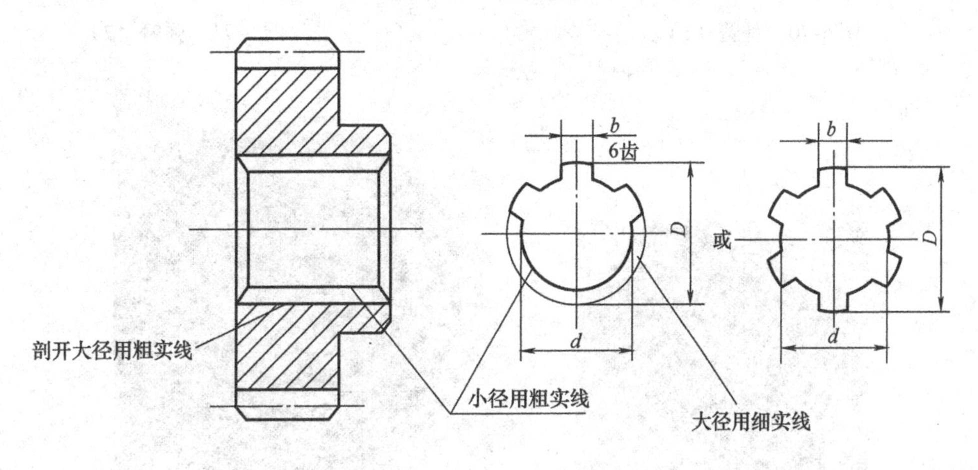

图 6-68　花键孔画法

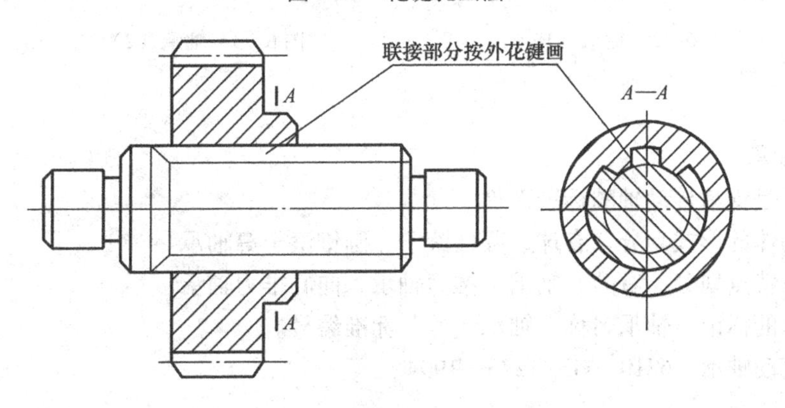

图 6-69　花键联接画法

任务四　滚动轴承与弹簧

1. 了解滚动轴承的结构、类型、代号、标记、简化画法。
2. 了解弹簧的作用、种类，圆柱旋压缩弹簧的参数及规定画法。

看一看

看图6-70～图6-73所示弹簧及轴承模型，了解其作用。

图6-70　弹簧（1）

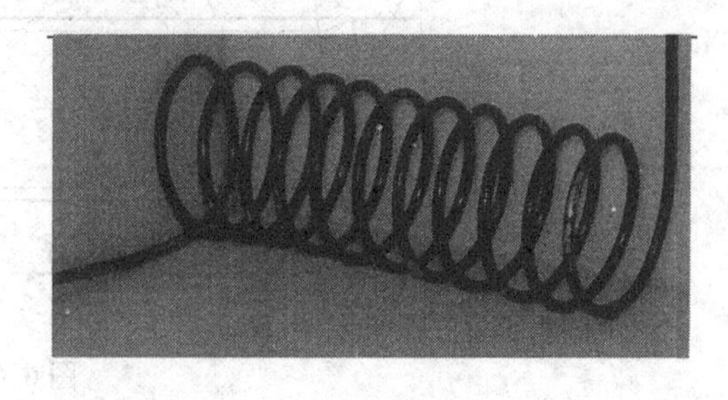

图6-71　弹簧（2）

图6-72　轴承（1）

图6-73　轴承（2）

记一记

1. 滚动轴承

滚动轴承是支承传动轴的标准部件。

按其滚动体的形式划分，有球、圆柱滚子、圆锥滚子等轴承。

按其载荷特点划分，有向心轴承、推力轴承、向心推力轴承。

滚动轴承的标记：轴承名称　轴承代号　标准编号。

例如：滚动轴承　6210　GB/T276—1994。

2. 弹簧

弹簧主要用于减振、夹紧、测力、储存和输出能量。

弹簧种类很多，主要有压缩弹簧、拉伸弹簧、扭转弹簧。

想一想

1. 常用滚动轴承表示法

滚动轴承的画法已经标准化，不需要画零件图，在装配图中也只是按简化或示意画法表示，如图6-74～图6-82所示。

1）深沟球轴承6000如图6-74、图6-75、图6-76所示。

图 6-74 深沟球轴承

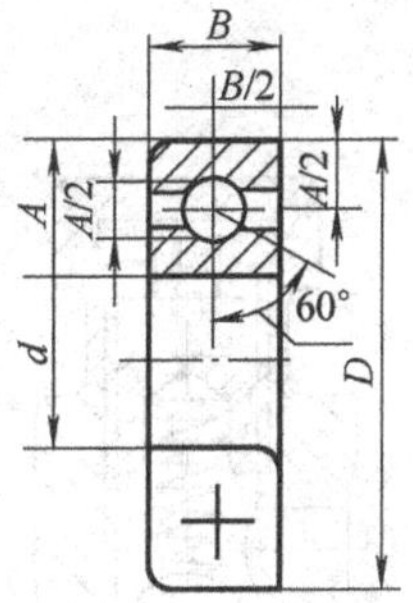

图 6-75 规定画法

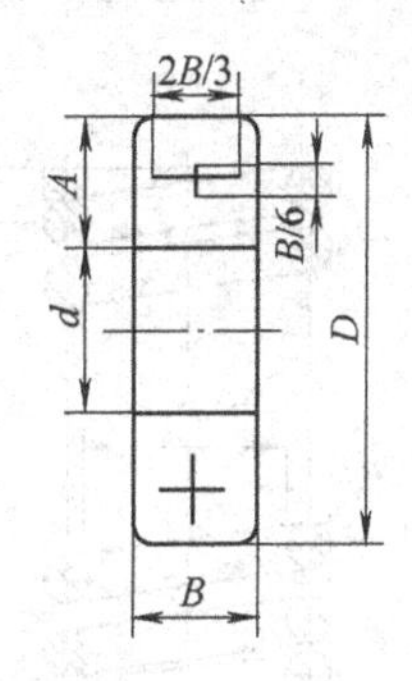

图 6-76 示意画法

2）圆锥滚子轴承 30000 如图 6-77、图 6-78、图 6-79 所示。

图 6-77 圆锥滚子轴承

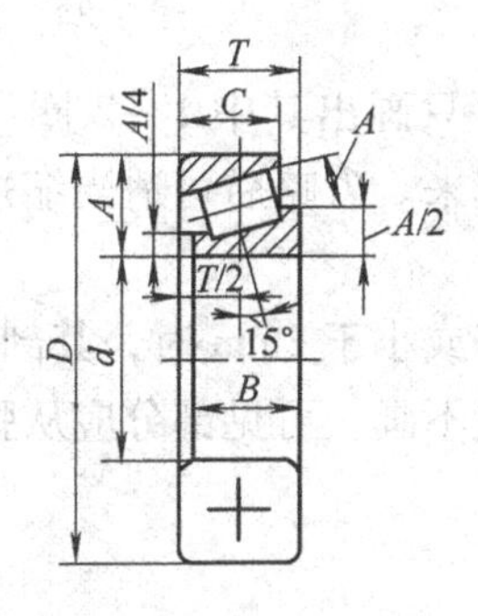

图 6-78 规定画法

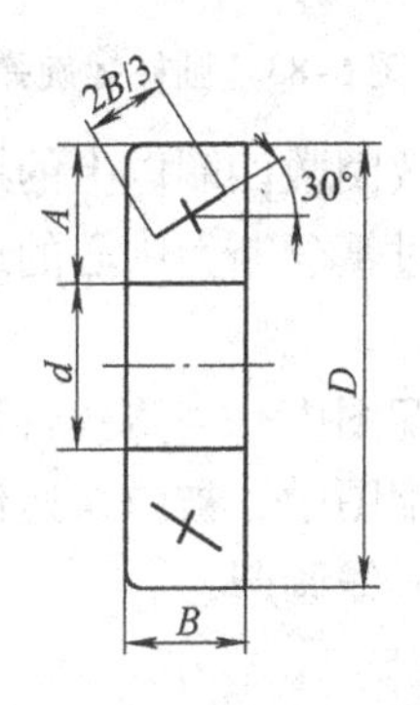

图 6-79 示意画法

3）推力球轴承 51000 如图 6-80、图 6-81、图 6-82 所示。

图 6-80 推力球轴承

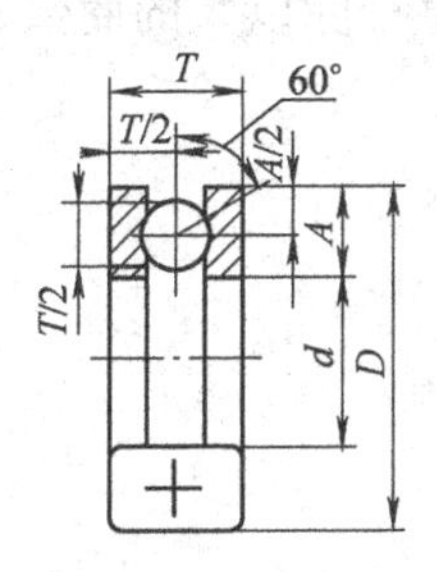

图 6-81 规定画法

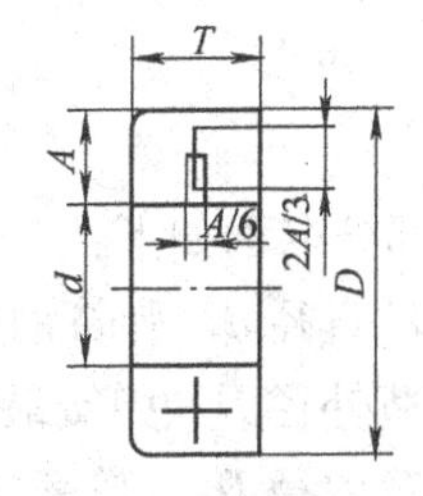

图 6-82 示意画法

2. 圆柱螺旋弹簧的表示法

圆柱螺旋弹簧的主要参数有簧丝直径 d、弹簧外径 D、弹簧内径 D_1、弹簧中径 D_2、节距 t、自由高度 H_0，如图 6-83 所示。

弹簧在装配图中的画法如图 6-84 所示。

弹簧在平行于轴线投影面上的视图中，簧丝螺旋线的投影可用直线代替。

弹簧均可画成右旋，但左旋弹簧无论画成左旋和右旋，一律加注旋向“左”字。在有特定要求的右旋要求时也应注明右旋。

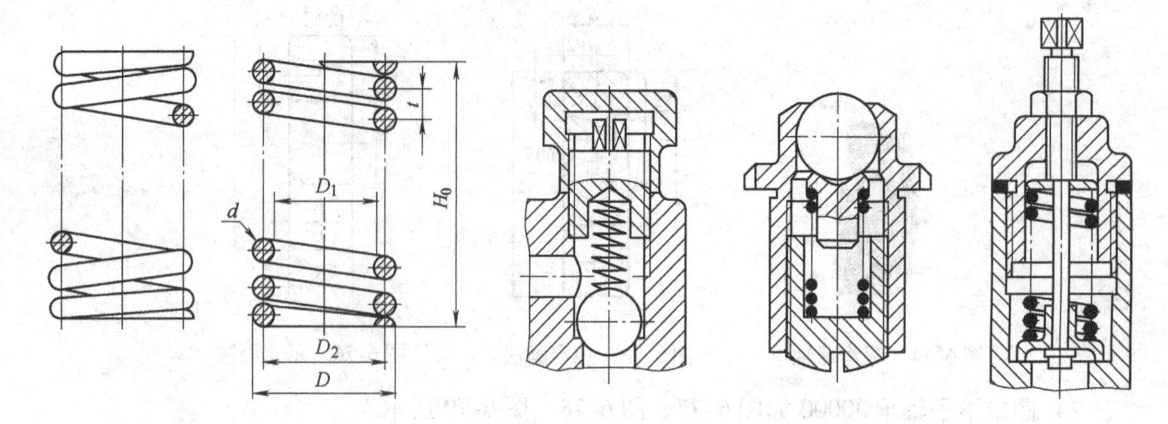

图6-83　圆柱螺旋弹簧　　　　图6-84　弹簧在装配图中的画法

有效圈数四圈以上的螺旋弹簧，可只画出其中1~2圈（不包括支承圈），中间部分只需用通过簧丝断面中心的细点画线连起来。省略后可适当缩短圈形长度，但应设计要求的自由高度。

装配图中，当簧丝直径在图上等于或小于2mm时，其剖面可以涂黑表示。

装配图中，被弹簧遮住的结构一般不画，可见部分应从弹簧外形轮廓线或从弹簧钢丝剖面的中心线画起。

做一做

例6-1：解释轴承代号6203的意义。

解：6——类型代号，表示深沟球轴承；2——尺寸系列代号，“02”、“0”为宽度系列代号，按规定可省略，“2”为直径系列代号，组合注写为“2”；03——内径代号，表示该轴承内径为3×15mm，即注出内径公称直径除以5的商数3，再在前面加“0”添足两位数为“03”。

再了解

弹簧各部分名称如下：

（1）簧丝直径d　弹簧钢丝直径。

（2）弹簧外径D　弹簧最大直径。

（3）弹簧内径D_1　弹簧最小直径。

（4）弹簧中径D_2　弹簧平均直径，$D_2 = D + D_1/2 = D_1 + d = D - d$。

（5）节距t　除支承圈外，相邻两有效圈上对应点之间的轴向距离。

（6）有效圈数n、支承圈数n_2和总圈数n_1　为了使压缩弹簧工作时受力均匀，将弹簧两端并紧且磨平，称为支承圈，一般$n_2 = 2.5$，其余保持节距相等的圈数称为有效圈数n，有效圈数和支承圈数之和称为总圈数n_1，即$n_1 = n + n_2$。

（7）自由高度H_0　弹簧不受外力作用时的高度（或长度），$H_0 = nt +（n_2 - 0.5）d$。

（8）展开长度L　制造弹簧时坯料的长度。由螺旋线的展开可得$L \approx n_1\sqrt{(\pi D_2)^2 + t^2}$。

第七模块 零 件 图

基本要求：

1. 了解零件图的作用、内容，零件表达方案的选择方法，尺寸标注的基本要求。
2. 理解技术要求的基本概念，掌握在零件图上标注技术要求的方法。
3. 掌握看零件图的方法、步骤，具有较强的读零件图的能力。
4. 掌握零件测绘的目的、方法和步骤，具备绘制各类零件的能力和零件测绘的能力。

任务一 零件图概述

了解零件图的作用和内容。

看一看

看图7-1所示滑动轴承示意图、图7-2所示滑动轴承装配图及图7-3所示滑动轴承座零件图，对照分析。

图7-1 滑动轴承示意图

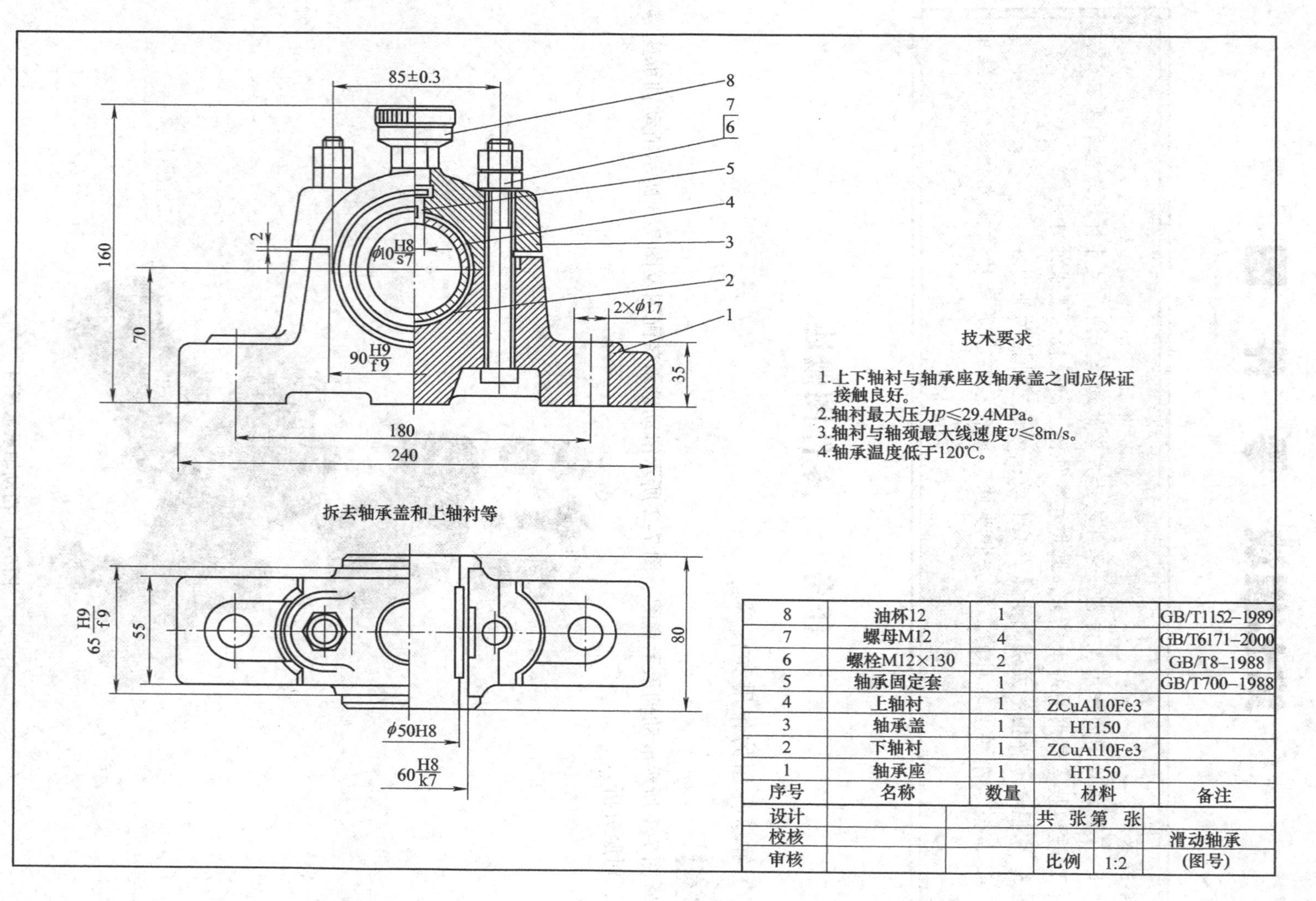

技术要求

1.上下轴衬与轴承座及轴承盖之间应保证接触良好。
2.轴衬最大压力p≤29.4MPa。
3.轴衬与轴颈最大线速度υ≤8m/s。
4.轴承温度低于120℃。

序号	名称	数量	材料	备注
8	油杯12	1		GB/T1152—1989
7	螺母M12	4		GB/T6171—2000
6	螺栓M12×130	2		GB/T8—1988
5	轴承固定套	1		GB/T700—1988
4	上轴衬	1	ZCuAl10Fe3	
3	轴承盖	1	HT150	
2	下轴衬	1	ZCuAl10Fe3	
1	轴承座	1	HT150	
设计			共 张 第 张	
校核				滑动轴承
审核			比例 1:2	(图号)

图 7-2 滑动轴承装配图

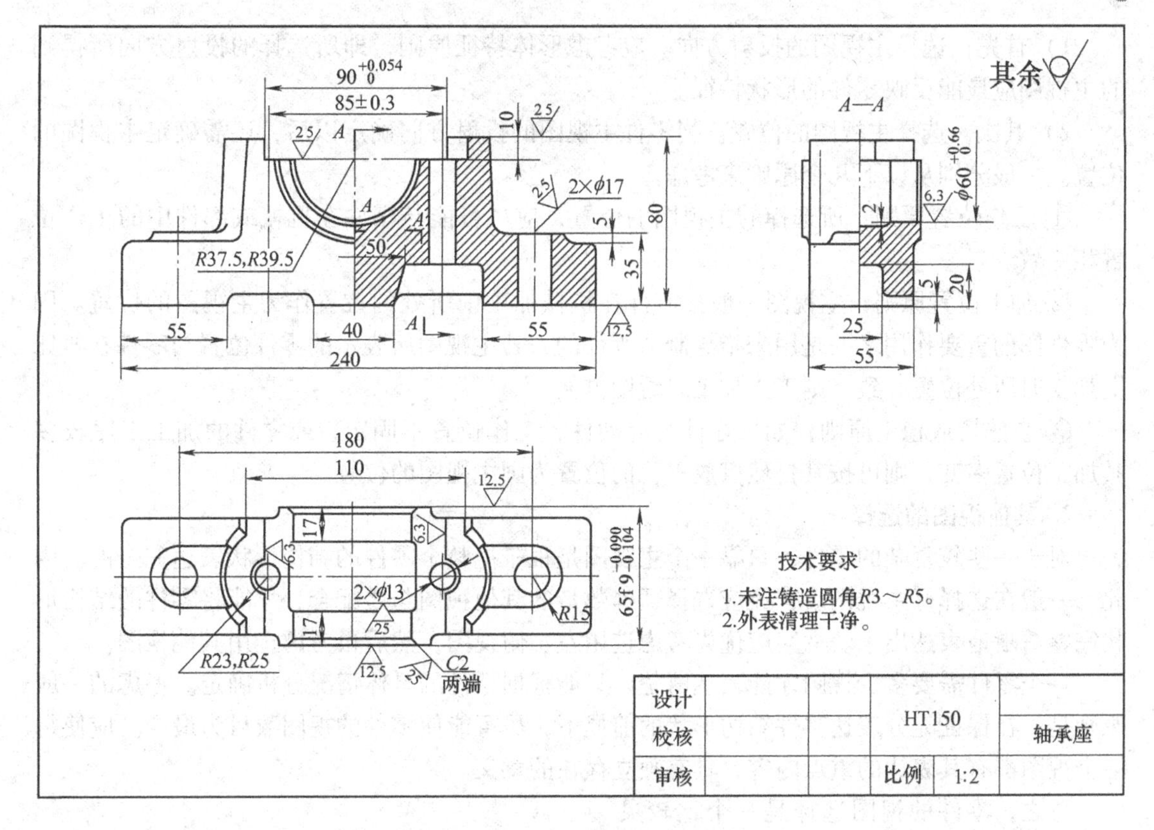

图 7-3　滑动轴承座零件图

记一记

1. 零件图的作用

零件图是表达零件的结构、形状、大小及有关技术要求的图样，是加工零件的依据。

2. 零件图的内容

1）一组视图：用以完整、清晰地表达零件的结构和形状。

2）全部尺寸：用以正确、完整、清晰、合理地表达零件各部分的大小和各部分之间的相对位置关系。

3）技术要求：用以表示或说明零件在加工、检验过程中所需的要求，如尺寸公差、形状和位置公差、表面粗糙度、材料、热处理、硬度及其他要求。技术要求常用符号或文字来表示。

4）标题栏：标准的标题栏由更改区、签字区、其他区、名称及代号区组成。一般填写零件的名称、材料标记、阶段标记、重量、比例、图样代号、单位名称以及设计、制图、审核、工艺、标准化、更改、批准等人员的签名和日期等内容，如图 7-3 所示。

想一想

零件图选择的要求：零件的视图是零件图中的重要内容之一，必须使零件上每一部分的结构形状和位置都表达完整、正确、清晰，并符合设计和制造要求，且便于画图和看图。

1. 主视图的选择

主视图是零件图中最重要的视图，选择零件图的主视图时，一般应从主视图的投射方向和零件的摆放位置两方面来考虑。

1）首先，选择主视图的投射方向。应考虑形体特征原则，即所选择的投射方向所得到的主视图应最能反映零件的形状特征。

2）其次，选择主视图的位置。当零件主视图的投射方向确定以后，还需确定主视图的位置。一般分别从以下几个原则来考虑。

① 工作位置原则：所选择的主视图的位置，应尽可能与零件在机械或部件中的工作位置相一致。

② 加工位置原则：主视图一般按零件在机械加工中所处的位置作为主视图的位置。因为零件图的重要作用之一是用来指导制造零件的，若主视图所表示的零件位置与零件在机床上加工时所处位置一致，则工人加工时看图方便。

③ 自然摆放稳定原则：如果零件为运动件，工作位置不固定，或零件的加工工序较多其加工位置多变，则可按其自然摆放平稳的位置为画主视图的位置。

2. 其他视图的选择

对于一些较复杂的零件，只靠一个主视图是很难把整个零件的结构形状表达完全的。因此，一般在选择好主视图后，还应选择适当数量的其他视图与之配合，才能将零件的结构形状完整清晰地表达出来。一般应优先考虑选用左、俯视图，然后再考虑选用其他视图。

一个零件需要多少视图才能表达清楚，只能根据零件的具体情况分析确定。考虑的一般原则是：在保证充分表达零件结构形状的前提下，尽可能使零件的视图数目为最少。应使每一个视图都有其表达的重点内容，具有独立存在的意义。

总之，零件的视图选择是一个比较灵活的问题。在选择时，一般应多考虑几种方案，加以比较后，力求用较好的方案表达零件。通过多画、多看、多比较、多总结，不断实践，才能逐步提高表达能力。

画零件图时应尽量采用国家标准允许的简化画法作图，以提高绘图工作效率。

做一做

根据轴测图，画出零件必要的视图，如图 7-4 所示。

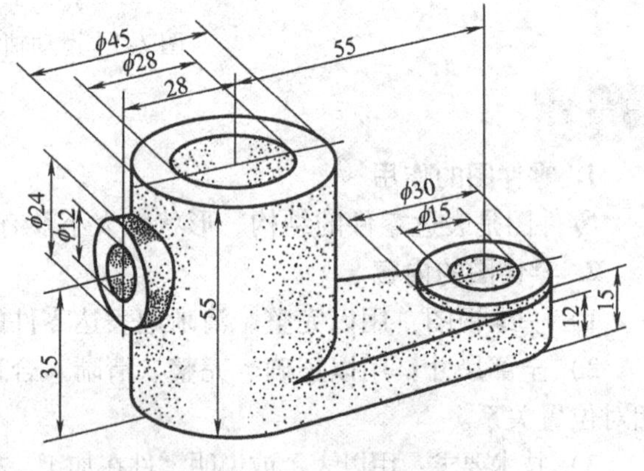

图 7-4　零件轴测图

再了解

1. 图纸幅面和格式（GB/T14689—1993）

绘制图样时，应选用表 7-1 中规定的图纸基本幅面。

表 7-1　基本幅面及尺寸　（单位：mm）

幅面代号	A0	A1	A2	A3	A4
$B \times L$	841×1189	594×841	420×594	297×420	210×297
a	25				
c	10			5	
e	20		10		

2. 图框格式

每张图纸都要画出图框，用粗实线绘制图框格式如图7-5、图7-6、图7-7所示。

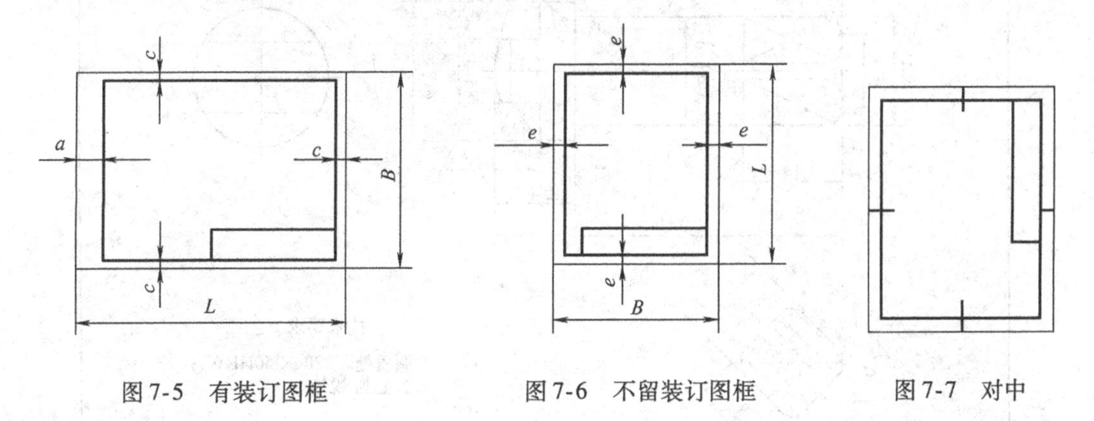

图7-5　有装订图框　　图7-6　不留装订图框　　图7-7　对中

3. 标题栏

国家标准（GB/T10609.1—1998）对标题栏的内容、格式及尺寸作了规定。

4. 比例

尽量采用1∶1比例。

5. 字体

字体端正，笔画清楚，排列整齐，间隔均匀，仿宋字体。

任务二　零件图中的尺寸标注

了解尺寸标注的形式、原则，合理标注尺寸的方法、步骤，零件上常见结构的尺寸标注。

看一看

看图7-8所示阀杆零件图。

记一记

零件图上的尺寸是加工和检验零件的重要依据，是零件图的重要内容之一，是图样中指令性最强的部分。在零件图上标注尺寸，必须做到：正确、完整、清晰、合理，如图7-8所示。

（1）正确　标注尺寸的数值应正确无误，注法符合国家标准规定。

（2）完整　标注的尺寸应能完全确定物体的形状和大小，既不重复，也不遗漏。

（3）清晰　尺寸布置应清晰，便于标注和看图。

（4）合理　要求图样上所标注的尺寸既要符合零件的设计要求，又要符合生产实际，便于加工和测量，并有利于装配。

想一想

1. 尺寸基准的选择

尺寸基准一般选择零件上的一些面、线或点，通常选择零件的主要安装面、重要端面、

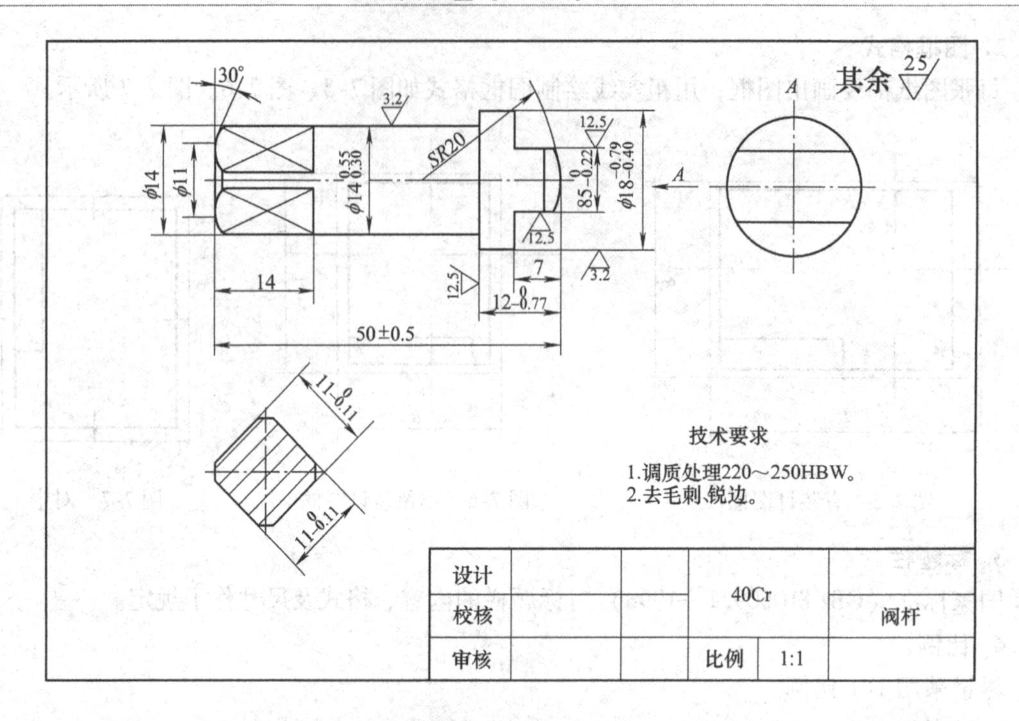

图 7-8 阀杆零件图

装配结合面、对称面、较大加工面、圆转体轴线、对称中心线等。

（1）设计基准 根据零件在机器中的位置、作用所选定的基准。例如，轴承座底面为安装面，轴承孔中心由此平面来确定，因此底面是高度方向的设计基准。阶梯轴，要求各圆柱面同轴，以保证其他相应孔的配合，因此轴线为径向尺寸的设计基准，如图 7-9、图 7-10、图 7-11 所示。

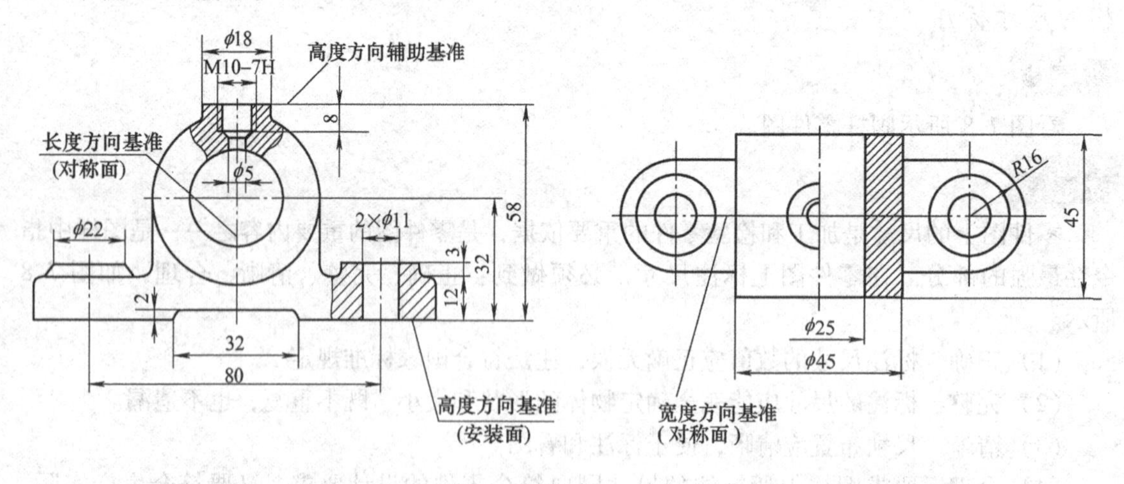

图 7-9 基准选择（1）　　图 7-10 基准选择（2）

（2）工艺基准 为零件的加工和测量而选定的基准。例如，阶梯轴在车床上加工时，车刀每次的最终切削位置，均以右端面为基准来定位，所以轴向尺寸标注时，由它作为工艺基准，由于加工时要求阶梯轴轴线与加工车床主轴轴线同轴，所以轴线又是工艺基准，如图 7-12 所示。

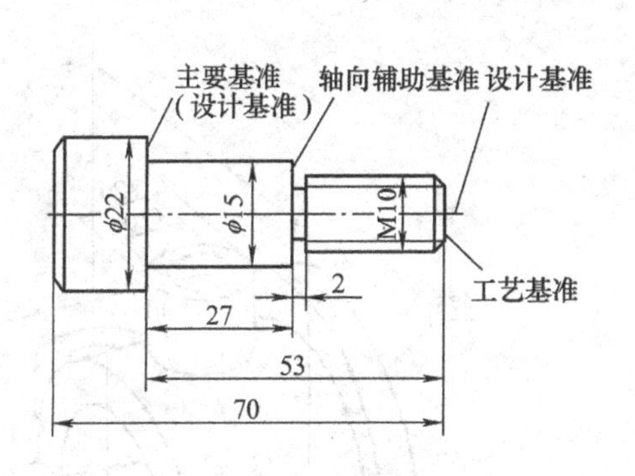

图 7-11　基准选择（3）

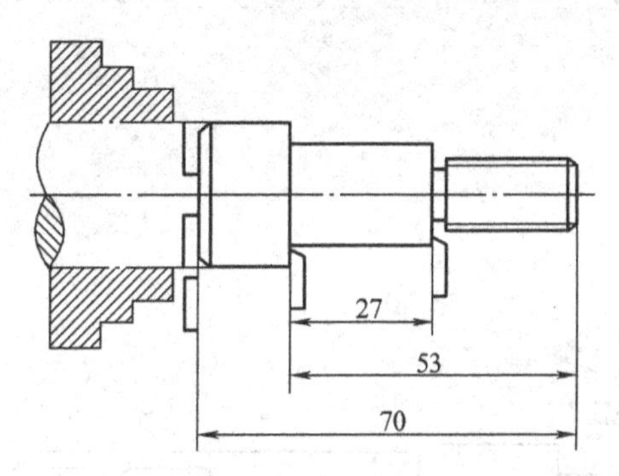

图 7-12　基准选择（4）

每个零件都有长、宽、高三个方向的尺寸，因此每个方向至少有一个尺寸基准。

2. 合理标注尺寸的原则

（1）重要尺寸直接注出　例如：轴承座的轴承孔中心高 h_1 和安装孔间距尺寸 l_1 属于重要尺寸，是直接影响零件工作性能和相对位置的尺寸，必须直接注出，如图 7-13 所示。

（2）避免出现封闭尺寸链　例如：阶梯轴长度方向的尺寸 l_1、l_2、l_3、l_4 首尾相连构成封闭尺寸链，这是不允许的，应当避免，如图 7-14 所示。

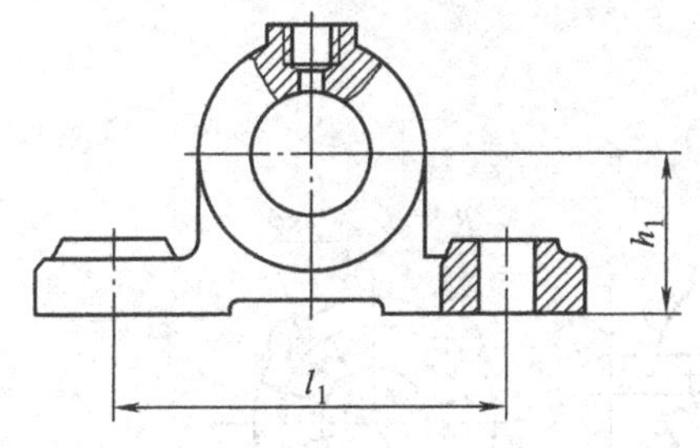

图 7-13　重要尺寸直接注出

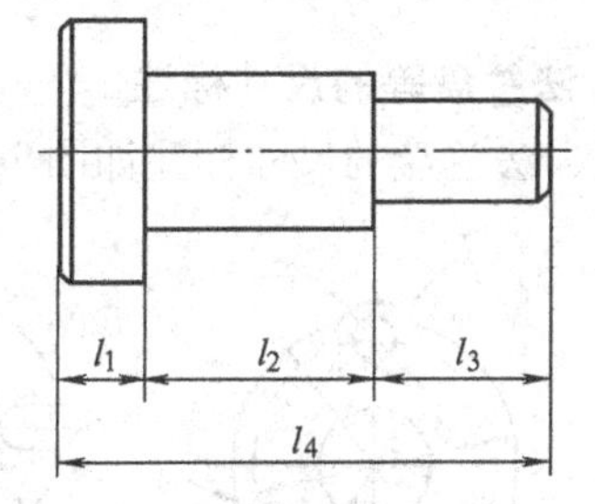

图 7-14　避免出现封闭尺寸链

（3）其他原则　标注尺寸要便于加工和测量，符合加工顺序的要求，符合加工方法的要求，考虑测量方便的要求。例如图 7-15，从下料到每一加工工序都能直接看出所需尺寸，孔、轴标注直径尺寸。

做一做

根据轴测图，画出零件必要的视图，并作正确标注，如图 7-16 所示。

再了解

1. 常用符号

尺寸标注中的常用符号见表 7-2。

表 7-2　常用符号

名　称	符　号	名　称	符　号	名　称	符　号
直径	ϕ	厚度	t	沉孔	⊔
半径	R	深角	↧	埋头孔	∨
球直径	$S\phi$	45°倒角	C	均布	EQS
球半径	SR	正方形	□		

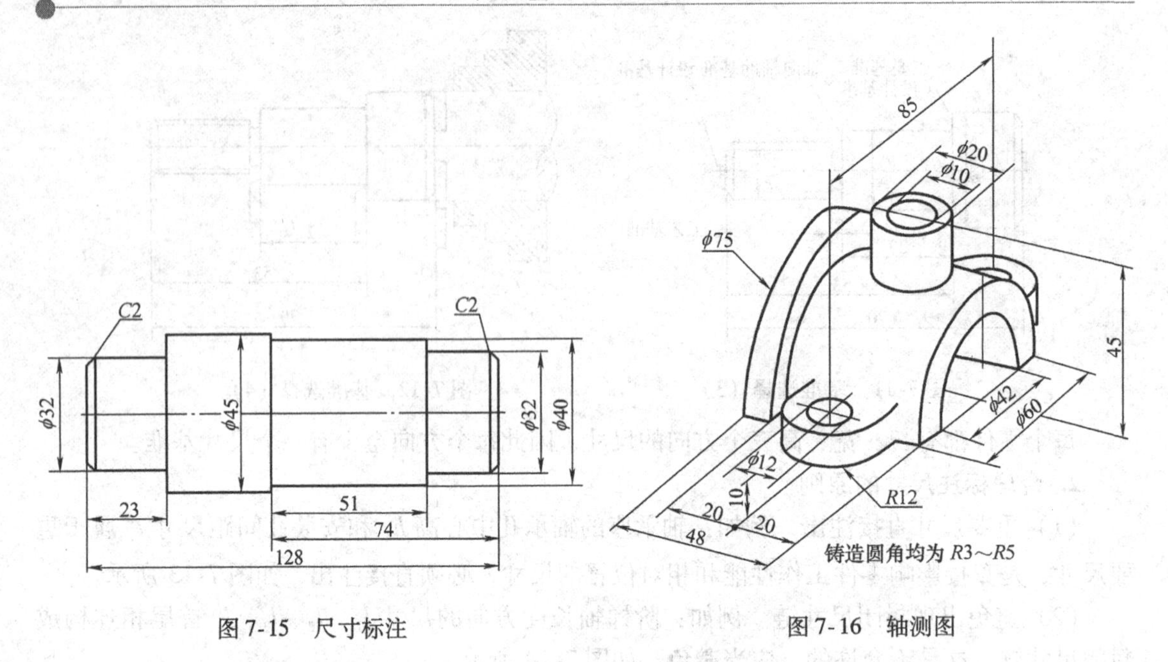

图 7-15　尺寸标注　　　图 7-16　轴测图

2. 底板、法兰盘等的尺寸标注

常见底板、法兰盘的尺寸标注如图 7-17 所示。

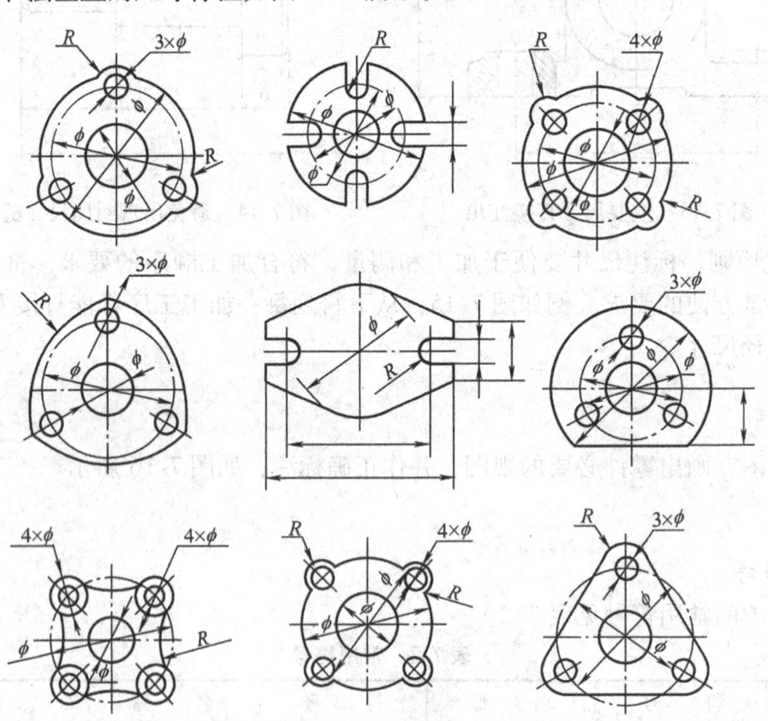

图 7-17　底板、法兰盘等的尺寸标注

3. 孔的简化画法

1）光孔的简化画法如图 7-18、图 7-19、图 7-20 所示。

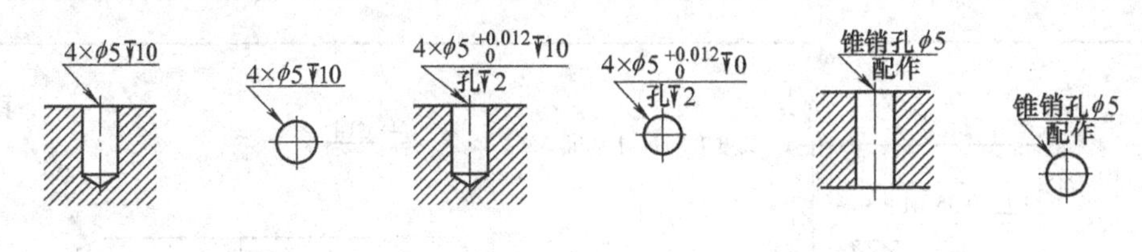

图 7-18 一般孔　　图 7-19 精加工孔　　图 7-20 锥孔

2）螺孔的简化画法如图 7-21、图 7-22 所示。

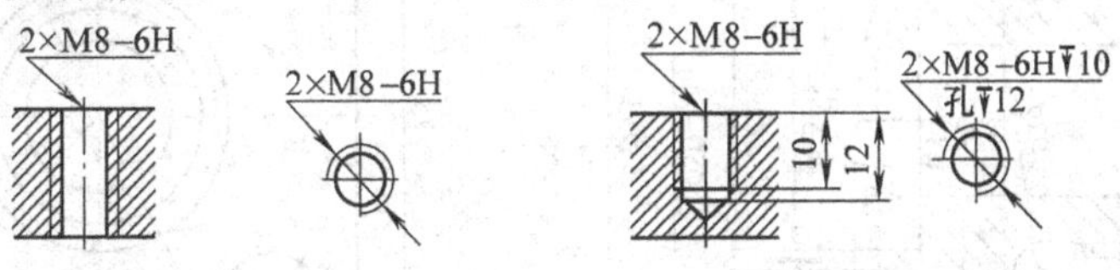

图 7-21 通孔　　图 7-22 不通孔

3）沉孔的简化画法如图 7-23、图 7-24、图 7-25 所示。

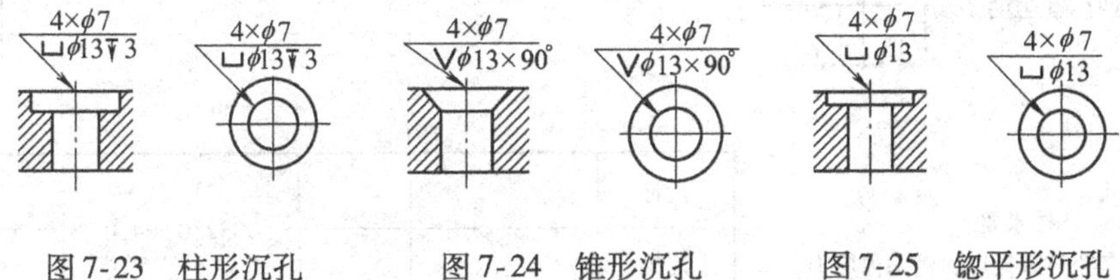

图 7-23 柱形沉孔　　图 7-24 锥形沉孔　　图 7-25 锪平形沉孔

任务三　零件图中的技术要求

了解技术要求的内容、表面粗糙度的概念及其注法、公差与配合的概念及其注法、表面形状和位置公差的概念及其注法、零件的常用材料、热处理与表面处理要求等。

看一看

零件图中一般有技术要求，使加工制造的零件能成为合格品，如图 7-26 所示。

记一记

零件图中的技术要求主要指零件几何精度方面的要求，如表面粗糙度、极限与配合、形状及位置公差等。从广义上讲，技术要求不包括理化性能方面的要求，如对材料、热处理和表面处理等方面的要求。

1. 极限

（1）零件的互换性　从一批相同零件中任取一种，不经修配就能装到机器上并保证使用要求，零件的这种性能称为互换性。

（2）公差　为保证零件的互换性，必须将零件的实际尺寸控制在元件的变动范围内，这个允许的尺寸变动量称为尺寸公差，简称公差，如图 7-27、图 7-28 所示。

1）基本尺寸：设计给定的尺寸。

2）实际尺寸：通过测量所得的尺寸。

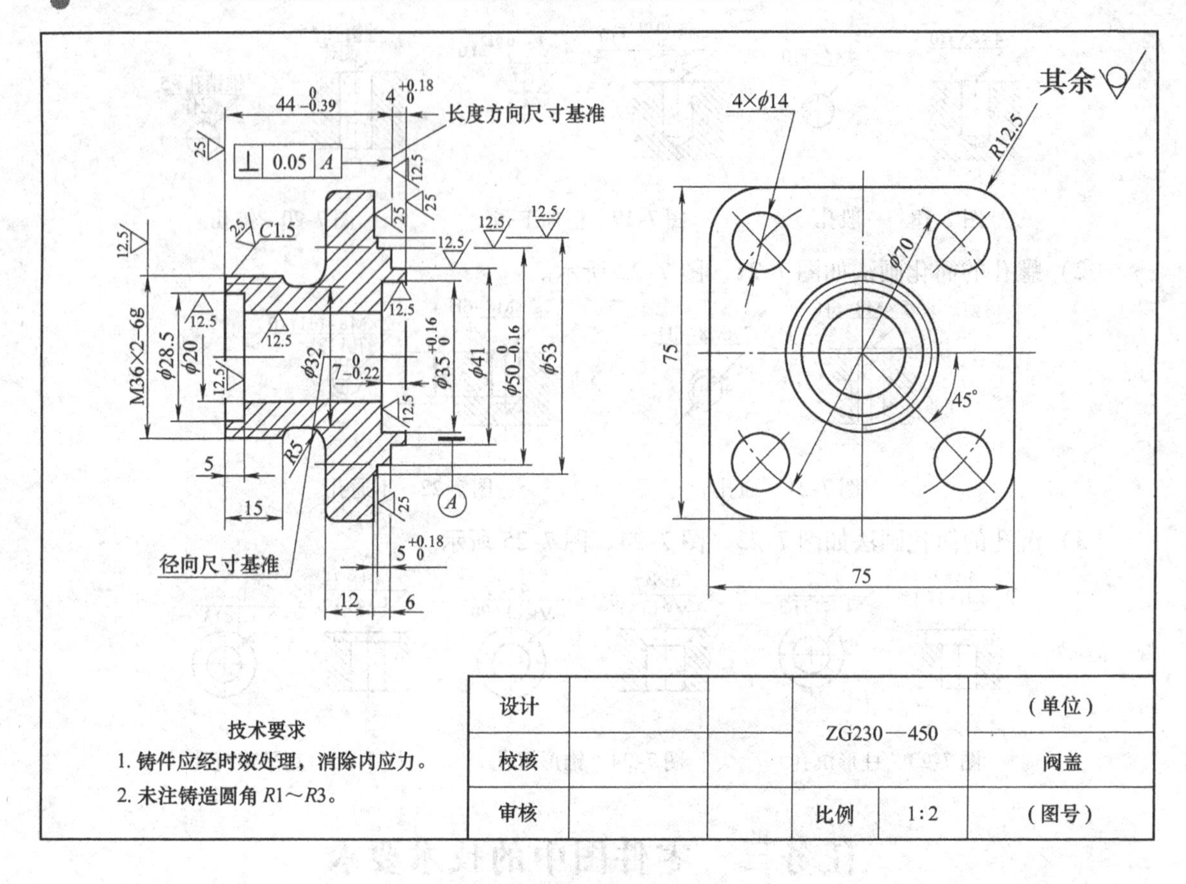

图 7-26　阀盖零件

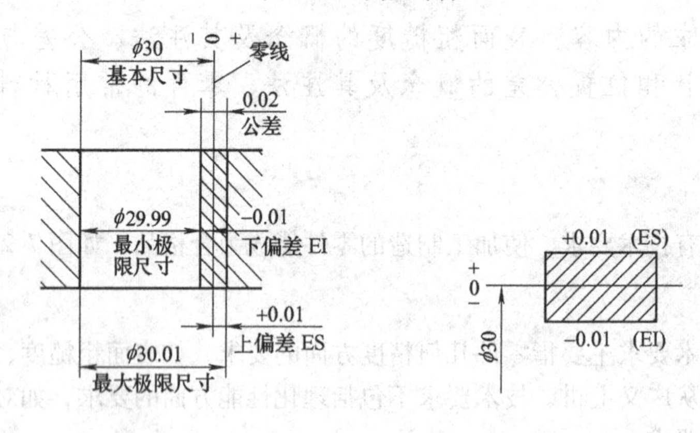

图 7-27　尺寸公差　　　　图 7-28　公差带图

3）极限尺寸：允许尺寸变化的两个极限值。

① 最大极限尺寸：允许尺寸变化的最大极限值。

② 最小极限尺寸：允许尺寸变化的最小极限值。

4）极限偏差：极限尺寸减基本尺寸所得的代数差。

① 上偏差：最大极限尺寸减基本尺寸所得的代数差。

② 下偏差：最小极限尺寸减基本尺寸所得的代数差。

孔的上偏差与下偏差分别用 ES 和 EI 表示。

轴的上偏差与下偏差分别用 es 和 ei 表示。

5）公差：允许尺寸的变动量。

6）零线：在公差带图解中，表示基本尺寸或确定偏差的一条基准直线。

7）公差带：在公差带图解中，由代表上下偏差的两条直线所限定的一个区域，如图 7-29所示。

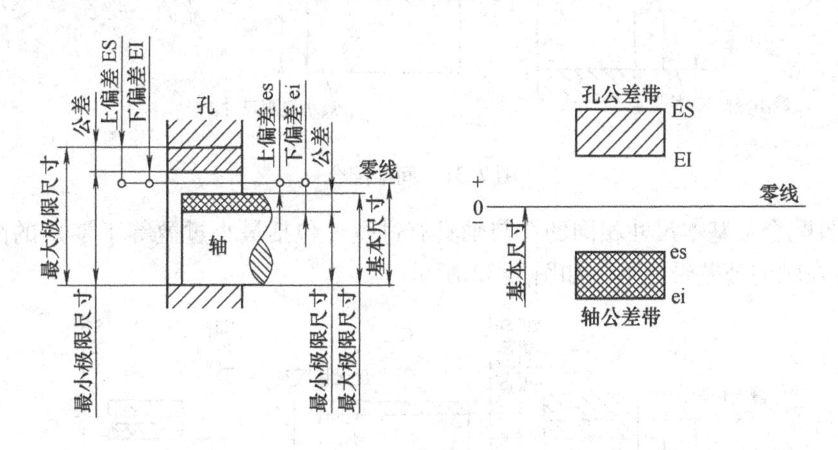

图 7-29 公差带图

8）标准公差：有 IT01、IT0、IT1、…、IT18 共 20 种，IT 表示标准公差，数字表示公差等级。IT01 是最高一级，即尺寸精度最高，公差值最小；IT18 是最低的一级，即尺寸精度最低，公差值最大。

精度
高 → 低
IT01 IT0 IT1 … IT18
小 ← 大
标准公差值

9）基本偏差：用以确定公差带相对于零线位置的上偏差或下偏差，一般为靠近零线的那个偏差。确定公差带位置，由尺寸公差定义，得基本偏差与标准公差有如下关系：ES = EI + IT 或 ES = EI − IT 和 es = ei + IT 或 es = ei − IT。

基本偏差的代号用拉丁字母表示：大写为孔，小写为轴，各 28 个，组成了基本偏差系列，如图 7-30所示。

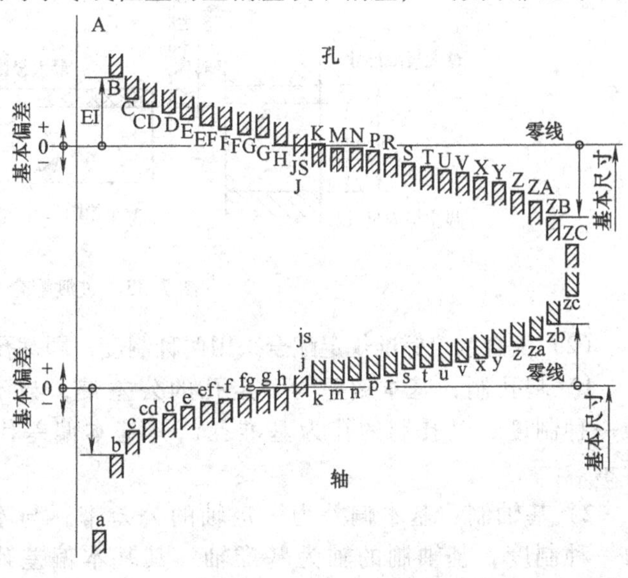

图 7-30 基本偏差系列图

2. 配合

（1）配合的分类 配合指基本尺寸相同的相互结合的孔、轴公差带之间的关系。孔与轴之间的配合有松有紧，国家标准规定配合分为三类：

1）间隙配合：基本尺寸相同的孔与轴具有间隙（包括最小间隙为零）的配合，此时孔的公差带在轴的公差带之上，如图 7-31 所示。

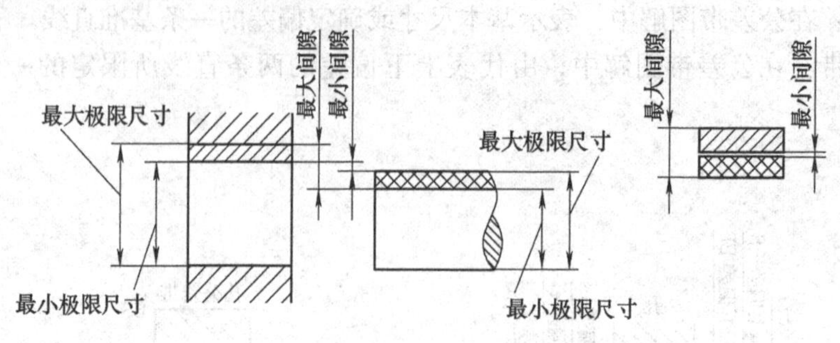

图 7-31　间隙配合

2）过盈配合：基本尺寸相同的孔与轴具有过盈（包括最小过盈等于零）的配合，此时孔的公差带在轴的公差带之下，如图 7-32 所示。

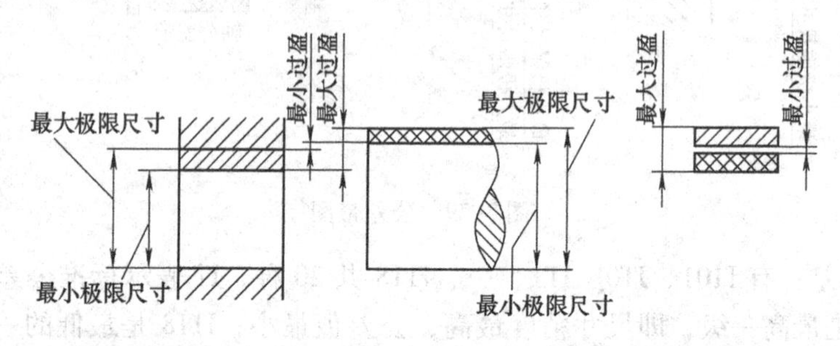

图 7-32　过盈配合

3）过渡配合：基本尺寸相同的孔与轴配合时，孔轴之间可能有间隙也可能有过盈的配合，此时，孔的公差带与轴的公差带有重合，如图 7-33 所示。

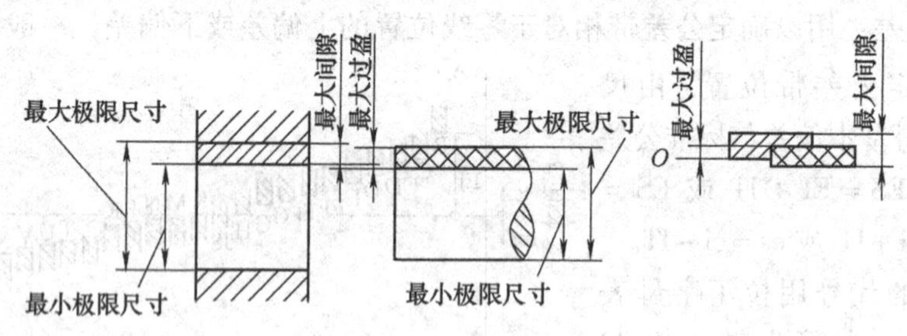

图 7-33　过渡配合

（2）配合制　标准规定配合采用两种制度，即基孔制与基轴制。

1）基孔制：基本偏差为一定孔的公差带，与不同偏差轴的公差带形成各种配合的一种制度，基孔制的孔为基准孔，其基本偏差代号为 H，下偏差为零，如图 7-34 所示。

2）基轴制：基本偏差为一定轴的公差带，与不同偏差孔的公差带形成各种配合的一种制度，基轴制的轴为基准轴，其基本偏差代号为 h，下偏差为零，如图 7-35 所示。

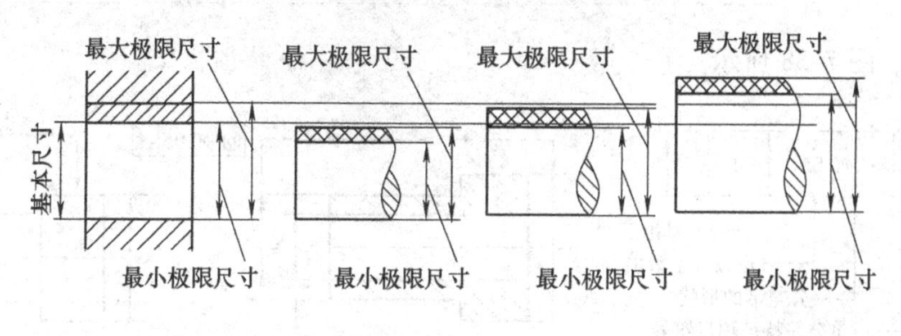

图 7-34　基孔制

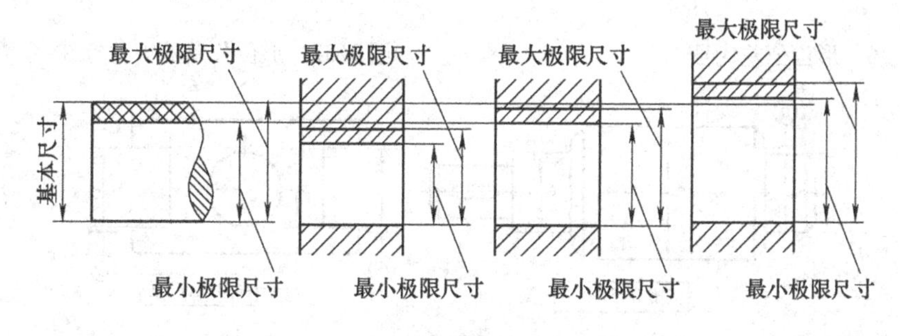

图 7-35　基轴制

3. 形状和位置公差

形状和位置公差简称形位公差，是指零件的实际形状和实际位置对理想形状和理想位置所允许的最大变动量。

（1）形位公差特征项目与符号　形位公差特征项目与符号见表 7-3。

表 7-3　形位公差特征项目与符号

公差	特征项目	符号	基准要求
形状	直线度	—	无
	圆度	○	无
	平面度	▱	无
	圆柱度	⌭	无
轮廓	线轮廓度	⌒	有或无
	面轮廓度	⌓	有或无
定向	平行度	//	有
	垂直度	⊥	有
	倾斜度	∠	有
定位	位置度	⌖	有或无
	同轴（同心）度	◎	有
	对称度	⌯	有
跳动	圆跳动	↗	有
	全跳动	⌰	有

（2）形位公差的标注　用带箭头的指引线将框格与被测要素相连，如图 7-36 所示。标

注如图 7-37、图 7-38 所示。

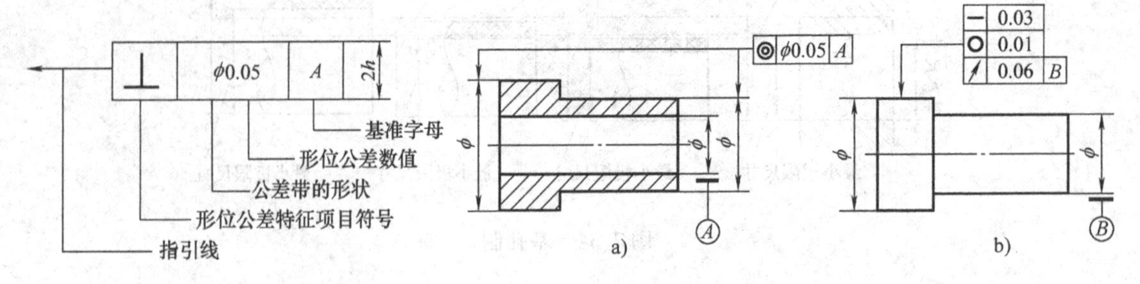

图 7-36　形位公差代号　　　　图 7-37　形位公差的简化标注

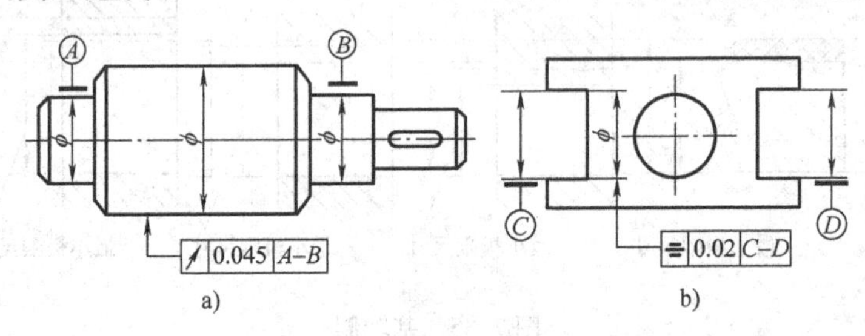

图 7-38　公差基准的简化标注

想一想

表面粗糙度是评定表面质量的一项重要技术指标，它与加工方法、所用刀具和工件材料等因素有密切关系。表面粗糙度的主要评定参数是轮廓算术平均偏差 R_a，R_a 值越小，表面质量要求越高，加工成本越高，因此，在满足使用要求的前提下，应尽量选用较大 R_a 值以降低成本。常用加工方法对应的表面粗糙度见表 7-4。

表 7-4　常用加工方法对应的表面粗糙度 R_a

加工方法	表面粗糙度 R_a/μm												
	50	25	12.5	6.3	3.2	1.6	0.8	0.40	0.20	0.10	0.05	0.025	0.012
锯		☆	★	★	★	★	☆						
刨		☆	★	★	★	☆	☆						
钻			☆	★	★	☆							
铣			☆	★	★	★	★	☆	☆				
拉削				☆	★	★	☆						
铰				☆	★	★	☆						
镗车		☆	☆	★	★	★	★	☆	☆	☆			
研磨				☆	☆	★	★	★	★	☆	☆		
磨							☆	★	★	☆	☆	☆	
抛光							☆	★	★	★	☆	☆	

注："★"表示常用，"☆"表示不常用。

（1）表面粗糙度的符号、代号及其意义

1）表面粗糙度符号及其意义见表 7-5。

表 7-5　表面粗糙度符号及其意义

符　号	意　义
	基本符号，表示表面可用任何方法获得。当不加注表面粗糙度参数值或有关说明（例如：表面处理、局部热处理状况等）时，仅适用于简化代号标注
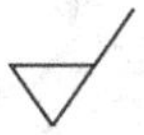	基本符号加一短划，表示表面是用去除材料的方法获得的，例如：车、铣、钻、磨、剪切、抛光、腐蚀、电火花加工、气割等
	基本符号加一小圆，表示表面是用不去除材料的方法获得的，例如：铸、锻、冲压变形、热轧、冷轧、粉末冶金等
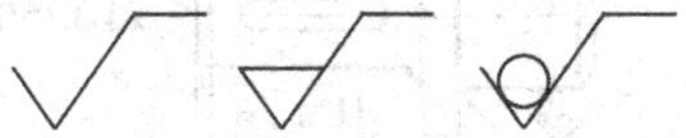	在上述三个符号的长边上均加一横线，用于标注有关参数和说明
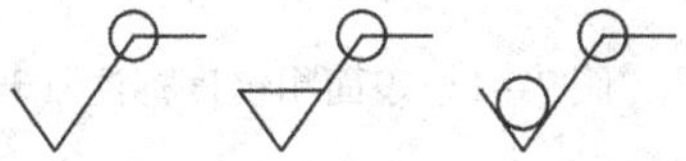	在上述三个符号上均可加一小圆，表示所有表面具有相同的表面粗糙度要求

2）表面粗糙度代号及其意义见表 7-6。

表 7-6　表面粗糙度代号的意义

代　号	意　义
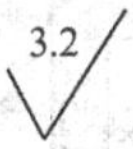 3.2	用任何方法获得的表面粗糙度，R_a 的上限值为 3.2μm
 3.2	用去除材料方法获得的表面粗糙度，R_a 的上限值为 3.2μm
 3.2	用不去除材料方法获得的表面粗糙度，R_a 的上限值为 3.2μm
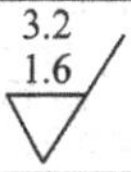 3.2 1.6	用去除材料方法获得的表面粗糙度，R_a 的上限值为 3.2μm，R_a 的下限值为 1.6μm
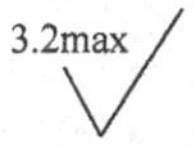 3.2max	用任何方法获得的表面粗糙度，R_a 的最大值为 3.2μm
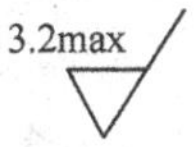 3.2max	用去除材料方法获得的表面粗糙度，R_a 的最大值为 3.2μm
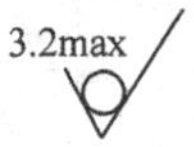 3.2max	用不去除材料方法获得的表面粗糙度，R_a 的最大值为 3.2μm
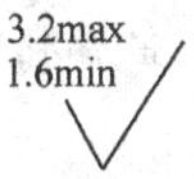 3.2max 1.6min	用去除材料方法获得的表面粗糙度，R_a 的最大值为 3.2μm，R_a 的最小值为 1.6μm

表面粗糙度值前的 R_a 字样可省略不注，如需要可同时填写 R_a 的上限值与下限值；如只注写一个数值，则表示 R_a 的上限值。

（2）表面粗糙度的标注方法　同一图样上，每一表面一般只注一次符号、代号，并尽可能靠近有关的尺寸线。表面粗糙度符号、代号应注在可见轮廓线、尺寸界线、引出线或它们的延长线上，符号的尖端必须从材料外指向材料表面。

表面粗糙度标注方法示例如图 7-39、图 7-40、图 7-41 所示。

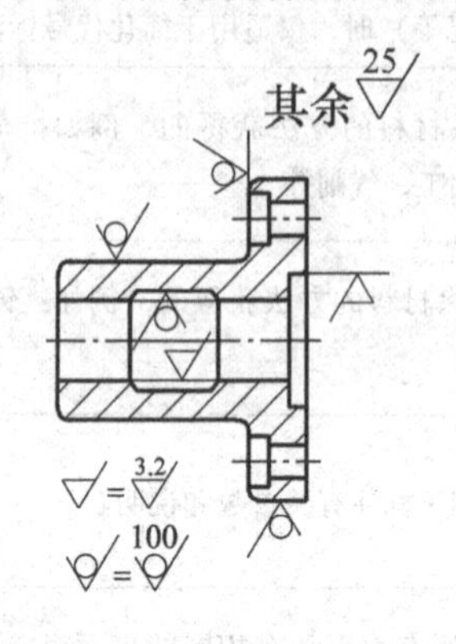

图 7-39 表面粗糙度标注（1）

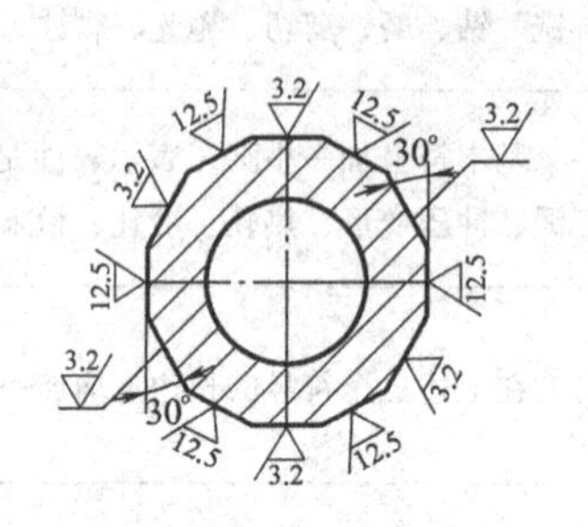

图 7-40 表面粗糙度标注（2）

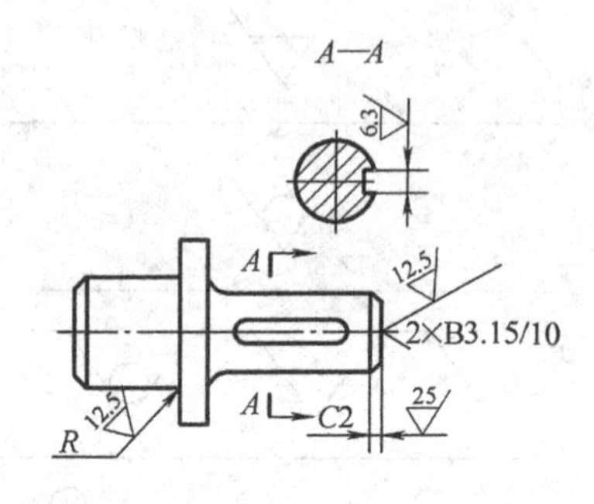

图 7-41 表面粗糙度标注（3）

做一做

1. 解释图样中标注公差的意义，如图 7-42 所示。

1）ϕ160 圆柱的表面对 ϕ85 圆柱孔轴线 A 的径向圆跳动公差为 0.03mm。

2）ϕ150 圆柱表面对轴线的 A 的径向圆跳动公差为 0.02mm。

3）厚度为 20 的安装板左端面对 ϕ150 圆柱面轴线 B 的垂直度公差为 0.03mm。

4）安装板右端面对 ϕ160 圆柱面轴线 C 的垂直度公差为 0.03mm。

5）ϕ125 圆柱孔的轴线对轴线 A 的同轴度公差为 ϕ0.05mm。

6）均布于 ϕ210 圆周上的 5 个 ϕ6.5 孔对基准 C 和 D 的位置度公差为 ϕ0.2mm。

图 7-42 标注公差

2. 试读图 7-26 所示阀盖零件图。

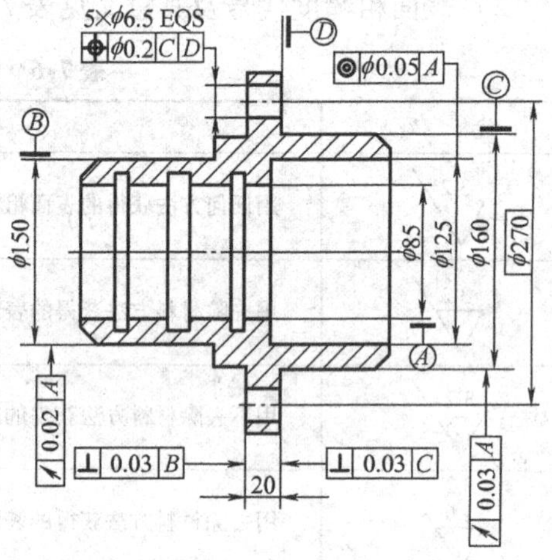

再了解

1. 零件材料

在机械制造业中，制造零件所用的材料一般有金属材料和非金属材料两类，金属材料用得最多。

制造零件所用的材料，应根据零件的使用性能及要求，并兼顾经济性，选择性能与零件要求相适应的材料。零件图中，应将所选用的零件材料的名称或代（牌）号填写在标题栏内。

2. 表面处理及热处理

表面处理是为改善零件表面性能的各种处理方式，如渗碳淬火、表面镀涂等。通过表面处理，可提高零件表面的硬度、耐磨性、耐蚀性、美观性等。热处理是改变整个零件材料的金相组织，以提高或改善材料力学性能的处理方法，如淬火、退火、回火、正火、调质等。零件对力学性能的要求不同，所采用的热处理方法也应不同。选用时应根据零件的性能要求及零件的材料性质来确定。有关表面处理和热处理的详细内容，将在相关课程中作详细讨论。

3. 其他

对于零件的特殊加工、检查、试验、结构要素的统一要求及其他说明，应根据零件的需要注写。一般用文字注写在技术要求的文字项目内。

任务四　读零件图

掌握读零件图的要求、方法与步骤。

看一看

看图7-43所示齿轮轴零件图。

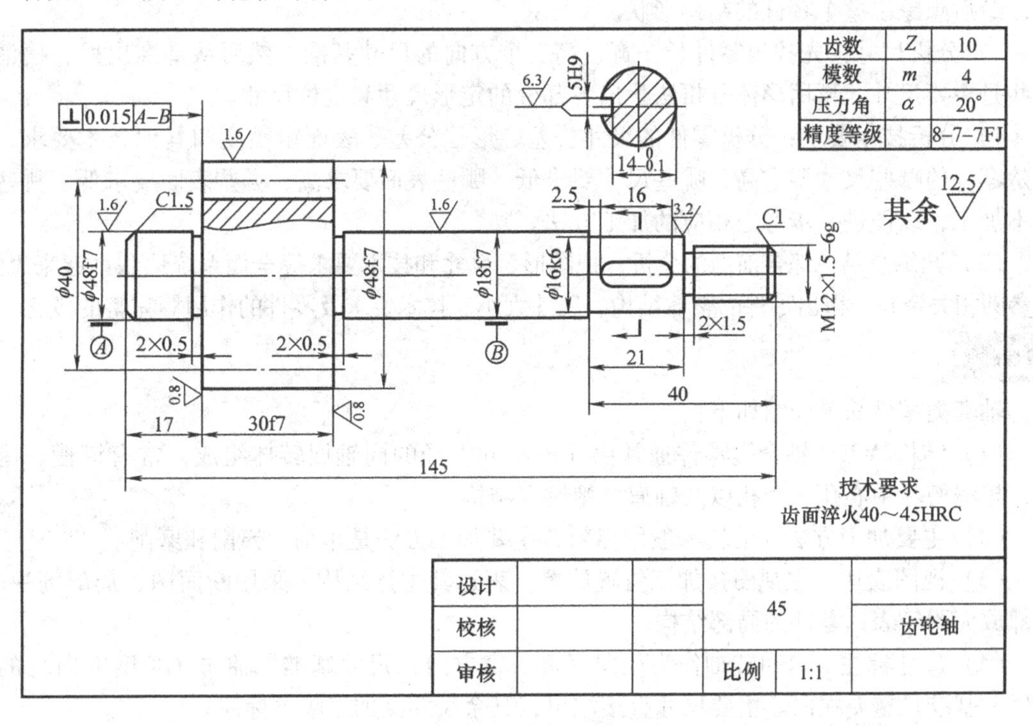

图7-43　齿轮轴零件图

记一记

零件设计制造、机器安装、机器的使用和维修，常常要读零件图。读零件图的目的是为了弄清零件图所表达零件的结构形状、尺寸和技术要求，以便指导生产和解决有关的技术问题。

1. 读零件图的基本要求

1）了解零件的名称、用途和材料。

2）分析零件各组成部分的几何形状、结构特点及作用。

3）分析零件各部分的定形尺寸和各部分之间的定位尺寸。

4）熟悉零件的各项技术要求。

5）初步确定出零件的制造方法。

2. 读零件图的方法和步骤

（1）概括了解　从标题栏内了解零件的名称、材料、比例等，并浏览视图，可初步得知零件的用途和形体概貌。

（2）详细分析

1）分析表达方案：分析零件图的视图布局，找出主视图、其他基本视图和辅助视图所在的位置。

2）分析形体：想出零件的结构形状，先从主视图出发，联系其他视图利用投影关系进行分析。一般先采用形体分析法逐个弄清零件各部分的结构形状，然后弄清其相互位置关系，最后想象出整个零件的结构形状。

3）分析尺寸：先找出零件长、宽、高三个方向的尺寸基准，然后从基准出发，搞清楚哪些是主要尺寸，再用形体分析法找出各部分的定形尺寸和定位尺寸。

4）分析技术要求：分析零件的尺寸公差、形位公差、表面粗糙度和其他技术要求，弄清楚零件的哪些尺寸要求高，哪些尺寸要求低，哪些表面要求高，哪些表面要求低，哪些表面不加工，以便进一步考虑相应的加工方法。

（3）归纳总结　综合前面的分析，把图形、尺寸和技术要求等全面系统地联系起来思索，并参阅相关资料，得出零件的整体结构、尺寸大小、技术要求及零件的作用等完整的概念。

想一想

轴套类零件简单介绍如下：

（1）结构特点　轴套类零件通常由几段不同直径的同轴回转体组成，常有键槽、退刀槽、越程槽、中心孔、销孔以及轴肩、螺纹等结构。

（2）主要加工方法　毛坯一般用棒料，主要加工方法是车削、镗削和磨削。

（3）视图表达　主视图按加工位置放置，表达其主体结构。采用断面图、局部剖视图、局部放大图等表达零件的局部结构。

（4）尺寸标注　以回转轴作为径向（高、宽方向）尺寸基准，轴向（长度方向）的主要尺寸基准是重要端面。主要尺寸直接注出，其余尺寸接加工顺序标注。

（5）技术要求　有配合要求的表面，其表面粗糙度值较小。有配合要求的轴颈、主要端面一般有形位公差要求。

做一做

下面以图7-43所示齿轮轴零件图为例介绍零件图识读方法和步骤。

1. 概括了解

如图7-43所示，从标题栏可知，图样按1∶1比例绘制，与实物大小一致，材料为45钢。齿轮轴是齿轮油泵中主要零件之一。

2. 视图表达及结构形状分析

图7-43所示齿轮轴用一个主视图和一个移出断面表达，主视图安放采用加工位置原则，由于轴类零件基本上对轴线径向对称，所以可采用一个基本视图上加一系列直径尺寸，表达其主要形状，并采用了局部剖视的表达方法。轴上键槽采用移出断面表达。

3. 尺寸分析和技术要求分析

以水平位置的轴线作为径向尺寸基准，注出ϕ48f 7、ϕ18f 7、ϕ16k6以及M12×1.5-6g等。以齿轮的左端面（此端面是确定齿轮轴在油泵中轴向位置的重要端面）为长度方向主要尺寸基准，注出30f 7。长度方向第一辅助基准是轴的左端面，注出总长145以及主要基准与辅助基准之间的联系尺寸17。长度方向第二辅助基准是轴的右端面，通过尺寸40得出第三个辅助基准（轴ϕ16的右轴肩），由此注出键槽的定位尺寸2.5、键槽长度16和键槽深度的尺寸$14_{-0.1}^{0}$。在断面图中注出，它是以轴上最后一条素线为宽度的辅助基准标注的。

4. 了解技术要求

齿轮轴的径向尺寸ϕ48f 7、ϕ18f 7、ϕ16k6，均标注尺寸公差带代号，表明这几部分轴段均与油泵中的相关零件有配合关系，所以表面粗糙度有较严格的要求，R_a值分别为1.6μm、1.6μm、3.2μm。齿轮轴的齿轮左端面与轴线有垂直度要求，R_a值0.8μm。

再了解

零件测绘：根据已有的零件，不用或只用简单的绘图工具，用较快的速度，徒手目测画出零件的视图，测量并注上尺寸及技术要求，得到零件草图，然后参考有关资料整理绘制出供生产使用的零件工作图，这个过程称为零件测绘。

1. 画零件草图

（1）分析零件　为了把被测零件准确完整地表达出来，应先对被测零件进行认真的分析，了解零件的类型、在机器中的作用、所使用的材料及大致的加工方法。

（2）确定零件的视图表达方案　关于零件的表达方案，一个零件其表达方案并非是唯一的，可多考虑几种方案，选择最佳方案。

（3）目测徒手画出零件草图　零件的表达方案确定后，便可按下列步骤画出零件草图：

1）确定绘图比例：根据零件大小、视图数量、现有图纸大小，确定适当的比例。

2）定位布局：根据所选比例，粗略确定各视图应占的图纸面积，在图纸上作出主要视图的作图基准线、中心线。注意留出标注尺寸和画其他补充视图的地方。

3）详细画出零件的内外结构和形状。

4）检查、加深有关图线。

5）画尺寸界线、尺寸线：将应该标注的尺寸界线、尺寸线全部画出。

6）集中测量、注写各个尺寸。

7）制定并注写技术要求：根据实践经验或用样板比较，确定表面粗糙度；查阅有关资料，确定零件的材料、尺寸公差、形位公差及热处理等要求。

8）检查、修改全图并填写标题栏，完成草图。

2. 画零件工作图

绘制零件草图时，往往受地点条件的限制，有些问题有可能处理得不够完善，因此在画零件工作图时，还需要对草图进一步检查和校对，然后用仪器或计算机画出零件工作图，经批准后，整个零件测绘的工作就进行完了。

3. 测量工具及零件尺寸的测量

在零件测绘中，常用的测量工具有：直尺、内卡钳、外卡钳、游标卡尺、内径千分尺、外径千分尺、高度尺、螺纹样板、圆弧规、量角器、曲线尺、铅丝和印泥等。对于精度要求不高的尺寸，一般用直尺、内外卡钳等即可，精确度要求较高的尺寸，一般用游标卡尺、千分尺等精确度较高的测量工具。特殊结构，一般要用特殊工具如螺纹样板、圆弧规、曲线尺来测量。

4. 测绘注意事项

1）测量尺寸时，应正确选择测量基准，以减少测量误差。

2）零件间相配合结构的基本尺寸必须一致，并应精确测量，查阅有关手册，给出恰当的尺寸偏差。

3）零件上的非配合尺寸，如果测得为小数，则应圆整为整数标出。

4）零件上的截交线和相贯线，不能机械地照实物绘制。

5）要重视零件上的一些细小结构，如倒角、圆角、凹坑、凸台和退刀槽、中心孔等。

6）对于零件上的缺陷，如铸造缩孔、砂眼、加工的疵点、磨损等，不要在图上画出。

第八模块　装　配　图

基本要求：

1. 了解装配图的作用和内容，掌握常见的装配结构及画法。
2. 读懂主要零件的结构及其在装配体中的作用。
3. 理解并掌握装配体的一般表达方法，培养由装配图拆画零件图的能力。

任务一　装配图的作用、内容及表达方法

了解装配图的作用、内容、表达方法、表达方案的确定及测绘知识。

看一看

看图 8-1 所示的球阀装配图，了解装配图的内容及画法。

记一记

1. 装配图的作用

装配图是表达机器或部件的工作原理、装配关系、传动路线、连接方式及零件基本结构的图样。装配图和零件图一样，是生产和科研中的重要技术文件之一。在设计产品时，通常是根据设计任务书，先画出符合设计要求的装配图，再根据装配图画出符合要求的零件图；在制造产品的过程中，要根据装配图制订的装配工艺规程来进行装配、调试和检验产品；在使用产品时，要从装配图上了解产品的结构、性能、工作原理及保养、维修的方法和要求。

2. 装配图的内容

1）一组视图：用以表达机器或部件的工作原理、装配关系、传动路线、连接方式及零件的基本结构。

2）必要的尺寸：用以表示机器或部件的性能、规格、外形大小及装配、检验、安装所需的尺寸。

3）技术要求：用符号或文字注写机器或部件在装配、检验、调试和使用等方面的要求、规则和说明等。

4）零件的序号和明细栏：组成机器或部件的每一种零件，在装配图上必须按一定的顺序编上序号，并编制出明细栏。明细栏中应注明各种零件的序号、代号、名称、数量、材料、重量、备注等内容，以便读图、图样管理及进行生产准备、生产组织工作。

5）标题栏：说明机器或部件的名称、图样代号、比例、重量及责任者的签名和日期等内容。

3. 装配图的表达方法

装配图和零件图一样，也是按正投影的原理、方法和《机械制图》国家标准的有关规

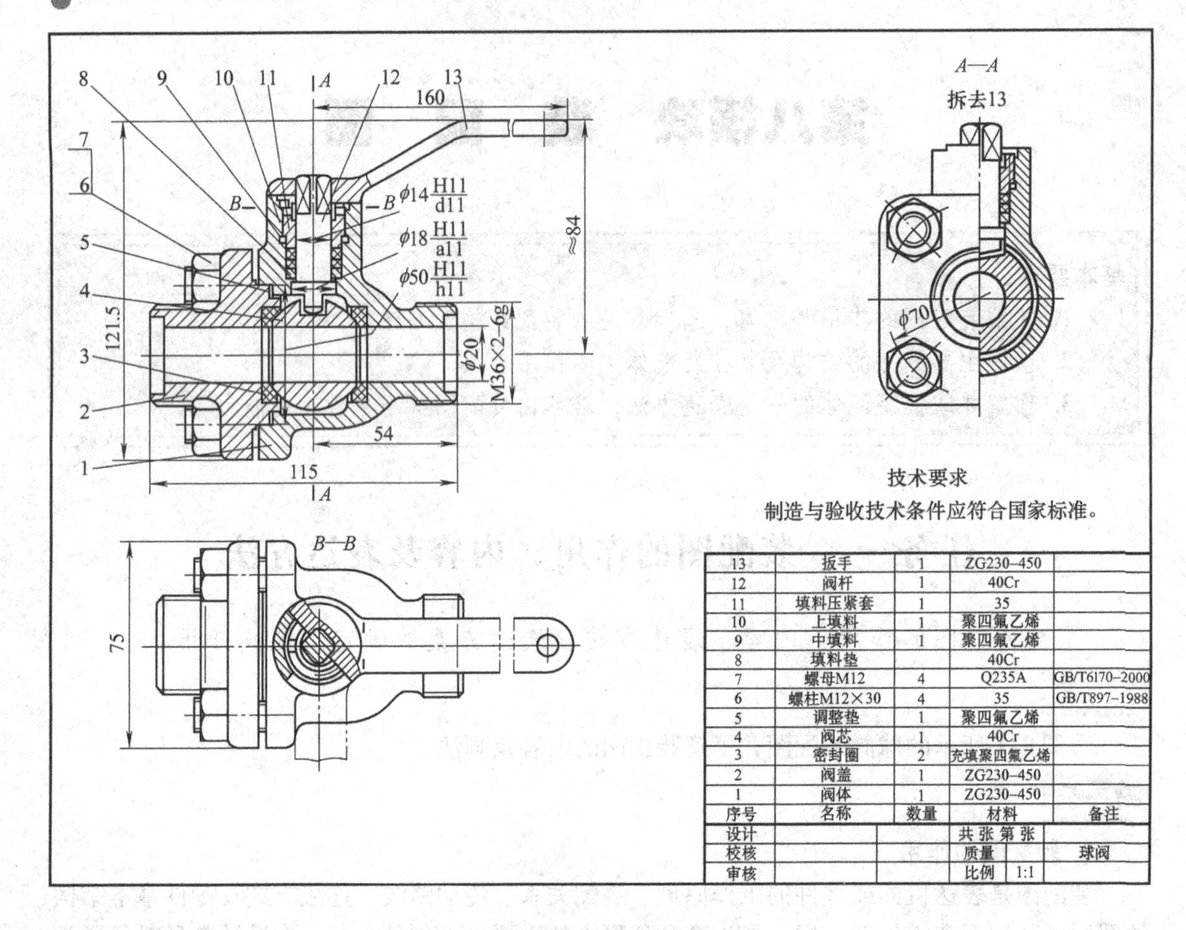

序号	名称	数量	材料	备注
13	扳手	1	ZG230-450	
12	阀杆	1	40Cr	
11	填料压紧套	1	35	
10	上填料	1	聚四氟乙烯	
9	中填料	1	聚四氟乙烯	
8	填料垫		40Cr	
7	螺母M12	4	Q235A	GB/T6170-2000
6	螺柱M12×30	4	35	GB/T897-1988
5	调整垫	1	聚四氟乙烯	
4	阀芯	1	40Cr	
3	密封圈	2	充填聚四氟乙烯	
2	阀盖	1	ZG230-450	
1	阀体	1	ZG230-450	

设计		共 张 第 张	
校核		质量	球阀
审核		比例 1:1	

图 8-1 球阀装配图

定绘制的。零件图的表达方法（视图、剖视图、断面图等）及视图选用原则，一般都适用于装配图。但由于装配图与零件图各自表达对象的重点及在生产中所使用的范围有所不同，因而国家标准对装配图在表达方法上还有一些专门规定。

（1）装配图的规定画法

1）两零件的接触面和配合面只画一条线，两基本尺寸不相同的不接触表面和非配合表面，即使其间隙很小，也必须画两条线。

2）在剖视图或断面图中，相邻两个零件的剖面线倾斜方向应相反，或方向一致而间隔不同。但在同一张图样上同一个零件在各个视图中的剖面线方向、间隔必须一致。厚度小于或等于 2mm 的狭小面积的剖面，可用涂黑代替剖面符号。

3）在装配图中，对于紧固件以及轴、连杆、球、钩子、键、销等实心零件，当按纵向剖切且剖切平面通过其对称平面或轴线时，则这些零件均按不剖绘制。当需要特别表明轴等实心零件上的凹坑、凹槽、键槽、销孔等结构时，可采用局部剖视来表达。

（2）装配图的特殊表达方法

1）拆卸画法：装配体上零件间往往有重叠现象，当某些零件遮住了需要表达的结构与装配关系时，可采用拆卸画法：

① 假想将一些零件拆去后再画出剩下部分的视图。

② 假想沿零件的结合面剖切，相当于把剖切面一侧的零件拆去，再画出剩下部分的视图。此时，零件的结合面上不画剖面线，但被剖切到的零件必须画出剖面线。

拆卸画法的拆卸范围比较灵活，可以将某些零件全部拆卸，还可以将某些零件局部拆卸。此时，以波浪线分界，类似于局部剖。采用拆卸画法的视图需加以说明时，可标注"拆去××零件"等字样。

2）单独表达某个零件：当某个零件在装配图中未表达清楚，而又需要表达时，可单独画出该零件的视图，并在单独画出的零件视图上方注出该零件的名称或编号，其标注方法与局部剖视图类似。

3）假想画法

① 当需要表达所画装配体与相邻零件或部件的关系时，可用双点画线假想画出相邻零件或部件的轮廓。

② 当需要表达某些运动零件或部件的运动范围及极限位置时，可用双点画线画出其极限位置的外形轮廓。

③ 当需要表达钻具、夹具中所夹持工件的位置情况时，可用双点画线画出所夹持工件的外形轮廓。

4）展开画法：为了表达传动机构的传动路线和装配关系，可假想按传动顺序沿轴线剖切，然后依次将各剖切平面展开在一个平面上，画出其剖视图。此时应在展开图的上方注明"×—×展开"字样。

5）夸大画法：在装配图中，当绘制厚度很小的薄片、直径很小的孔以及很小的锥度、斜度和尺寸很小的非配合间隙时，这些结构可不按原比例而夸大画出。

6）简化画法

① 在装配图中，零件的工艺结构如小圆角、倒角、退刀槽等可不画出。

② 在装配图中，螺栓、螺母等可按简化画法画出。

③ 对于装配图中若干相同的零件组，如螺栓、螺母、垫圈等，可只详细地画出一组或几组，其余只用细点画线表示出装配位置即可。

④ 装配图中的滚动轴承，可只画出一半，另一半按规定示意画法画出。

⑤ 在装配图中，当剖切平面通过的某些组件为标准产品，或该组件已由其他图形表达清楚时，该组件可按不剖绘制。

⑥ 在装配图中，在不致引起误解、不影响看图的情况下，剖切平面后不需表达的部分可省略不画。

想一想

1. 视图选择原则

选择表达方案时应遵循这样的思路：以装配体的工作原理为线索，从装配干线入手，用主视图及其他基本视图来表达对部件功能起决定作用的主要装配干线，兼顾次要装配干线，再辅以其他视图表达基本视图中没有表达清楚的部分，最后把装配体的工作原理、装配关系等完整清晰地表达出来。

2. 主视图的选择

1）确定装配体的安放位置：一般可将装配体按其在机器中的工作位置安放，以便了解装配体的情况及与其他机器的装配关系。

2）确定主视图的投影方向：装配体的位置确定以后，应该选择能较全面、明显地反映该装配体的工作原理、装配关系及主要结构的方向作为主视图的投影方向。

3）主视图的表达方法：由于多数装配体都有内部结构需要表达，因此，主视图多采用剖视图画出。

3. 其他视图的选择

主视图确定之后，若还有带全局性的装配关系、工作原理及主要零件的主要结构未表达清楚，应选择其他基本视图来表达。

做一做

下面以图 8-1 所示球阀装配图为例来说明识读装配图的方法与步骤。

1. 概括了解

从标题栏中了解装配体的名称和用途。从明细栏和序号可知零件的数量和种类，从而略知其大致的组成情况及复杂程度。从视图的配置、标注的尺寸和技术要求，可知该部件的结构特点和大小。装配图的名称是球阀。阀是管道系统中用来启闭或调节流体流量的部件，球阀是阀的一种。从明细栏可知球阀由 13 种零件组成，其中标准件两种。按序号依次查明各零件之间的装配关系。左视图采用半剖视，表达对球阀的内部结构及阀盖方形凸缘的外形。俯视图采用局部剖视，主要表达球阀的外形。

2. 了解装配关系和工作原理

分析部件中各零件之间的装配关系，并读懂部件的工作原理。球阀的工作原理比较简单，装配图所示阀芯的位置为阀门全部开启，管道畅通。当扳手按顺时针旋转 90°时，阀门全部关闭，管道断流。所以阀芯是球阀的关键零件。阀体 1 和阀盖 2 都带有方形凸缘，它们之间用四个双头螺柱 6 和螺母 7 连接，阀芯 4 通过两个密封圈定位于阀体空腔内，并用合适的调整垫 5 调节阀芯与密封圈之间的松紧程度。通过填料压紧套 11 与阀体内的螺纹旋合将零件 8、9、10 固定于阀体中。两个密封圈 3 和调整垫 5 形成第一道密封。阀体与阀杆之间的填料垫 8 与填料 9、10 用填料压紧套压紧，形成第二道密封。

3. 分析零件，读懂零件结构形状

利用装配图特有的表达方法和投影关系，将零件的投影从重叠的视图中分离出来，从而读懂零件的基本结构形状和作用。球阀的阀芯，从装配图的主、左视图中根据相同的剖面线方向和间隔，将阀芯的投影轮廓分离出来，结合球阀的工作原理以及阀芯与阀杆的装配关系，从而完整想象出阀芯是一个左、右两边截成平面的球体，中间是通孔，上部是圆弧形凹槽，如图 8-2 所示，表面高频淬火 50～55HRC，去毛刺、锐边。

4. 分析尺寸，了解技术要求

装配图中标注必要的尺寸，包括规格（性能）尺寸、装配尺寸、安装尺寸和总体尺寸。其中装配尺寸与技术要求有密切关系，球阀装配图中标注的装配尺寸有三处：ϕ50H11/h11 是阀体与阀盖的配合尺寸；ϕ14H11/d11 是阀杆与填料压紧套的配合尺寸；ϕ18H11/a11 是阀杆下部凸缘与阀体的配合尺寸。

再了解

对现有的装配体进行测量、计算，并绘制出零件图及装配图的过程称为装配体测绘。

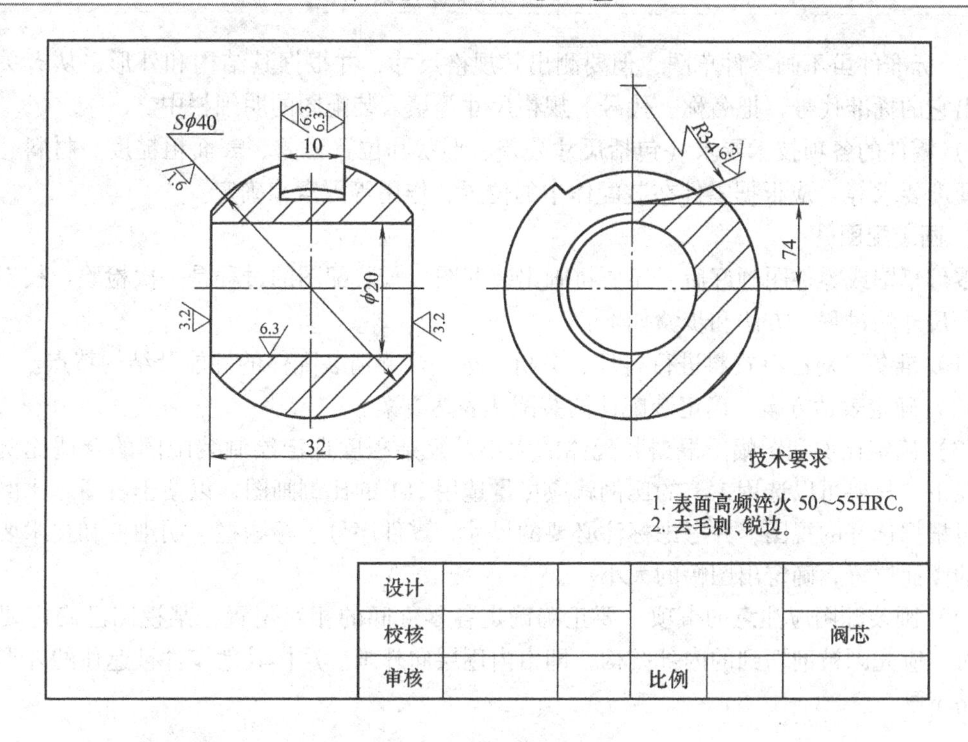

图 8-2　球阀阀芯零件图

1. 测绘准备工作

测绘装配体之前，一般应根据其复杂程度编制测绘计划，准备必要的拆卸工具、量具，如扳手、锤子、螺钉旋具、铜棒、钢卷尺、游标卡尺、细铅丝等，还应准备好标签及绘图用品等。

2. 研究测绘对象

测绘前，要对被测绘的装配体进行必要的研究。一般可通过观察、分析该装配体的结构和工作情况，查阅有关该装配体的说明书及资料，搞清该装配体的用途、性能、工作原理、结构及零件间的装配关系等。

3. 绘制装配示意图和拆卸零件

为了便于装配体被拆后仍能顺利装配复原，对于较复杂的装配体，在拆卸过程中应尽量作好记录。最简便常用的方法是绘制出装配示意图，用以记录各种零件的名称、数量及其在装配体中的相对位置及装配连接关系，同时也为绘制正式的装配图作好准备。装配示意图是将装配体看作透明体来画的，在画出外形轮廓的同时，又画出其内部结构。在示意图上应编注零件的序号，并注明零件的数量。另外，在拆卸零件时，要把拆卸顺序搞清楚，并选用适当的工具。拆卸时注意不要破坏零件间原有的配合精度，还要注意不要将小零件如销、键、垫片、小弹簧等丢失。对于高精度的零件，要特别注意，不要碰伤或使其变形、损坏。

4. 画零件草图及工作图

组成装配体的零件，除标准件外，其余非标准件均应画出零件草图及工作图，在画零件草图的过程中，要注意以下几点：

1）零件间有连接关系或配合关系的部分，它们的基本尺寸应相同。

2）标准件虽不画零件草图，但要测出其规格尺寸，并根据其结构和外形，从有关标准中查出它的标准代号，把名称、代号、规格尺寸等填入装配图的明细栏中。

3）零件的各项技术要求（包括尺寸公差、形状和位置公差、表面粗糙度、材料、热处理及硬度要求等）应根据零件在装配体中的位置、作用等因素来确定。

5. 画装配图

零件草图或零件图画好后，还要拼画出装配图。画装配图的过程是一次检验、校对零件形状、尺寸的过程，方法和步骤如下：

（1）准备　对已有资料进行整理、分析，进一步弄清装配体的性能及结构特点。

（2）确定表达方案　确定装配体的装配图表达方案。

（3）确定比例和图幅　根据装配体的大小及复杂程度选定绘制装配图的合适比例。一般情况下，只要可以选用1:1的比例就应尽量选用1:1的比例画图，以便于看图。比例确定后，再根据选好的视图，并考虑标注必要的尺寸、零件序号、标题栏、明细栏和技术要求等所需的图面位置，确定出图幅的大小。

（4）画装配图应注意的事项　要正确确定各零件间的相对位置，某视图已确定要剖开绘制时，应先画被剖切到的内部结构，即由内逐层向外画。这样其他零件被遮住的外形就可以省略不画。

任务二　装配图中尺寸标注、技术要求的注写及其工艺结构

了解装配图的尺寸标注、技术要求注写、工艺结构及拆画零件图的方法。

看一看

看图8-3所示齿轮油泵装配图。

记一记

1. 装配图上的尺寸标注和技术要求的注写

（1）装配图上的尺寸标注　装配图与零件图不同，一般仅标注出下列几类尺寸：

1）特性、规格尺寸：表示装配体的性能、规格或特征的尺寸。它常常是设计或选择使用装配体的依据。

2）装配尺寸：表示装配体各零件之间装配关系的尺寸，它包括以下两种。

① 配合尺寸：表示零件配合性质的尺寸。

② 相对位置尺寸：表示零件间比较重要的相对位置尺寸。

3）安装尺寸：表示装配体安装时所需要的尺寸。

4）外形尺寸：表示装配体的外形轮廓尺寸，如总长、总宽、总高等。这是装配体在包装、运输、安装时所需的尺寸。

5）其他重要尺寸：经计算或选定的不能包括在上述几类尺寸中的重要尺寸。

（2）装配图上技术要求的注写　装配图中的技术要求，一般可从以下几个方面来考虑：

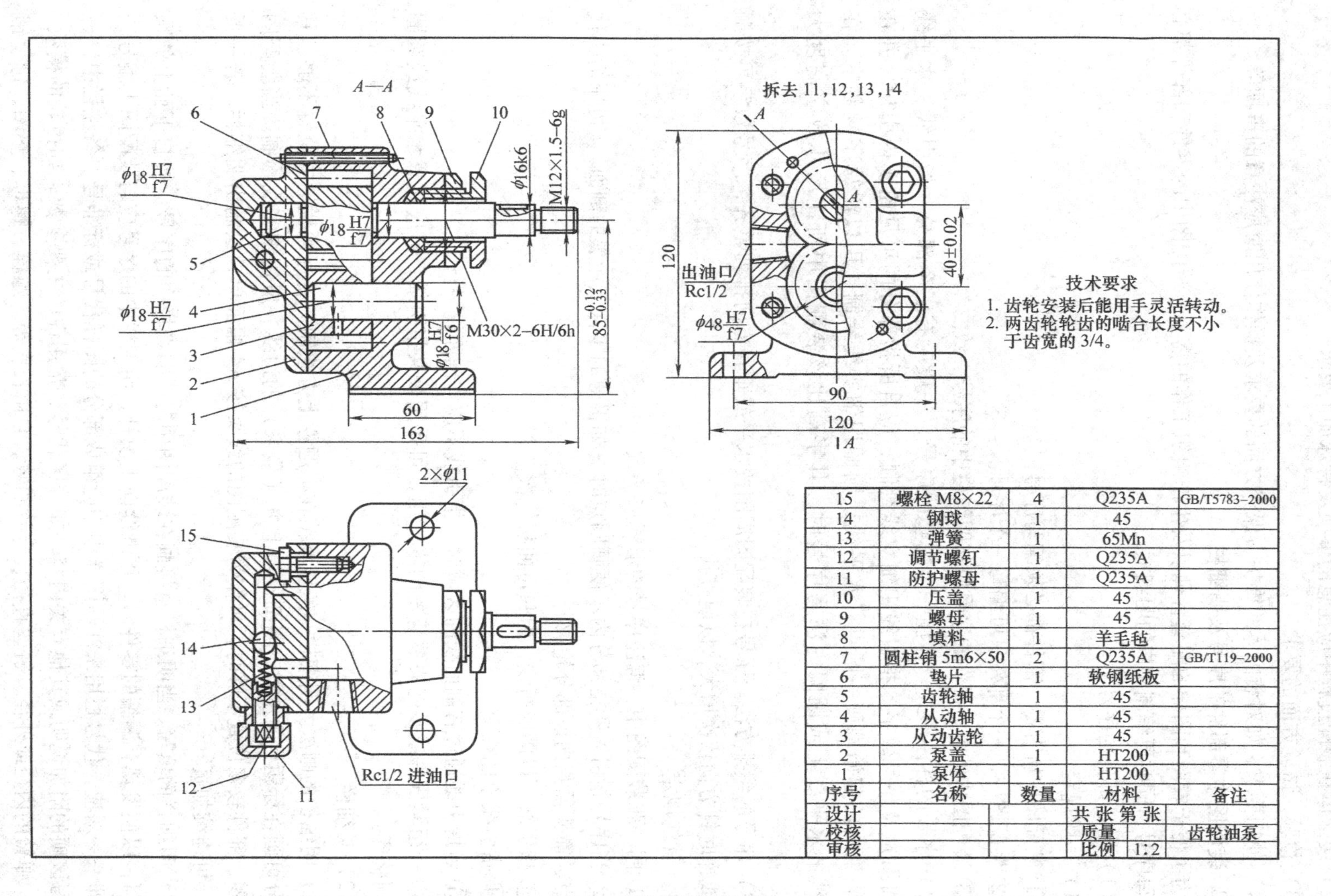

15	螺栓 M8×22	4	Q235A	GB/T5783–2000
14	钢球	1	45	
13	弹簧	1	65Mn	
12	调节螺钉	1	Q235A	
11	防护螺母	1	Q235A	
10	压盖	1	45	
9	螺母	1	45	
8	填料	1	羊毛毡	
7	圆柱销 5m6×50	2	Q235A	GB/T119–2000
6	垫片	1	软钢纸板	
5	齿轮轴	1	45	
4	从动轴	1	45	
3	从动齿轮	1	45	
2	泵盖	1	HT200	
1	泵体	1	HT200	
序号	名称	数量	材料	备注

设计			共 张 第 张		
校核			质量		齿轮油泵
审核			比例	1:2	

图 8-3　齿轮油泵装配图

1）装配体装配后应达到的性能要求。

2）装配体在装配过程中应注意的事项及特殊加工要求。

3）检验、试验方面的要求。

4）使用要求，如对装配体的维护、保养方面的要求及操作使用时应注意的事项等。

2. 装配图中零部件的序号及明细栏

为了便于看图和图样的配套管理以及生产组织工作的需要，装配图中的零件和部件都必须编写序号，同时要编制相应的明细栏。

（1）零、部件的序号

1）一般规定

① 装配图中所有零、部件都必须编写序号。

② 装配图中，一个部件只可编写一个序号。

③ 装配图中的零、部件的序号应与明细栏中的序号一致。

2）序号的标注形式。标注一个完整的序号，一般应有三个部分：指引线、水平线（或圆圈）及序号数字。指引线用细实线绘制，应自所指部分的可见轮廓内引出，并在可见轮廓内的起始端画一圆点。水平线或圆圈用细实线绘制，用以注写序号数字。在指引线的水平线上或圆圈内注写序号时，其字高比该装配图中所注尺寸数字高度大一号。

3）序号的编排方法。序号在装配图周围按水平或垂直方向排列整齐，序号数字可按顺时针或逆时针方向依次增大，以便查找。

4）其他规定

① 同一张装配图中，编注序号的形式应一致。

② 当序号指引线所指部分内不便画圆点时（如很薄的零件或涂黑的剖面），可用箭头代替圆点，箭头需指向该部分轮廓。

③ 指引线可以画成折线，但只可曲折一次。

④ 指引线不能相交。

⑤ 当指引线通过有剖面线的区域时，指引线不应与剖面线平行。

⑥ 一组紧固件或装配关系清楚的零件组，可采用公共指引线，但应注意水平线或圆圈要排列整齐。

（2）明细栏

1）明细栏的画法。明细栏一般应紧接在标题栏上方绘制。若标题栏上方位置不够，其余部分可画在标题栏的左方。明细栏最上方（最末）的边线一般用细实线绘制。当装配图中的零、部件较多位置不够时，可作为装配图的续页按A4幅面单独绘制出明细栏。若一页不够，可连续加页。

2）明细栏的填写。当明细栏直接画在装配图中时，明细栏中的序号应按自下而上的顺序填写，以便发现有漏编的零件时，可继续向上填补，明细栏中的序号应与装配图上编号一致，即一一对应，代号栏用来注写图样中相应组成部分的图样代号或标准号。备注栏中，一般填写该项的附加说明或其他有关内容，如分区代号、常用件的主要参数，如齿轮的模数、齿数，弹簧的内径或外径、簧丝直径、有效圈数、自由长度等。螺栓、螺母、垫圈、键、销等标准件，其标记通常分两部分填入明细栏中。

想一想

为了保证装配体的质量，在装配图上，除允许简化画出的情况外，都应尽量把装配工艺结构正确地反映出来。

1. 零件间的接触面

轴肩端面与孔的端面相贴合时，孔端要倒角或轴根切槽。锥轴与锥孔配合时，接触面应有一定的长度，同时端面不能再接触，以保证锥面配合的可靠性。两个零件接触时，在同一方向上接触面只能有一对。采用油封装置时，油封材料应紧套在轴颈上，而轴承盖上的过孔与轴颈间应有间隙，以免轴旋转时损坏轴颈。

2. 并紧、定位及锁紧结构

（1）并紧、定位结构　轴上的零件不允许轴向移动时，应有并紧或定位结构，以防止运动时轴上零件产生轴向移动而发生事故。

（2）螺纹联接件的锁紧　为了防止机器中的螺纹联接件因机器的运动或震动而产生松脱，应采用必要的锁紧装置。常见的螺纹锁紧装置有：弹簧垫圈锁紧、双螺母锁紧、开口销锁紧、止动垫片锁紧、止退垫圈锁紧圆螺母装置。

做一做

机器在设计过程中是先画出装配图，再由装配图拆画零件图、机器维修图，当其中某个零件损坏时，也要将该零件拆画出来，拆画零件图应该在读懂装配图的基础上进行。以图8-3所示齿轮油泵装配图为例，进行读图，并拆画泵体零件图。

1. 读齿轮油泵装配图

（1）概括了解　齿轮油泵是机器中用来输送润滑油的一个部件。它由泵体、泵盖、齿轮、密封零件及标准件等组成。齿轮油泵共由15种零件装配而成，其中标准件两种。主视图为全剖视图，并作局部剖视，表达齿轮油泵零件之间的装配关系。左视图沿垫片与泵体的结合面剖开，并拆去11、12、13、14等零件，表达了油泵的外部形状和齿轮的啮合情况以及吸、压油的工作原理。俯视图表达泵盖上的安全装置。油泵的外形总体尺寸是163、120、120，可知该油泵体积不大，如图8-3所示。

（2）了解装配关系和工作原理　泵体的内腔容纳一对齿轮轴的旋转运动。圆柱销7将泵盖与泵体定位后，再用四个螺栓15连接。泵体与泵盖结合面及齿轮轴伸出端，分别用垫片6、填料8、螺母9及压盖10密封。泵体前后各有一个带锥螺纹的通孔，与吸油管、出油管连接。当齿轮轴（主动齿轮）通过动力按逆时针方向转动时（从左视图观察），从动齿轮作顺时针方向转动。这时齿轮脱离啮合的空腔（左视图上的右腔）压力降低而吸油，齿轮进入啮合的空腔（左视图上的左腔）压力升高而压油。从俯视图可知，当输出油孔处的油压超过额定压力时，弹簧13压住的钢球14被顶开，使高、低压腔间的通道相通，这时进出油口压力相等，润滑油只能在泵体内部循环，从而起到了保护作用。旋转调节螺钉12，改变弹簧的压缩量，控制油压。

（3）尺寸分析　齿轮轴与泵盖、泵体支承处的配合尺寸是ϕ18H7/f7，两齿轮的齿顶圆与泵体内腔表面的配合尺寸是ϕ48H7/f7，均为基孔制配合。尺寸40±0.02是一对啮合齿轮的中心距，属于性能尺寸，这个尺寸是否准确将直接影响齿轮的啮合传动；吸、压油口的Rc1/2属于规格尺寸；左视图中的尺寸90属于安装尺寸。

2. 拆画泵体零件图

（1）零件的表达　根据主视图，泵体上部有支承齿轮轴的$\phi18$孔，该孔的右端有内螺纹，与压盖旋合，120°倒角处安放填料。在泵体下部有$\phi18$通孔，用来支承从动轴。根据左视图，泵体端面外形是与泵盖一致的长圆形，沿周围分布有四个螺钉和两个圆柱销孔。泵体左端为容纳一对啮合齿轮的8字形空腔，前、后各有一锥纹通孔。

根据泵体在装配体中的作用以及与其他零件的装配关系，从装配图的主视图中拆画的泵体图，表示了泵体内外的主要结构形状，且符合工作位置，所以仍可作为零件图的主视图。泵体的左视图与装配图中的左视图基本一致（一对齿轮的轮廓线和节圆不画）。为了表示泵体右端凸缘的形状，补画出右视图。再画出前后对称的俯视图的一半，表达底板的形状和螺孔的深度。图8-4所示为泵体零件图。

（2）尺寸标注　装配图上已标注的尺寸是设计时确定的主要尺寸，应直接注到零件图上，如40 ± 0.02、$85^{-0.12}_{-0.33}$等。对于配合尺寸可注出极限偏差数值，如$\phi18^{+0.018}_{0}$、$\phi48^{+0.025}_{0}$等。相邻两零件接触面的有关尺寸及连接的有关尺寸必须保证一致，如泵体左端面大圆弧尺寸$\phi110$、螺孔定位尺寸60×60等，应与泵盖零件图上对应部分一致。当有些结构两个零件装配在一起同时加工时，应在两零件图上加以注明，如泵体零件图上标注的$2\times\phi5$圆柱销孔与泵盖配作。

（3）注写技术要求　零件图上注写的表面粗糙度、极限与配合、形位公差以及热处理和表面处理等技术要求，是根据泵体在油泵中的作用和要求确定的。如泵体空腔内表面（$\phi48^{+0.025}_{0}$）与传动齿轮配合，精度要求高，所以表面粗糙度选用0.8μm；而螺孔要求较低，选用6.3μm。为保证一对齿轮能在全齿上均匀啮合，故两齿轮轴的轴线有平行度公差要求。

最后，对所拆画零件图进行仔细校核，检查零件图所表达的内容是否齐全，零件的名称、材料、数量是否与明细栏一致等。

再了解

1. 盘盖类零件的特点

（1）结构特点　主体部分常为回转体，也可能是方形或组合形体。零件通常有键槽、轮辐、均布孔等结构，并且常有一个端面与部件中的其他零件结合。

（2）主要加工方法　毛坯多为铸件，主要在车床上加工，较薄时采用刨床或铣床加工。

（3）视图表达　一般采用两个基本视图表达。主视图按加工位置原则，轴线水平放置（对于不以车削为主的零件则按工作位置或形状特征选择主视图），通常采用全剖表达内部结构；另一个视图表达外形廓和其他结构，如孔、肋、轮辐的相对位置等。

（4）尺寸标注　径向（高、宽方向）的主要尺寸基准是回转轴线，轴向（长度方向）尺寸则以主要结合面为基准。对于圆或圆弧形盘盖类零件上的均布孔，一般采用“$n\times\phi m$EQS”的形式标注，角度定位尺寸可省略。

（5）技术要求　重要的轴、孔和端面尺寸精度要求较高，且一般都有形位公差要求，如同轴度、垂直度、平行度和端面圆跳动等。配合的内、外表面及轴向定位端面的表面有较高的表面粗糙度要求。材料多数为铸件，有时效处理和表面处理等要求。

2. 箱壳零件的特点

（1）结构特点　箱壳类零件主要起包容、支承其他零件的作用，常有内腔、轴承孔、凸台、肋、安装板、光孔、螺纹孔等结构。

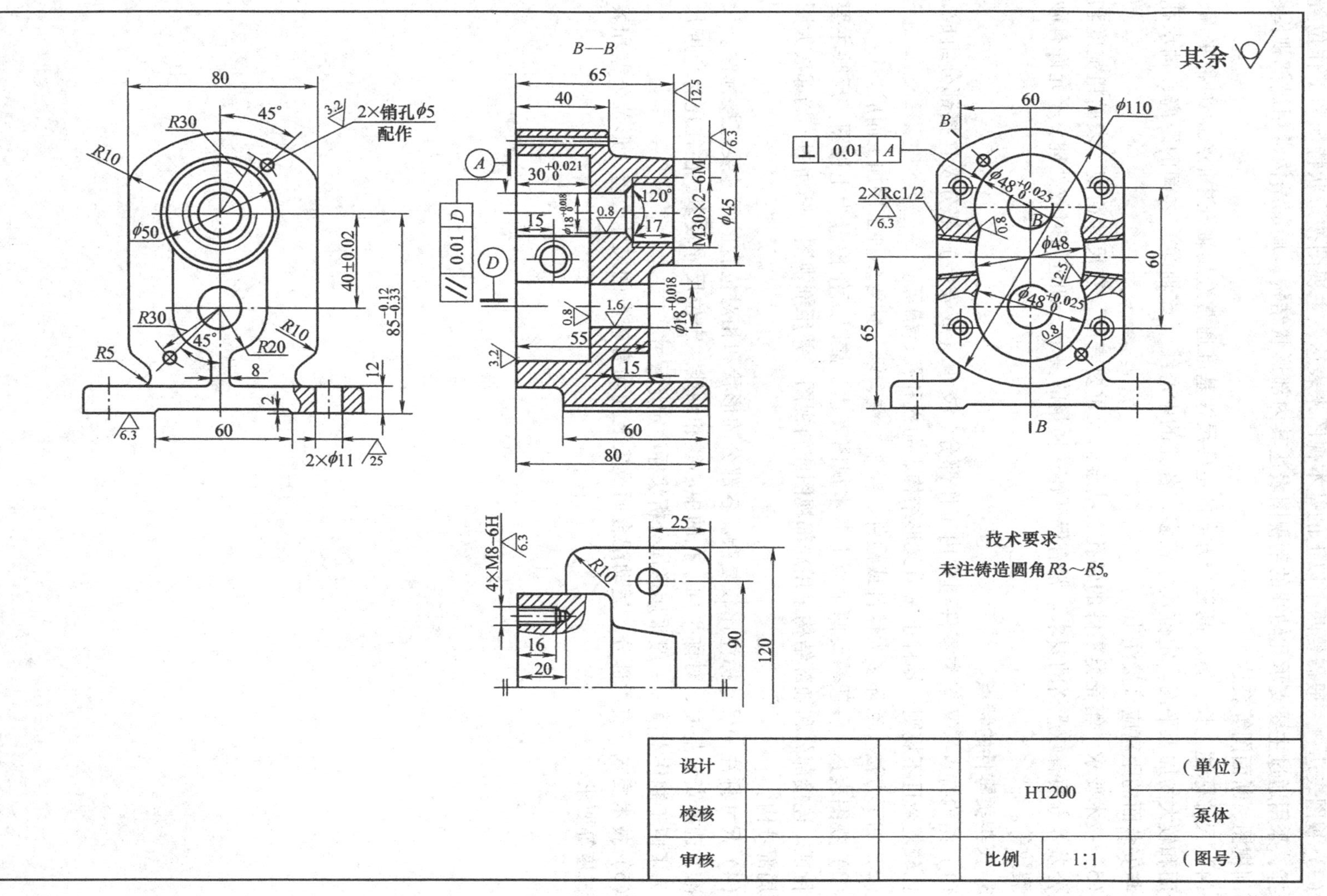
B—B
其余
2×销孔ϕ5
配作
4×M8-6H
M30×2-6M
2×Rc1/2
技术要求
未注铸造圆角R3～R5。
设计
校核
审核
HT200
比例
1:1
(单位)
泵体
(图号)

图 8-4 泵体零件图

（2）加工方法　毛坯一般为铸件，主要在铣床、刨床、钻床上加工。

（3）视图表达　一般需要两个以上的基本视图来表达，主视图按形状特征和工作位置来选择，采用通过主要支承孔轴线的剖视图表达其内部形状结构，局部结构常用局部视图、局部剖视图、断面图等表达。

（4）尺寸标注　长、宽、高三个方向的主要尺寸基准通常选用轴孔中心线、对称平面、结合面和较大的加工平面。定位尺寸较多，各孔的中心线（或轴线）之间的距离、轴承孔轴线与安装面的距离应直接注出。

（5）技术要求　箱壳类零件的轴孔、结合面及重要表面，在尺寸精度、表面粗糙度和形位公差等方面有较严格的要求。常有保证铸造质量的要求，如进行时效处理，不允许有砂眼、裂纹等。

3. 叉架类零件的特点

（1）结构特点　叉架类零件通常由工作部分、支承（或安装）部分及连接部分组成，形状比较复杂且不规则。零件上常有叉形结构、肋板和孔、槽等。

（2）加工方法　毛坯多为铸件或锻件、经车、镗、刨、钻等多种工序加工而成。

（3）视图表达　一般需要两个以上基本视图表达。常以工作位置为主视图，反映主要形状特征。连接部分和细部结构采用局部视图或斜视图，并用剖视图、断面图、局部放大图表达局部结构。

（4）尺寸标注　尺寸标注比较复杂。各部分的形状和相对位置的尺寸要直接标注。尺寸基准常选择安装基面、对称平面、孔的中心线和轴线。定位尺寸较多，往往还有角度尺寸。为了便于制作木模，一般采用形体分析法标注定形尺寸。

（5）技术要求　支承部分、运动配合面及安装面均有较严的尺寸公差、形位公差和表面粗糙度等要求。

第九模块　计算机绘图

基本要求：

1. 熟悉 CAD 绘图软件的应用。
2. 利用计算机完成机械零件的设计、绘图。

任务一　计算机辅助设计简介

了解计算机辅助设计的概念、应用，AutoCAD 软件的主要功能特性，软硬件配备的要求，安装、启动与退出方法，AutoCAD 环境参数设置，绘图命令及数据的输入，文件建立、打开与保存，绘图环境建立，帮助命令。

看一看

看图 9-1 所示圆柱及图 9-2 所示圆锥。

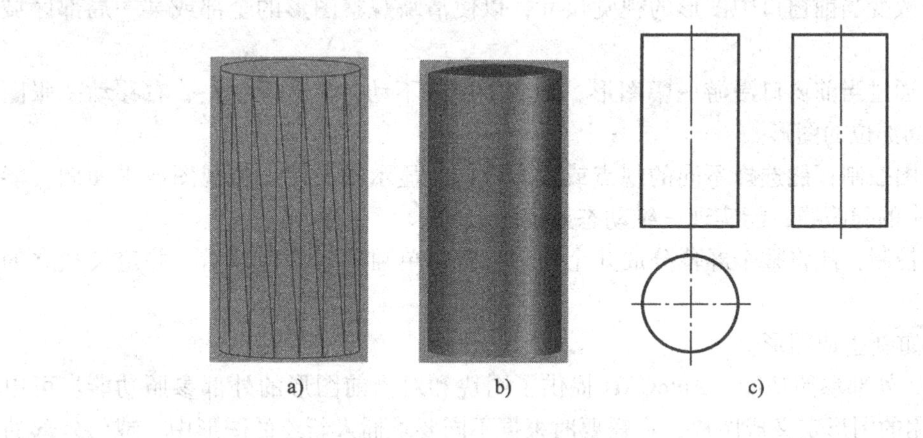

图 9-1　圆柱

记一记

1. CAD 简介

AutoCAD 是美国 Autodesk 公司开发并推出的计算机辅助设计（Computer Aided Design，CAD）软件系统，它是一个集二维、三维绘图与设计为一体的软件包，主要运行于计算机上。目前，它已成为当今世界上应用最广泛和普及的图形软件。

2. CAD 主要功能

（1）绘图功能　在 AutoCAD 下可以方便地用多种方式绘制各种二维、三维基本图形，如点、直线、圆、圆弧、正多边形、椭圆、多线段、样条曲线、长方体、球体、圆柱体、圆

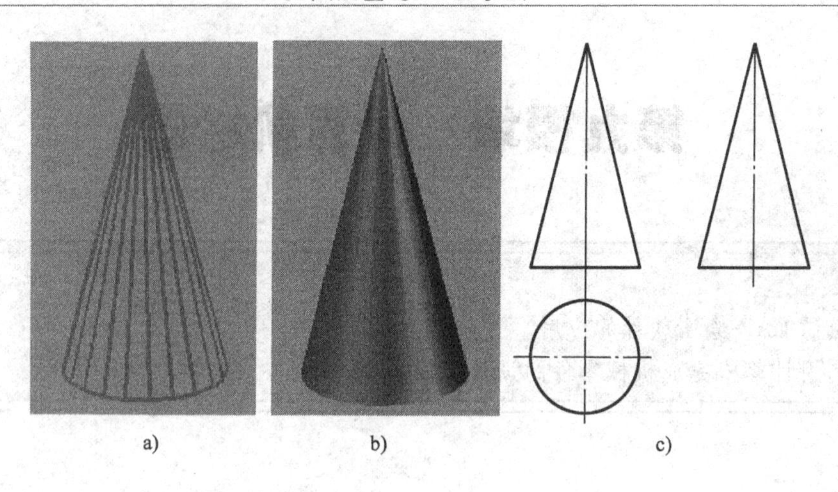

图 9-2　圆锥

锥体、楔体等。

（2）图形编辑功能　AutoCAD 提供了很强的对选定的图形对象进行修改编辑的功能，如删除、复制、移动、镜像、偏移、阵列、移动、旋转、修剪、延伸、倒角、倒圆、分解等。另外，AutoCAD 还提供了辅助绘图的功能，如绘图区光标点的坐标显示、栅格定位、自动捕捉、自动跟踪、正交模式等。

（3）显示控制功能　AutoCAD 提供了多种方法来显示与观看图形。这些功能主要有：

① 缩放：改变当前窗口中图形的视觉尺寸，以便清晰观察图形的全部或某一局部区域的细节。

② 漫游：通过当前窗口漫游一幅图形，相当于窗口不动，上、下、左、右移动一张图纸，以看到不同部位的图形。

③ 三维视图控制：能选择不同的视点或投影方向，显示轴测图、透视图或平面图；能消除三维显示中的隐藏线；能实现三维动态显示。

④ 多视窗控制：能将整个屏幕分成几个窗口，各自单独进行各种显示，并定义独立的用户坐标系。

⑤ 重画或重新生成图形。

（4）图块、外部参照功能　AutoCAD 提供了图块和对当前图形的外部参照功能。可以将需要重复使用的图形定义成图块，在需要时根据不同要求插入新绘的图形中，或将外部的图形文件迁入到当前图形。

（5）图层特性管理功能　AutoCAD 提供图层、颜色、线型和线宽设置功能，可以对所绘制的图形给予不同的图层、颜色、线型和线宽等要求。图层可以被打开或关闭、冻结或解冻、锁定或解锁。

（6）三维实体造型功能

① 参数化基本体：能生成长方体、球体、圆柱体、圆锥体、楔体等，另外，还可以生成经旋转和平移扫描而成的形体。

② 立体的布尔运算：立体经过交、并、差等布尔运算，可生成复杂的形体，也可分解复杂的形体。

③ 立体显示：对立体的显示，主要有三维线框、三维消隐线框、渲染、渲染加显示棱边等几种，如图 9-1 和图 9-2 所示。

④ 立体编辑：可以完成对实体的多种编辑，如：倒角、倒圆角、移动、改变体素属性等。

⑤ 生成二维视图：在三维动态旋转模式下选择各种标准的视图方向，可以产生各种标准视图，如俯视图、仰视图、左视图、右视图、前视图、后视图、四个轴测图和剖面图。

（7）系统的二次开发功能

① 用户能自定义屏幕菜单、下拉式菜单、图标菜单、图形输入板菜单和按钮菜单。

② 用户能定义与图形有关的某些属性，如剖面线图案、文本字体、符号、样板图形等。

③ 用户能建立命令文件，以便自动执行定义的命令序列。

④ 通过 DXF 或 IGES 等规范的图形数据转换接口，能与其他 CAD 系统或应用程序进行数据交换，也可以与其他 Windows 应用程序交换数据。

⑤ AutoCAD 提供有许多种编程接口支持用户使用编程语言对其进行二次开发。用户可使用 LISP 语言定义新命令，开发新应用。

（8）图形输出功能　可以用任何比例将所绘图形的全部或部分输出到图纸或文件中，从而获得图形的硬拷贝或电子拷贝。

（9）帮助功能　AutoCAD 提供方便的在线帮助功能，可指导用户进行有关的使用和操作，并帮助解决在使用中遇到的困难。

3. AutoCAD 的系统配置

1）Windows NT4.0，Windows 98，Windows ME 或 Windows 2000。

2）Pentium233 或以上更好的 CPU。

3）32MB 以上内存。

4）150MB 空余硬盘空间。

5）800×600VAG 视频显示器，具有 256 种颜色。

6）CD-ROM 驱动器。

7）鼠标或其他定点设备。

8）打印机或绘图仪。

4. AutoCAD 的安装、启动和退出方法

（1）安装　在 CD-ROM 中插入 AutoCAD2006 的光盘，如果 Autorn 是打开的，则插入 CD 后，Windows 将自动运行安装程序，而如果 Autorn 是关闭的，则单击“开始”按钮，然后单击“开始”菜单中的“运行”选项，则在弹出的“运行”对话框中指定 CD 盘符和路径名，输入“Setup”，然后单击“确定”按钮来运行安装程序。

安装程序运行后，将弹出 Welcome 对话框，用户只需一步一步按照屏幕提示操作即可完成整个安装过程。

（2）启动　AutoCAD 安装完成后，将自动在 Windows 桌面上建立 AutoCAD2006 的快捷图标，并在程序文件夹中形成一个 AutoCAD2006 程序组。

当要启动 AutoCAD 时，只需双击桌面上的 AutoCAD2006 快捷图标即可；也可打开程序组，选择执行其中的 AutoCAD2006 程序组。

① 打开已有图形文件：选择“启动”对话框中的“打开图形”按钮，可打开文件。

② 默认设置：单击“启动”对话框中的“缺省设置”按钮，可根据用户选取的测量单位按默认设置创建新图形。

③ 使用样板：单击“启动”对话框中的“使用样板”按钮，可使用预定义的样板来完成特定的绘图环境设定。

(3) 退出　用户结束 AutoCAD 作业后应正常地退出 AutoCAD，退出方法如下：

① 菜单：文件→退出。

② 命令：QUIT。

如果用户对图形所作的修改还未保存，则会弹出图 9-3 所示的对话框。单击“是”按钮，系统将文件保存，然后退出；单击“否”按钮，系统将不保存文件。

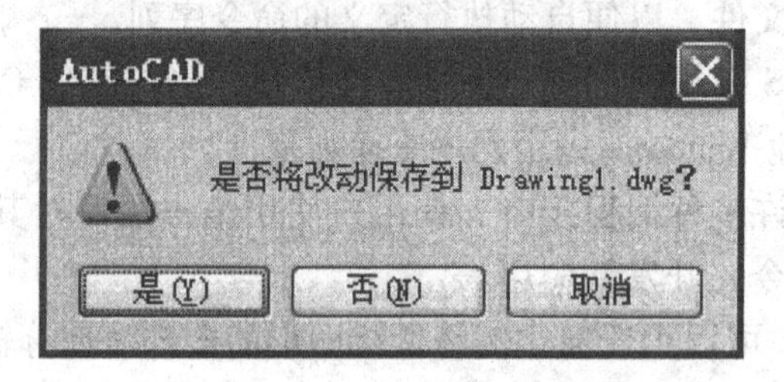

图 9-3　保存对话框

5. 绘图环境的设置方法

(1) 绘图区　AutoCAD 完整的工作界面见图 9-4，它主要由标题栏、绘图区、下拉菜单、工具栏、状态栏、命令窗口、用户坐标系、滚动条等组成。

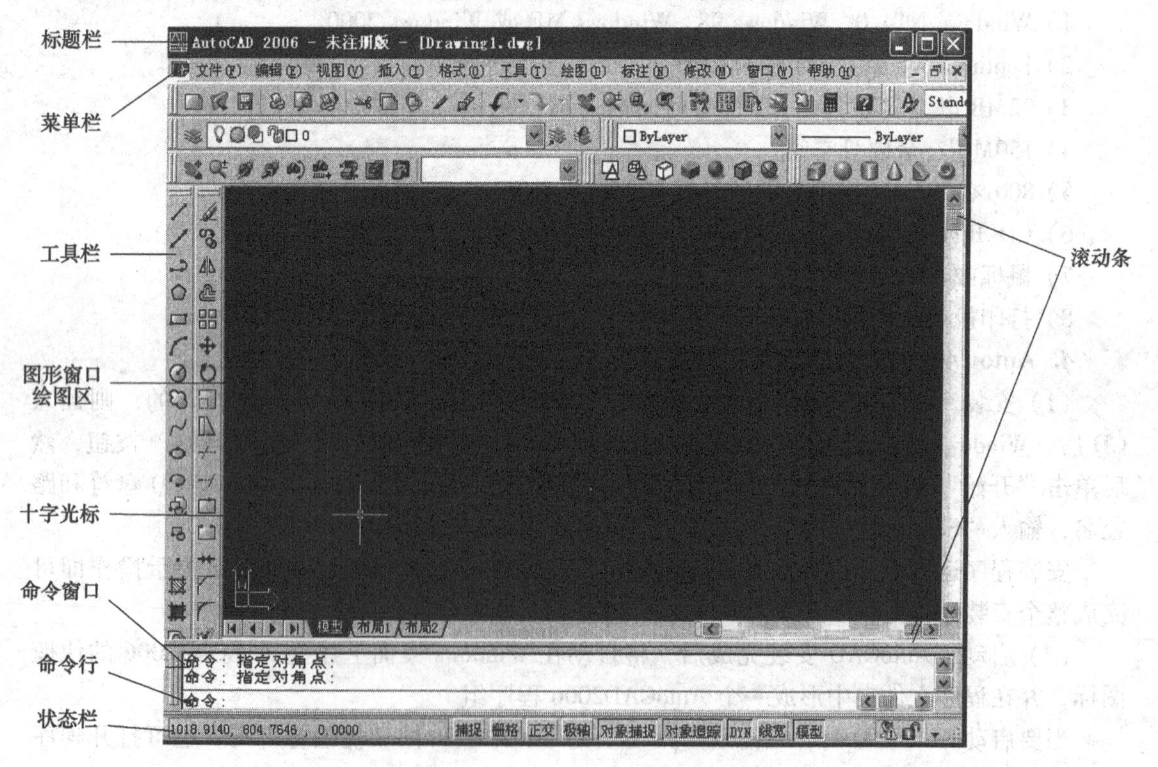

图 9-4　AutoCAD 工作界面

① 绘图区坐标系。AutoCAD 采用两种坐标系：

世界坐标系（WCS），是固定的坐标系统。

用户坐标系（UCS），是可用 UCS 命令相对世界坐标系重新定位、定向的坐标系。

② 绘图单位。AutoCAD 绘图区中，以绘图单位计量。在英制测量系统中，1 个绘图单位对应 1in；在公制测量系统中，1 个绘图单位对应 1mm。

（2）工具栏

1）显示或隐藏工具栏。AutoCAD 含有许多工具栏，在初始状态下总是显示“标准”工具栏、“对象特性”工具栏、“绘图”工具栏和“修改”工具栏，如图 9-5 ~ 图 9-8 所示。

图 9-5　“标准”工具栏

图 9-6　“对象特性”工具栏

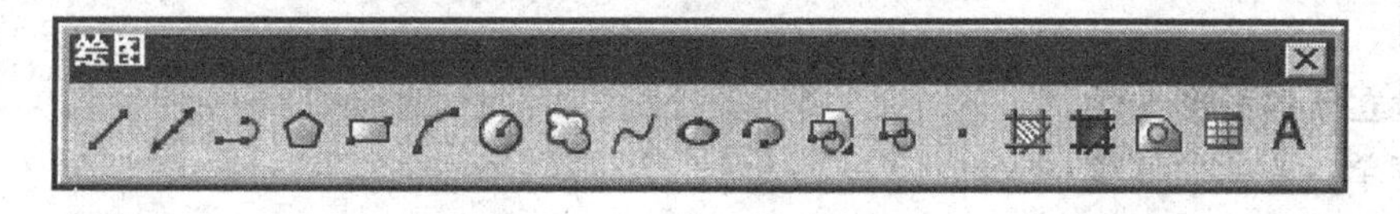

图 9-7　“绘图”工具栏

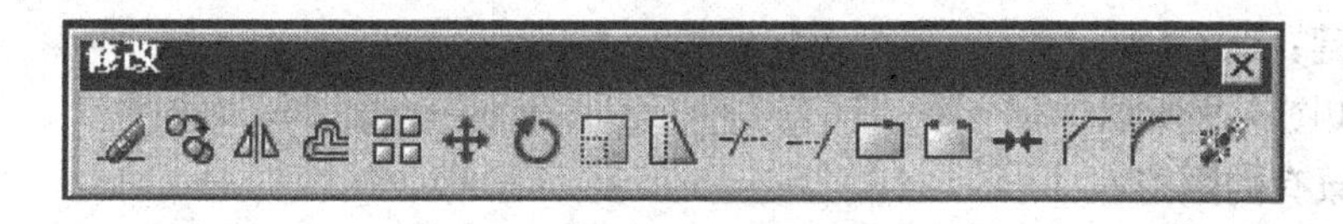

图 9-8　“修改”工具栏

显示或隐藏工具栏的具体做法有：

① 菜单：视图→工具栏。

② 命令：TOOLABAR。

③ 鼠标：将光标放在任一工具栏的非标题区，单击鼠标右键。

2）移动、浮动工具栏。工具栏可以在绘图区浮动，此时显示该工具栏标题，并可关闭该工具栏，用鼠标可以拖动浮动工具栏到图形区边界，使它变成固定工具栏，此时该工具栏标题隐藏。也可把固定工具栏拖出，使它成为浮动工具栏。

6. 数据输入方法

（1）数值的输入　AutoCAD 的许多提示符都要求输入表示点的位置的坐标值和距离等数值。这些数值可从键盘上输入，输入的数值可以是实数或整数。

（2）距离的输入　在绘图过程中，AutoCAD 有许多提示符要求用户输入一个距离的数值。这些提示符有：高度、宽度、半径、直径、列距、行距等。

当 AutoCAD 提示要求输入一个距离时，可以直接使用输盘键入一个距离数值；也可使用鼠标指定一个点的位置，系统会自动计算出到该定点的距离，并以该距离作为要输入的距离。

（3）坐标输入　常用的点的坐标输入方法有以下两种：

1）用键盘输入点的坐标。输入方式可分为绝对坐标方式（系统默认）和相对坐标方式。

① 绝对坐标方式：在笛卡儿坐标系中，二维平面上一个点的位置坐标用一对数值（X，Y）来表示。

在极坐标中，二维平面上一个点的位置坐标，是用该点距坐标系原点的距离和该距离向量与水平正向的角度来表示的，其表现形式为（$d<\alpha$）。其中 d 表示距离，α 表示角度，中间用“<”。

② 相对坐标方式：指输入点相对于当前点的位置关系，而非绝对坐标方式中输入点相对于坐标原点的位置关系。用相对坐标方式输入点的坐标时，必须在输入值的第一个字符前输入字符“@”作为前导。

2）用鼠标直接指定点。当 AutoCAD 需要输入一个点时，也可以直接用鼠标在屏幕上指定，这是常用的方法。

想一想

1. 建立新的图形文件

① 菜单：文件→新建

② 命令：New。

③ 工具栏：在“标准”工具栏上单击“新建”按钮。

④ 快捷键：Ctrl + N。

对话框如图 9-9 所示。

2. 打开原有的图形

① 菜单：文件→打开

② 命令：Open。

③ 工具栏：在“标准”工具栏上单击“打开”按钮。

④ 快捷键：Ctrl + O。

对话框如图 9-10 所示。

3. 保存当前的文件图形

① 菜单：文件→保存/另存为。

② 命令：Save/Qsave。

③ 工具栏：在“标准”工具栏上单击“保存”按钮。

④ 快捷键：Ctrl + S。

对话框如图 9-11 所示。

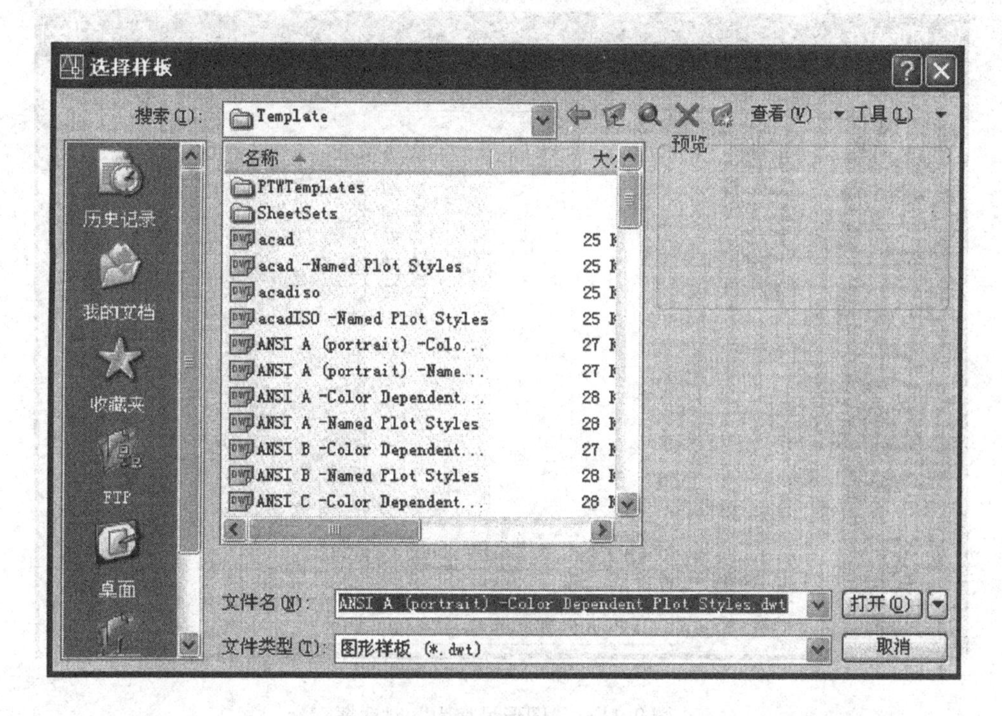

图9-9 “选择样板”对话框

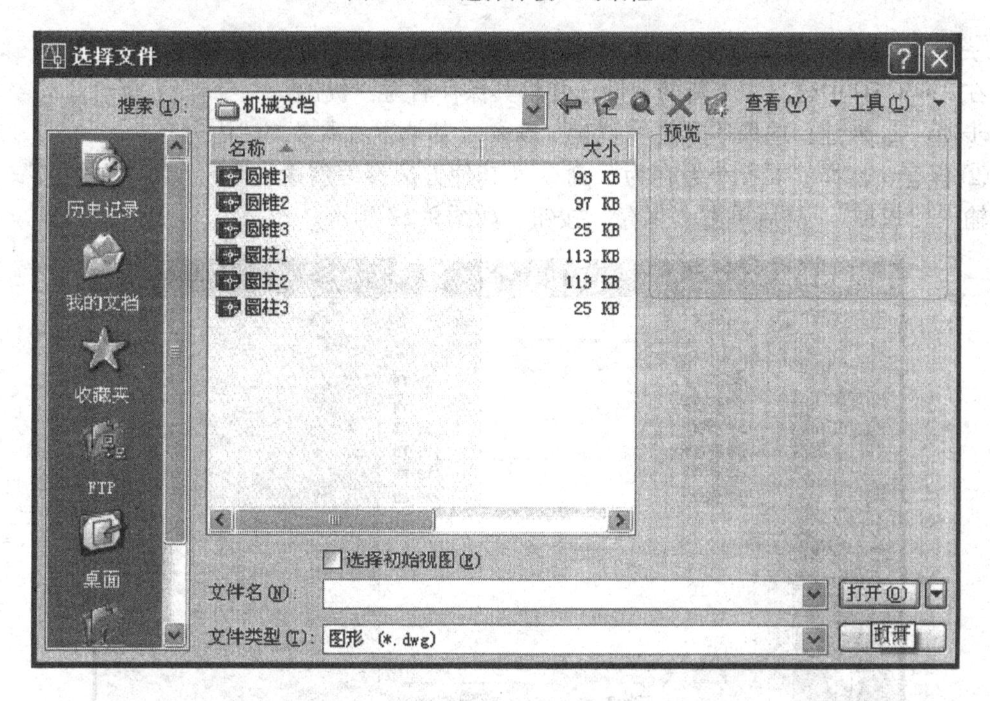

图9-10 “选择文件”对话框

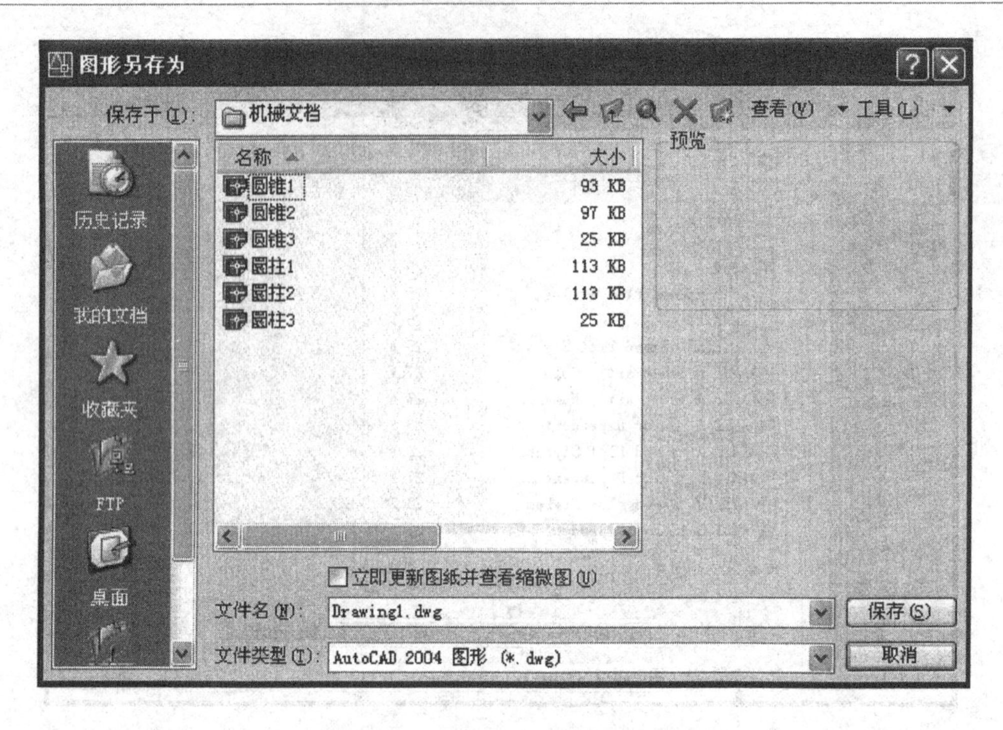

图9-11 “图形另存为”对话框

做一做

在AutoCAD中建立一个新的文件，并将其保存名为“机械”。

步骤：① 新建：选择“文件→新建”命令（其他方法参考前述内容）。

② 保存：选择“文件→另存为”命令（其他方法参考前述内容），在“文件名”文本框中输入“机械”，然后单击“保存”按钮，如图9-12所示。

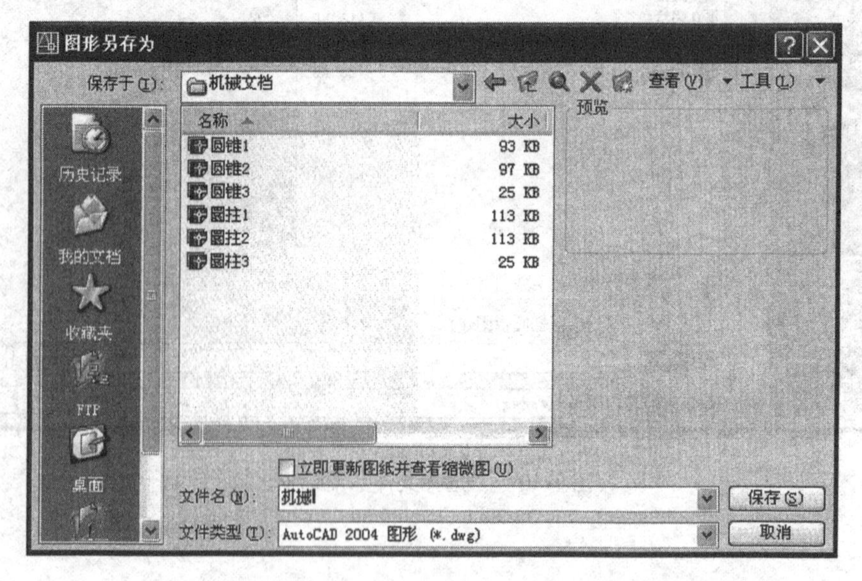

图9-12 保存名为“机械”

再了解

1. AutoCAD 的帮助菜单

用户可以通过下拉菜单：帮助→AutoCAD 帮助，察看 AutoCAD 命令、AutoCAD 系统变量和其他主题词的帮助信息，单击“显示”按钮即可查阅相关的帮助内容。

2. AutoCAD 的帮助命令

① 菜单：帮助→AutoCAD 帮助主题

② 命令：Help/?

③ 工具栏：在“标准”工具栏上单击“?”按钮

④ 快捷键：F1

任务二　实 体 设 计

了解实体命令的功能和格式，掌握实体命令的操作方法和步骤。

看一看

看图 9-13 所示五角星和八卦图。

图 9-13　五角星和八卦图

记一记

1. 绘制直线

(1) 命令

① 菜单：绘图→直线。

② 命令：Line/L。

③ 工具栏：在“绘图”工具栏上单击“直线”按钮。

(2) 功能　绘制直线段、折线段或闭合多边形，其中每一线段均是一个单独的对象。

(3) 格式

命令：Line

指定第一点：(输入起点)

指定下一点或 [放弃 (U)]：(输入直线端点)

指定下一点或 [放弃 (U)]：(输入下一直线端点，输入选项“U”放弃或用回车键结束命令)

指定下一点或 [闭合 (C)/放弃 (U)]：(输入下一直线端点，输入选项“C”使直线图形闭合，输入选项“U”放弃或用回车键结束命令)

2. 构造线

(1) 命令

① 菜单：绘图→构造线。

② 命令：Xline/Xl。

③ 工具栏：在“绘图”工具栏上单击“构造线”按钮。

(2) 功能　创建过指定点的双向无限长直线，指定点称为根点，可用中点捕捉拾取该点。这种线模拟手工作图中的辅助作图线，它们用特殊的线型显示，在绘图输出时可不作输出。常用于辅助作图。

(3) 格式

命令：Xline

指定点或［水平 (H)/垂直 (V)/角度 (A)/二等分 (B)/偏移 (O)］:(给出根点)

指定通过点:(给定通过点，画一条双向无限长直线)

指定通过点:(继续给点，继续画线，用回车结束命令)

3. 多段线

(1) 命令

① 菜单：绘图→多段线。

② 命令：Pline/Pl。

③ 工具栏：在“绘图”工具栏上单击“多段线”按钮。

(2) 功能　它可以由直线段、圆弧段组成，是一个组合对象；可以定义线宽，每段起点、端点宽度可变；可用于画粗实线、箭头等。

(3) 格式

命令：Pline/Pl

指定起点:(给出起点)

当前线宽为 0.0000

指定下一点或［圆弧 (A)/闭合 (C)/半宽 (H)/长度 (L)/放弃 (U)/宽度 (W)］:

4. 正多边形

(1) 命令

① 菜单：绘图→正多边形。

② 命令：Polygon/Pol。

③ 工具栏：在“绘图”工具栏上单击“正多边形”按钮。

(2) 功能　画正多边形，边数 3 ~ 1024，初始线宽为 0，可修改线宽。

(3) 格式

命令：Polygon/Pol

输入边的数目 <4 >:

指定多边形的中心点或［边 (E)］:

输入选项［内接于圆 (I)/外切于圆 (C)］ <I >:

指定圆的半径:(给出半径)

5. 矩形

(1) 命令

① 菜单：绘图→矩形。

② 命令：Rectang/Rec。

③ 工具栏：在“绘图”工具栏上单击“矩形”按钮。

(2) 功能　画矩形，底边与 X 轴平行，可带倒角、圆角等。

(3) 格式

命令：Rectang/Rec

指定第一个角点或［倒角 (C)/标高 (E)/圆角 (F)/厚度 (T)/宽度 (W)］:(给出角点)

指定另一角点：（给出角点）

6. 圆

（1）命令

① 菜单：绘图→圆，如图 9-14 所示。

② 命令：Circle/C。

③ 工具栏：在“绘图”工具栏上单击“圆”按钮。

（2）功能　画圆。

（3）格式

命令：Circle/C

指定圆的圆心或［三点（3P)/两点（2P)/相切、相切、半径（T)］：（给圆心或选项）

指定圆的半径或［直径（D)］：（给半径）

7. 圆弧

（1）命令

① 菜单：绘图→圆弧，如图 9-15 所示。

② 命令：Arc/A。

③ 工具栏：在“绘图”工具栏上单击“圆弧”按钮。

（2）功能　画圆弧。

（3）格式

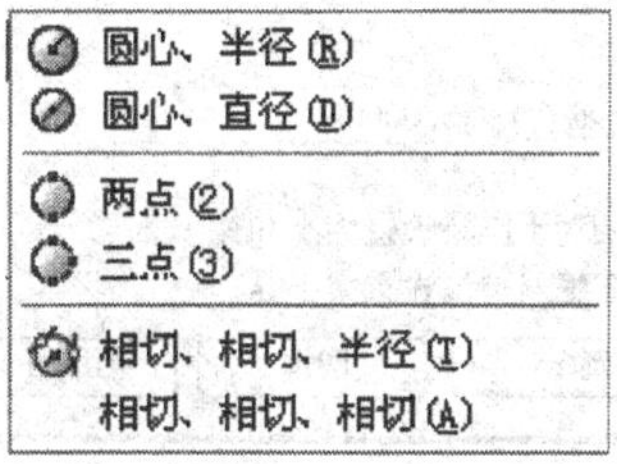

圆心、半径(R)
圆心、直径(D)
两点(2)
三点(3)
相切、相切、半径(T)
相切、相切、相切(A)

图 9-14　“圆”子菜单

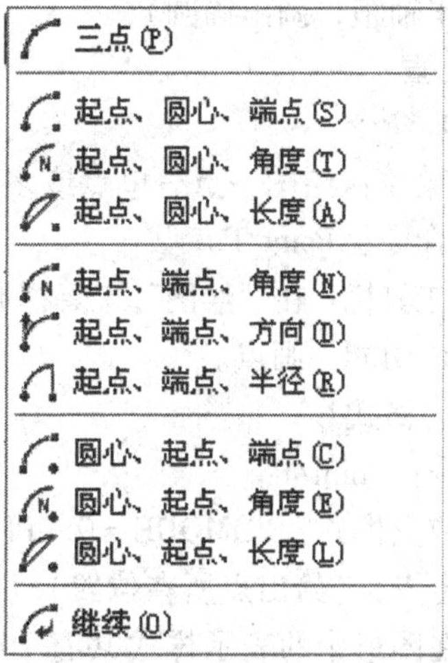

三点(P)
起点、圆心、端点(S)
起点、圆心、角度(T)
起点、圆心、长度(A)
起点、端点、角度(N)
起点、端点、方向(D)
起点、端点、半径(R)
圆心、起点、端点(C)
圆心、起点、角度(E)
圆心、起点、长度(L)
继续(O)

图 9-15　“圆弧”子菜单

命令：Arc/A

指定圆弧的起点或［圆心（CE)］：（给起点）

指定圆弧的第二点或［圆心（CE)/端点（EN)］：（给第二点）

指定圆弧的端点：（给端点）

8. 圆环

（1）命令

① 菜单：绘图→圆环。

② 命令：Donut/Do。

③ 工具栏：在“绘图”工具栏上单击“圆环”按钮。

(2) 功能　画圆环。

(3) 格式

命令：Donut/Do

指定圆环的内径 <10.0000>：(输入圆环的内径或回车)

指定圆环的外径 <20.0000>：(输入圆环的外径或回车)

指定圆环的中心点 <退出>：(可连续画，用回车结束命令)

9. 椭圆和椭圆弧

(1) 命令

① 菜单：绘图→椭圆，如图 9-16 所示。

② 命令：Ellipse/El。

③ 工具栏：在“绘图”工具栏上单击“椭圆”按钮

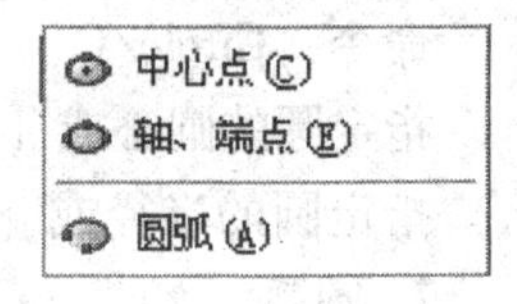

图 9-16　“椭圆”子菜单

(2) 功能　画椭圆。

(3) 格式

命令：Ellipse/El

指定椭圆的轴端点或［圆弧（A）/中心点（C）］：(给出端点 1)

指定轴的另一个端点：(给出端点 2)

指定到其他轴的距离或［旋转（R）］：(给定另一轴的半轴距，画出椭圆)

10. 点

(1) 命令

① 菜单：绘图→点→单点或多点。

② 命令：Point/Po。

③ 工具栏：在“绘图”工具栏上单击“点”按钮。

(2) 功能　画点。

(3) 格式

命令：Point/Po

当前点模式：PDMODE = 0，PDSIZE = 0.0000

指定点：(给出点所在位置)

点在图形中的表示样式共有 20 种。可通过 Ddptype 命令或通过菜单：格式→点样式，弹出“点样式”对话框进行设置，如图 9-17 所示。

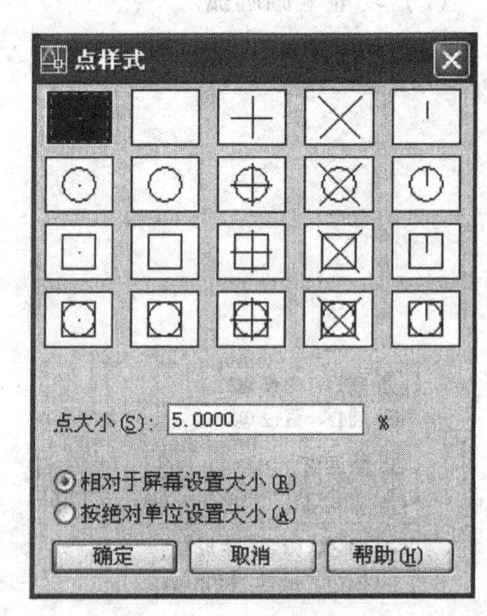

图 9-17　“点样式”对话框

想一想

下面简单介绍一下文字的输入。

1. 构造文字样式

(1) 命令

① 菜单：格式→文字样式。

② 命令：Style。

(2) 功能　编辑文字。

（3）格式　执行命令后，系统弹出“文字样式”对话框，如图 9-18 所示。

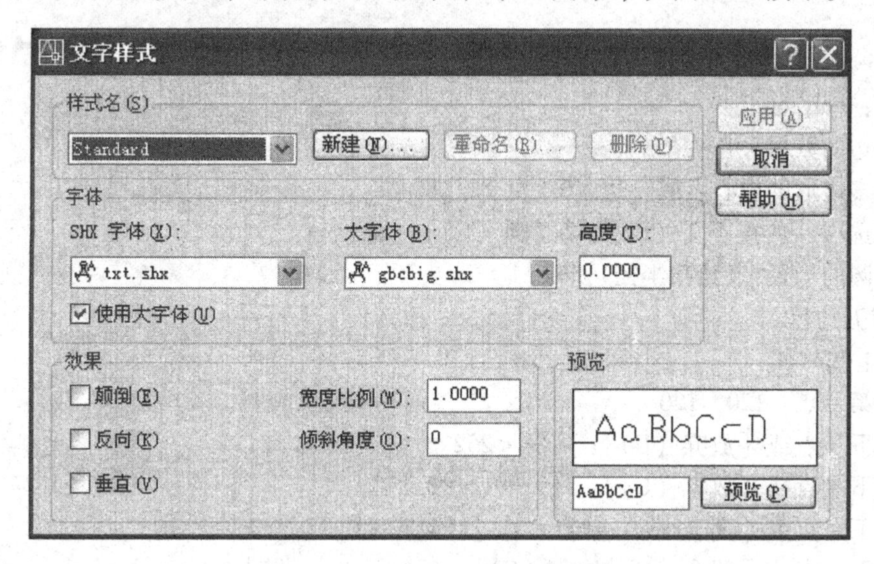

图 9-18　“文字样式”对话框

①“样式名”选项组：用于显示样式名、新建样式、更改样式名和删除样式。

②“字体”选项组：用于改变文字样式的字体。

③“效果”选项组：用于设置文字的特征。

④“预览”选项组：用于显示用户所作的设置对文字的影响。

2. 多行文字输入

（1）命令

① 菜单：绘图→文字→多行文字。

② 命令：Mtext。

③ 工具栏：在“绘图”工具栏上单击“多行文字”按钮。

（2）功能　输入多行文字。

（3）格式

命令：Mtext

当前文字样式：Standard　文字高度：2.5

指定第一角点：(指定矩形框的第一个角点)

指定对角点或［高度（H）/对正（J）/行距（L）/旋转（R）/样式（S）/宽度（W）］：

用户指定了矩形区域的另一点后，将会弹出“文字格式”对话框，如图 9-19 所示。

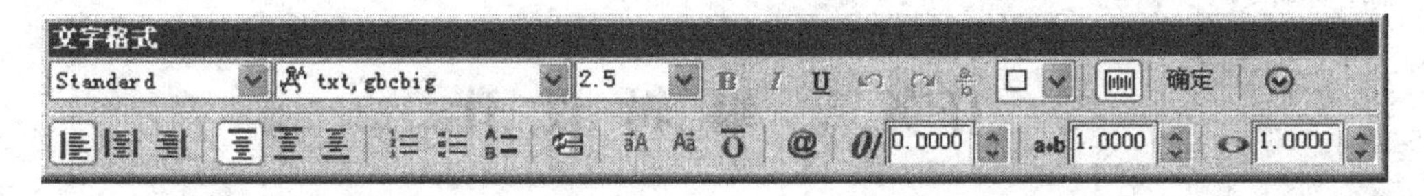

图 9-19　“文字格式”对话框

做一做

1. 作一圆内接正六边形，圆的半径为50。

命令：Polygon/Pol

输入边的数目 <4 >：6

指定多边形的中心点或［边（E）］：80，80

输入选项［内接于圆（I）/外切于圆（C）］<I >：I

指定圆的半径：（给出半径）50

2. 作五角星。

命令：Line/L

指定第一点：120，120

指定下一点或［放弃（U）］：@80 <252

指定下一点或［放弃（U）］：159.091，90.870

指定下一点或［闭合（C）/放弃（U）］：@80 <0

指定下一点或［闭合（C）/放弃（U）］：U

指定下一点或［闭合（C）/放弃（U）］：@-80 <0

指定下一点或［闭合（C）/放弃（U）］：144.721，43.916

指定下一点或［闭合（C）/放弃（U）］：C

再了解

样条曲线的绘制介绍如下：

（1）命令

① 菜单：绘图→样条曲线。

② 命令：Spline/Spl。

③ 工具栏：在“绘图”工具栏上单击“样条曲线”按钮。

（2）功能　创建样条曲线。

（3）格式

命令：Spline/Spl

指定第一个点或［对象（0）］：（输入第一点）

指定下一点：（输入第二点）

指定下一点或［闭合（C）/拟合公差（F）］<起点切向>：（输入点或回车，结束点输入）

指定起点切向：

指定端点切向：（如输入C选项后，要求输入闭合点处切线方向）

输入切向：

任务三　编辑设计

了解编辑命令的功能和格式，掌握编辑命令的操作方法和步骤。

看一看

看图 9-20 所示起重钩。

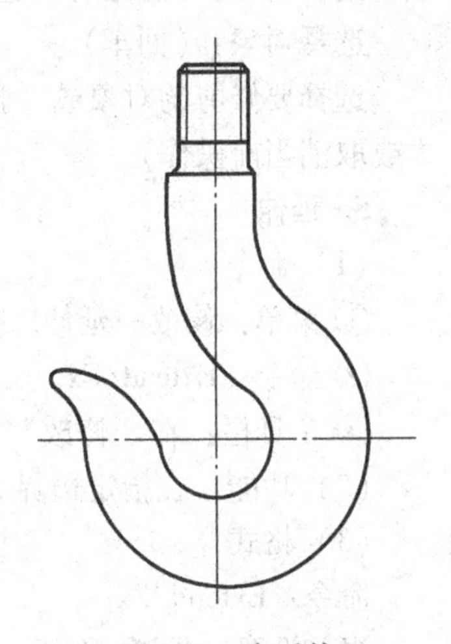

图 9-20　起重钩

记一记

1. 删除

（1）命令

① 菜单：修改→删除。

② 命令：Eraser/E。

③ 工具栏：在“修改”工具栏上单击“删除”按钮。

（2）功能　删除对象。

（3）格式

命令：Eraser/E

选择对象：（选要删除对象）

选择对象：（回车，删除所选对象）

2. 恢复

（1）命令

① 菜单：编辑→放弃。

② 命令：Oops

（2）功能　恢复上一次用 Eraser 命令所删除的对象。

3. 打断

（1）命令

① 菜单：修改→打断。

② 命令：Break/Br

③ 工具栏：在“修改”工具栏上单击“打断”按钮。

（2）功能　切掉对象的一部分或切断成两个对象。

（3）格式

命令：Break/Br

选择对象：（在某点处拾取对象，并把此点看作第一断开点）

指定第二个打断点或［第一点（F）］：

4. 修剪

（1）命令

① 菜单：修改→修剪。

② 命令：Trim/Tr。

③ 工具栏：在“修改”工具栏上单击“修剪”按钮。

（2）功能　在指定剪切边后，可连续选择被切边进行修剪。

（3）格式

命令：Trim/Tr

当前设置：投影 = USC，边 = 无

选择剪切边…

选择对象：（选定剪切边，可连续选取，用回车结束该项操作）

选择对象：（回车）

选择要修剪的对象或［投影（P）/边（E）/放弃（U）］：（选择被修剪边，改变修剪模式或取消当前操作）

5. 延伸

（1）命令

① 菜单：修改→延伸。

② 命令：Extend/Ex。

③ 工具栏：在“修改”工具栏上单击“延伸”按钮。

（2）功能　在指定边界后，可连续选择延伸边，延伸到与边界边相交。

（3）格式

命令：Extend/Ex

当前设置：投影 = USC，边 = 延伸

选择边界的边…

选择对象：（选定边界边，可连续选取，用回车结束该项操作）

选择要延伸的对象或［投影（P）/边（E）/放弃（U）］：（选择延伸边，改变延伸模式或取消当前操作）

6. 放弃

（1）命令

① 菜单：编辑→放弃。

② 命令：U。

③ 工具栏：在“标准”工具栏上单击“放弃”按钮。

（2）功能　取消上一次命令操作。

（3）格式

命令：U

输入要放弃的操作数目或［自动（A）/控制（C）/开始（BE）/结束（E）/标记（M）/后退（B）］：（输入取消命令的次数或选项）

7. 重做

（1）命令

① 菜单：编辑→重做。

② 命令：Redo。

③ 工具栏：在“标准”工具栏上单击“重做”按钮。

（2）功能　重做用U命令所放弃的命令操作。

8. 复制

（1）命令

① 菜单：修改→复制。

② 命令：Copy/Co/Cp

③ 工具栏：在“修改”工具栏上单击“复制”按钮。

（2）功能　复制选定对象，可作多重复制。

(3) 格式

命令：Copy/Co/Cp

选择对象：(构造选择集)

找到 X 个

选择对象：(回车结束选择)

指定基点或位移：(定基点)

指定位移的第二点或 <用第一点作位移>：(定位移点)

9. 镜像

(1) 命令

① 菜单：修改→镜像。

② 命令：Mirror/Mi。

③ 工具栏：在“修改”工具栏上单击“镜像”按钮。

(2) 功能　用轴对称方式对指定对象作镜像，该轴线为镜像线。镜像时可删去原图形，也可以保留原图形。

(3) 格式

命令：Mirror/Mi

选择对象：

选择对象：(回车结束选择)

指定镜像线的第一点：(指定镜像线上的一点)

指定镜像线的第二点：(指定镜像线上的另一点)

是否删除原对象？[是 (Y)/否 (N)] <N>：(回车，不用删除原图形)

10. 阵列

(1) 命令

① 菜单：修改→阵列。

② 命令：Array/Ar。

③ 工具栏：在“修改”工具栏上单击“阵列”按钮。

(2) 功能　对选定对象作矩形或环形阵列式复制。

(3) 格式

① 矩形阵列

命令：Array/Ar

选择对象：

找到 X 个

选择对象：

输入阵列类型 [矩形 (R)/环形 (P)] <R>：R

输入行数 (---) <1>：

输入列数 (111) <1>：

输入行间距或指定单位单元 (---)：

指定列间距 (111)：

② 环形阵列

命令：Array/Ar

选择对象：

找到X个

选择对象：

输入阵列类型［矩形（R)/环形（P)］<R>：P

指定阵列中心点：

输入阵列中项目的数目：

指定填充角度（+=逆时针，-=顺时针）<360>：

是否旋转阵列中的对象？［是（Y)/否（N)］<Y>：（回车或Y响应，则原图形复制时作相应旋转；如果N响应，则原图复制只作平移）

11. 偏移

(1) 命令

① 菜单：修改→偏移。

② 命令：Offset/O。

③ 工具栏：在“修改”工具栏上单击“偏移”按钮。

(2) 功能　画出指定对象的偏移，即等距线。

(3) 格式

命令：Offset/O

指定偏移距离或［通过（T)］<通过>：

选择要偏移的对象或<退出>：

指定点以确定偏移所在一侧：

选择要偏移的对象或<退出>：（继续进行或用回车结束）

12. 移动

(1) 命令

① 菜单：修改→移动。

② 命令：Move/M

③ 工具栏：在“修改”工具栏上单击“移动”按钮。

(2) 功能　平移指定的对象。

(3) 格式

命令：Move/M

选择对象：

指定基点或位移：

指定位移的第二点或<用第一点作位移>：

13. 旋转

(1) 命令

① 菜单：修改→旋转。

② 命令：Rotate/Ro。

③ 工具栏：在“修改”工具栏上单击“旋转”按钮。

(2) 功能　绕指定中心旋转图形。

(3) 格式

命令：Rotate/Ro

USC 当前的正角方向：ANGDIR = 逆时针 ANGBASE = 0

选择对象：

找到 X 个

选择对象：(回车)

指定基点：(选择基点)

指定旋转角度或 [参照 (R)]：(旋转角，逆时针为正)

若此时：指定旋转角度或 [参照 (R)]：R

则：　　指定参考角 <0 >：(输入参照方向角)

　　　　指定新角度：(输入参照方向旋转后的新角度)

14. 比例

(1) 命令

① 菜单：修改→比例。

② 命令：Scale/Sc。

③ 工具栏：在"修改"工具栏上单击"比例"按钮。

(2) 功能　把选定对象按指定中心进行比例缩放。

(3) 格式

命令：Scale/Sc

选择对象：

找到 X 个

选择对象：(回车)

指定基点：(选择基点，即比例缩放中心)

指定比例因子或 [参照 (R)]：(输入比例因子)

若此时：指定比例因子或 [参照 (R)]：R

则：　　指定参考长度 <1 >：(参照的原长度)

　　　　指定新长度：(指定新长度值)

15. 对齐

(1) 命令

① 菜单：修改→三维操作→对齐。

② 命令：Align/Al。

(2) 功能　对选定对象通过平移和指定位置对齐。

(3) 格式

命令：ALIGN

正在初始化…

选择对象：

选择对象：(回车)

指定第一个源点：(选源点 1)

指定第一个目标点：(选目标点 1)

指定第二个源点：(选源点 2)

指定第二个目标点：(选目标点 2)

指定第三个源点或 <继续>：

是否基于对齐点缩放对象？[是 (Y)/否 (N)] <否>：

16. 拉长

(1) 命令

① 菜单：修改→拉长。

② 命令行：Lengthen/Len。

③ 工具栏：在“修改”工具栏上单击“拉长”按钮。

(2) 功能　拉长或缩短直线段、圆弧段，圆弧段用圆心角控制。

(3) 格式

命令：Lengthen/Len

选择对象或 [增量 (DE)/百分数 (P)/全部 (T)/动态 (DY)]：

17. 拉伸

(1) 命令

① 菜单：修改→拉长。

② 命令：Stretch/S。

③ 工具栏：在“修改”工具栏上单击“拉伸”按钮。

(2) 功能　拉伸或移动选定的对象。

(3) 格式

命令：Stretch/S

以交叉窗口或交叉多边形选择要拉伸的对象…

选择对象：

指定第一个角点：(1 点)

指定对角点：(2 点)

找到 X 个

选择对象：(回车)

指定位移的基点：(用焦点捕捉)

指定位移的第二点：

18. 圆角

(1) 命令

① 菜单：修改→圆角。

② 命令：Fillet/F。

③ 工具栏：在“修改”工具栏上单击“圆角”按钮。

(2) 功能　在直线、圆弧或圆间按指定半径作圆角，也可对多段线倒圆角。

(3) 格式

命令：Fillet/F

当前模式：模式 = 修剪，半径 = 10.0000

选择第一个对象或 [多段线 (P)/半径 (R)/修剪 (T)]：R

指定圆角半径<10.0000>：

19. 倒角

（1）命令

① 菜单：修改→倒角。

② 命令：Chamfer/Cha。

③ 工具栏：在“修改”工具栏上单击“倒角”按钮。

（2）功能 对两条直线边倒棱角。

（3）格式

命令：Chamfer/Cha

当前倒角距离1=10.0000，距离2=10.0000（“不修剪”模式）

选择第一条直线或[多段线（P)/距离（D)/角度（A)/修剪（T)/方法（M)]：

指定第一个倒角距离<10.0000>

指定第二个倒角距离<4.0000>

20. 多段线

（1）命令

① 菜单：修改→对象→多段线。

② 命令：Pedit/Pe。

③ 工具栏：在“修改”工具栏上单击“多段线”图标。

（2）功能 用于二维多线段、三维多段线和三维网络的编辑。

（3）格式

命令：Pedit/Pe

选择多线段：(指定一条多线段)

输入选项[闭合（C)/合并（J)/宽度（W)/编辑顶点（E)/拟合（F)/样条曲线（S)/非曲线化（D)/线型生成（L)/放弃（U)]：(输入一选项)

21. 分解

（1）命令

① 菜单：修改→分解。

② 命令：Explode/X。

③ 工具栏：在“修改”工具栏上单击“分解”按钮。

（2）功能 用于将组合对象拆开为其组成成员。

（3）格式

命令：Explode/X

选择对象：(选择要分解的对象)

想一想

1. 等分点

（1）命令

① 菜单：绘图→点→等分。

② 命令：Divide/Div。

③ 工具栏：在“绘制”工具栏上单击“等分”按钮。

（2）功能　在指定线上，按给出等分段数设置等分点。

（3）格式

命令：Divide/Div

选择要等分的对象：（指定直线、圆、圆弧、椭圆、多段线和样条曲线等等分对象）

输入线段数目或［块（B）］：（输入等分的段数）

2. 测量点

（1）命令

① 菜单：绘图→点→测量。

② 命令：Measure/Me。

③ 工具栏：在“绘制”工具栏上单击“测量”按钮。

（2）功能　在指定线上按给出的分线段长度设置测量点。

（3）格式

命令：Measure/Me

选择要测量的对象：

指定线段的长度［块（B）］：

做一做

1. 绘制实心五角星、空心五角星，如图 9-21、图 9-22 所示。

图 9-21　实心五角星

图 9-22　空心五角星

2. 根据已知图形绘图，如图 9-23 所示。

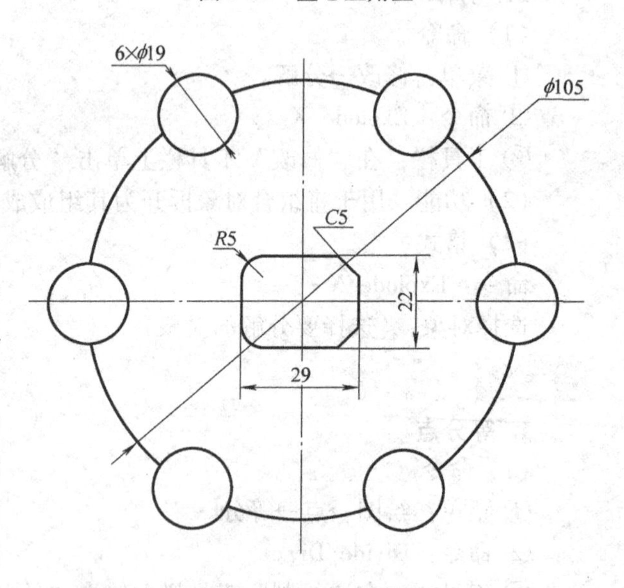

图 9-23　已知图形

再了解

样条曲线的修改介绍如下：

（1）命令

① 菜单：修改→样条曲线。

② 命令：Splinedit/Spe。

③ 工具栏：在“修改”工具栏上单击“样条曲线”按钮。

（2）功能　对于由 Spline 命令生成的样条曲线的编辑操作，也包括添加和删除拟合点、终点的切线方向，修改拟合偏差值，移动控制点的位置，增加控制点，增加样条曲线的阶数等。

（3）格式

命令：Splinedit/Spe

选择样条曲线：（拾取一条样条曲线）

任务四　显示控制设计

了解显示控制命令的功能和格式，掌握显示控制命令的操作方法和步骤。

看一看

看图 9-24 所示显示控制窗口。

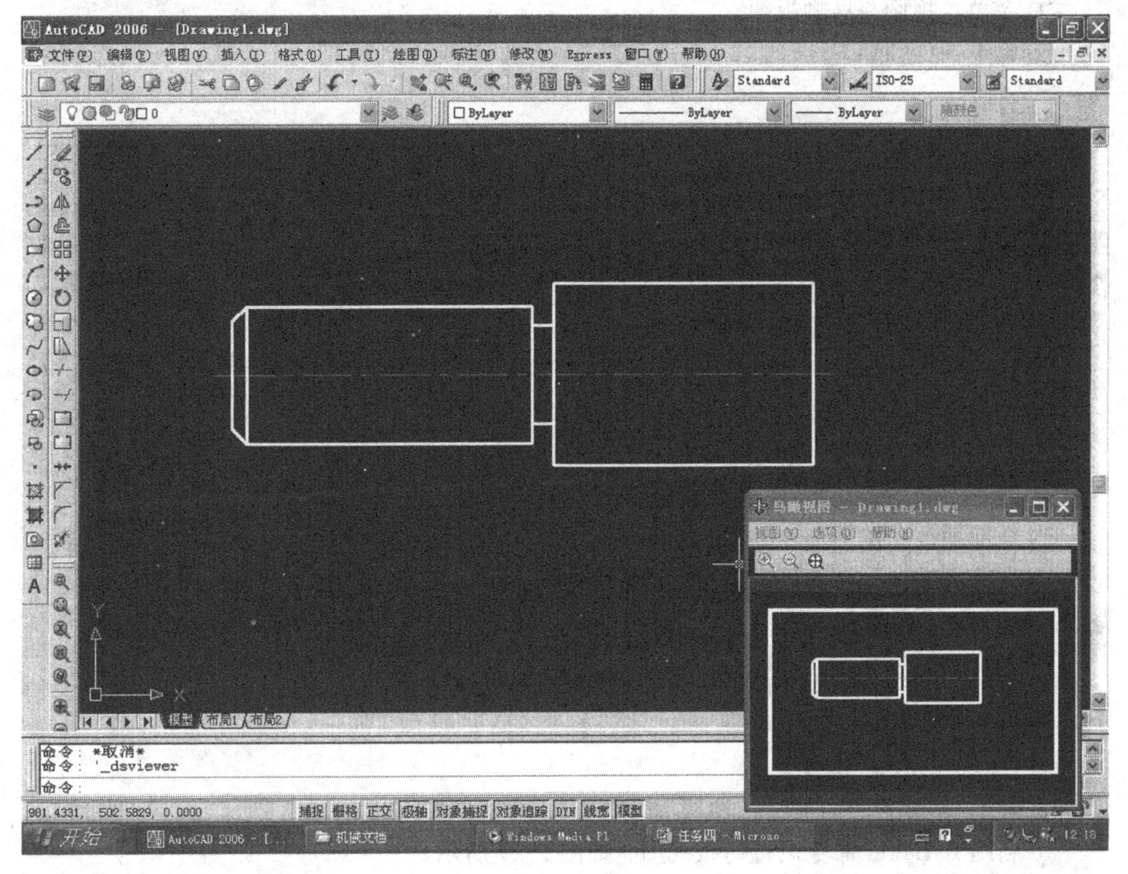

图 9-24　显示控制

记一记

1. 显示缩放

① 菜单：视图→缩放，由级联菜单列出各选项。

② 命令：Zoom/Z。

③ 工具栏：单击“标准”工具栏的三个按钮，“实时缩放”、“缩放前一个”和“窗口缩放”，如图 9-25 所示，或单击“缩放”工具栏按钮，如图 9-26 所示。

2. 显示平移

① 菜单：视图→平移，由级联菜单列出各选项。

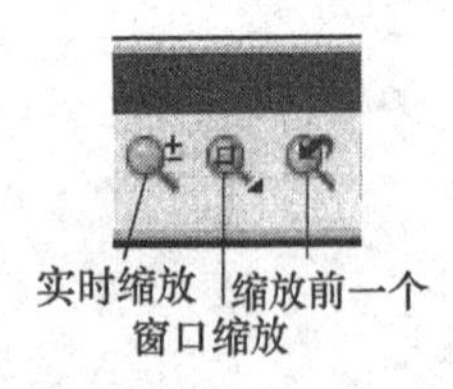

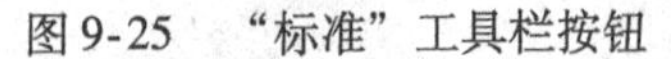

图 9-25 “标准”工具栏按钮

图 9-26 “缩放”工具栏

② 命令：Pan。

③ 工具栏：在“标准”工具栏上单击“实时平移”按钮。

3. 鸟瞰视图

① 菜单：视图→鸟瞰视图。

② 命令：Dsviewer。

想一想

显示缩放常用选项说明如下：

① 实时缩放：在实时缩放时，从窗口中当前光标处上移光标，图形显示放大；下移光标，图形显示缩小。单击鼠标右键，将弹出快捷菜单，如图 9-27 所示。

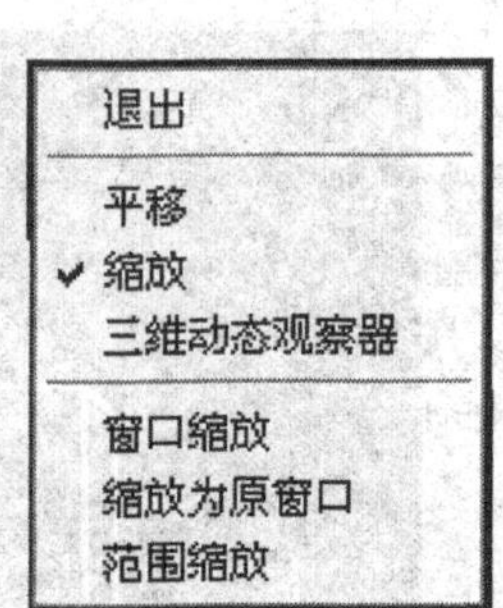

图 9-27 快捷菜单

② 缩放前一个：恢复前一次显示。

③ 窗口缩放：指定一个窗口，把窗口内图形放大到全屏。

④ 比例缩放：以窗口中心为基准，按比例缩放。

⑤ 放大：相当于 2 × 的比例缩放。

⑥ 缩小：相当于 0.5 × 的比例缩放。

⑦ 全部缩放：按图形界限显示全图。

⑧ 按范围缩放：按图形对象占据的范围全屏显示，而不考虑图形界限的设置。

做一做

打开一名为“五角星”的文件，并将其设置鸟瞰视图。

步骤：

① 打开 AutoCAD 软件。

② 利用 Open 命令打开“五角星”文件，对话框如图 9-28 所示。

③ 利用 Dsviewer 命令设置鸟瞰视图，如图 9-29 所示。

再了解

显示平移的介绍如下：

在选择“显示平移”时，光标会变成一只小手，按住鼠标左键移动光标，当前窗口中的图形就会随着光标的移动而移动。

在选择“定点平移”时，AutoCAD 提示：

指定基点或位移：（输入点 1）

指定第二点：（输入点 2）

通过给定的位移矢量来控制平移的方向与大小。进入实时平移或缩放后，按 Esc 键或回车键可以随时退出“实时”状态。

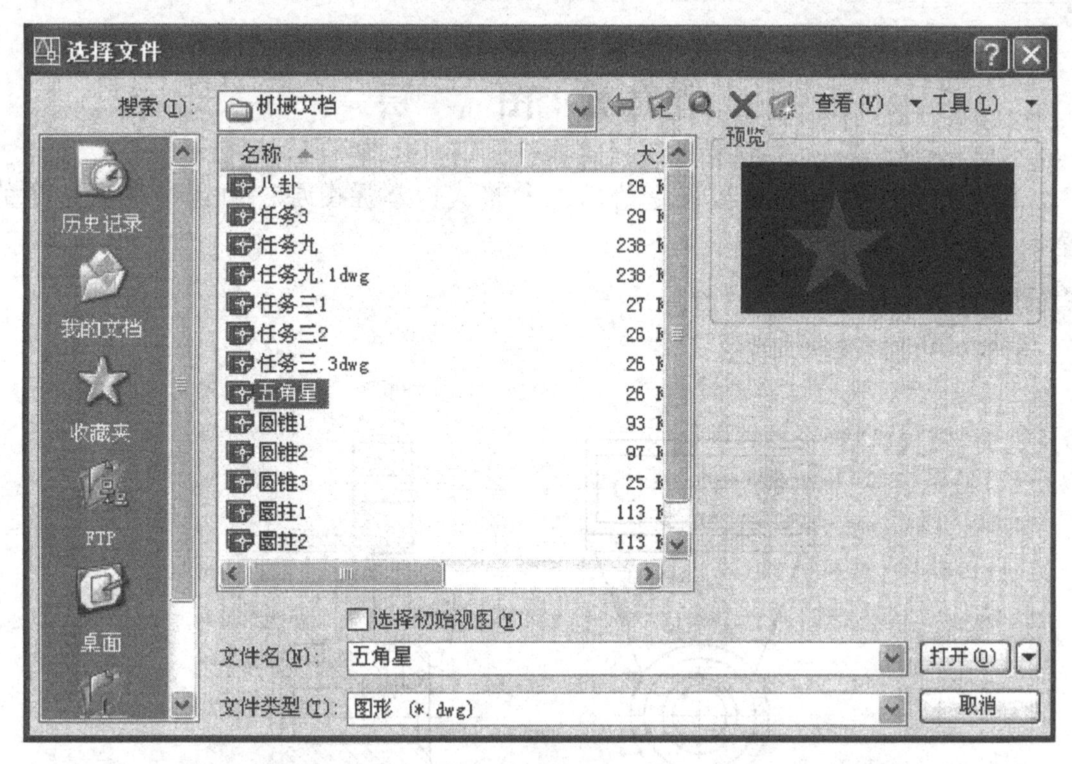

图 9-28　选择文件

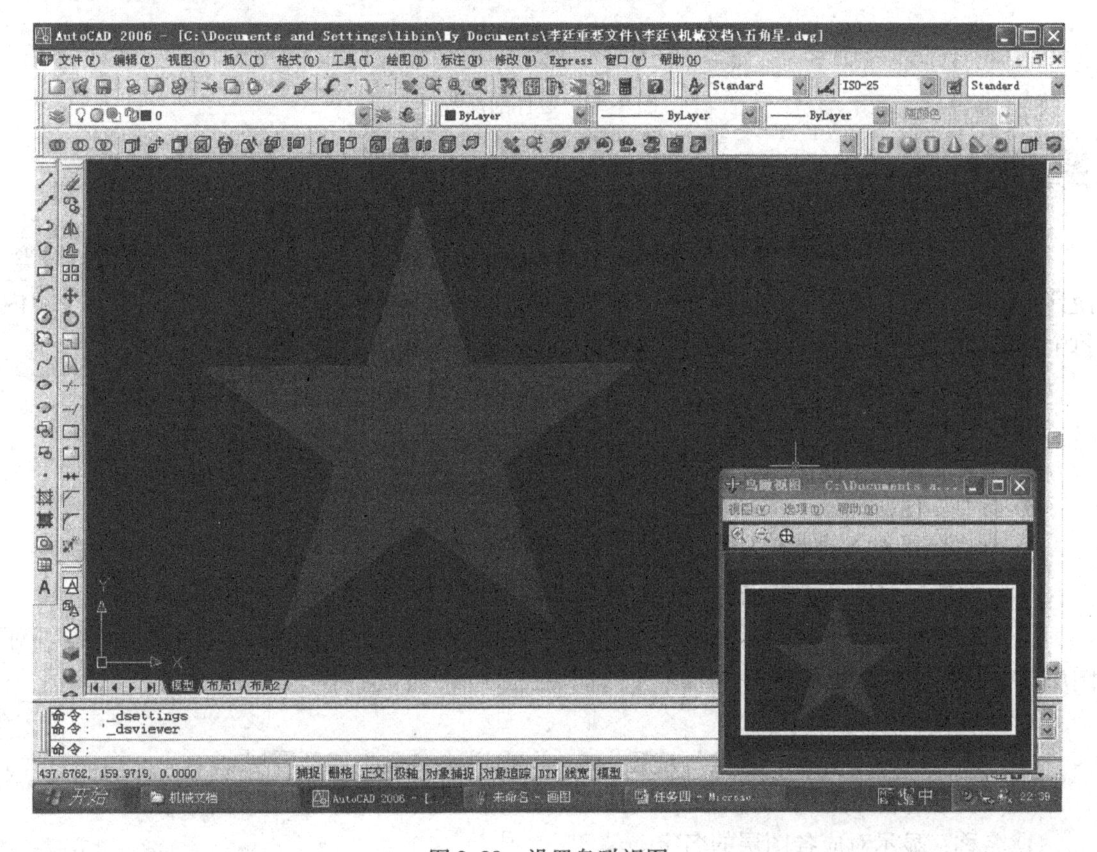

图 9-29　设置鸟瞰视图

任务五 图　　层

了解图层、颜色和线型命令的功能和格式、掌握图层、颜色和线型命令的操作方法和步骤。

看一看

看图9-30所示零件剖视图。

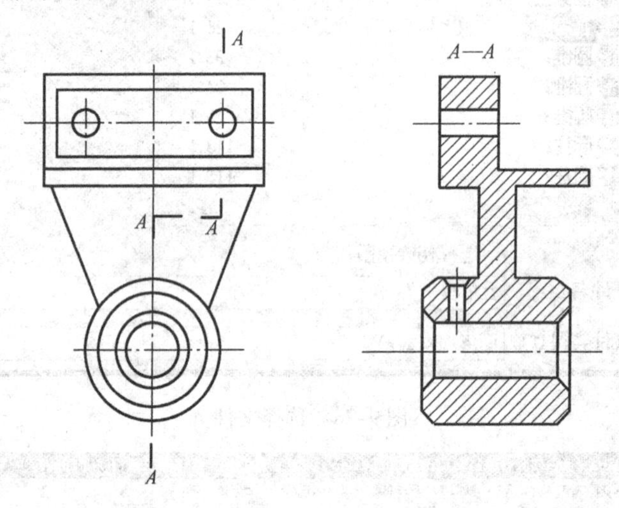

图9-30　零件剖视图

记一记

1. 图层的定义

如果根据图形的有关线型、线宽、颜色、状态和组合性等属性信息对图形对象进行分类，使具有相同性质的对象分在同一组，那么，就可以用对一个组共有属性的描述来代替对这个组内每个对象属性的描述，从而大大减少重复性的工作和存储冗余，这个“组”就是图层（Layer）。

2. 图层的设置与控制

（1）命令

① 菜单：格式→图层。

② 命令：Layer/La。

③ 工具栏：在“对象特性”工具栏上单击“图层”按钮。

（2）功能　对图层进行操作，控制其各项特性。

（3）操作　通过命令：Layer/La，打开“图层特性管理器”对话框，利用此对话框可对图层进行各种操作，如图9-31所示。

3. 图层管理器

（1）建立新层　单击“新建”按钮，AutoCAD就会自动生成新图层。

（2）图层列表　图9-31中显示了已有图层及其设置的列表。选项含义如下：

① 名称：显示对应各图层的名字。

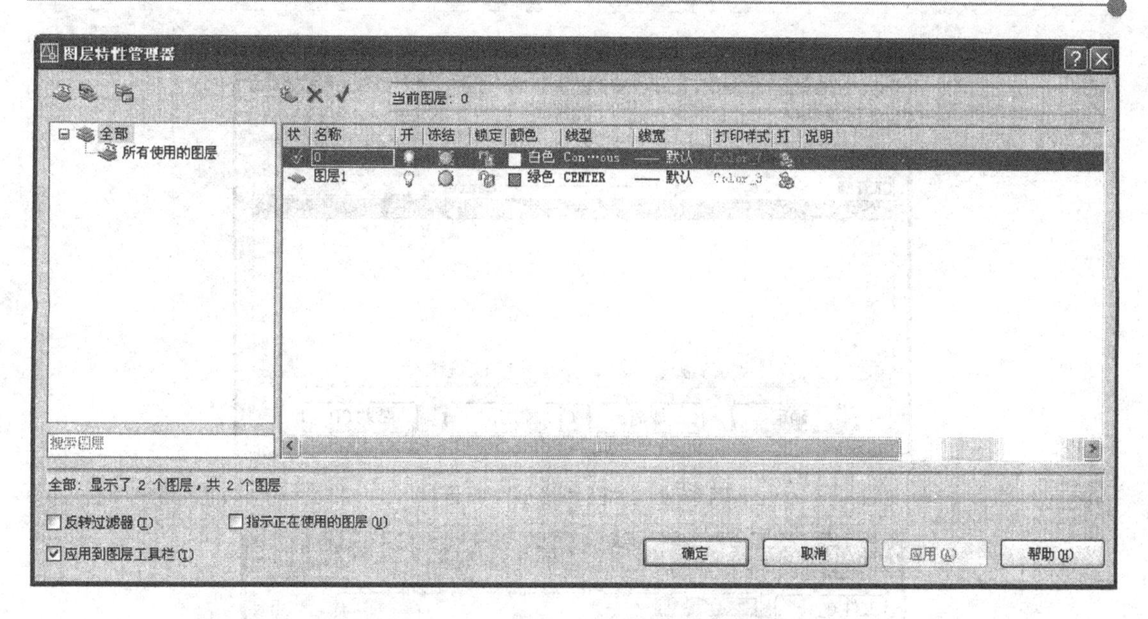

图 9-31 “图层特性管理器”对话框

② 开：光标对准灯泡图标单击，可以进行开关切换。

③ 冻结：光标对着太阳或雪花图标单击，可以在冰冻（雪花）和解冻（太阳）之间切换。

④ 锁定：光标对着锁图标单击，可以进行锁定或者切换。

⑤ 颜色：显示涂层的颜色。单击该图层的颜色图标，会弹出“选择颜色”对话框，利用该对话框进行图层颜色的设置，如图 9-32 所示。

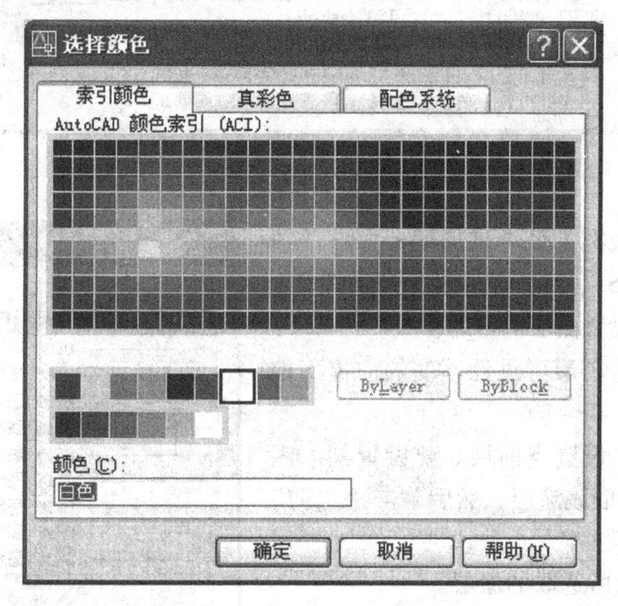

图 9-32 “选择颜色”对话框

⑥ 线型：显示对应图层的线型。单击该图层的线型名，则会弹出“选择线型”的对话框（图 9-33），利用该对话框进行线型选择和加载。当“选择线型”对话框中没有需要的线型时，在该对话框中单击“加载”按钮，则会弹出“加载或重载线型”对话框（图 9-34），在该对话框中选择需要的线型，然后单击“确定”按钮即可。

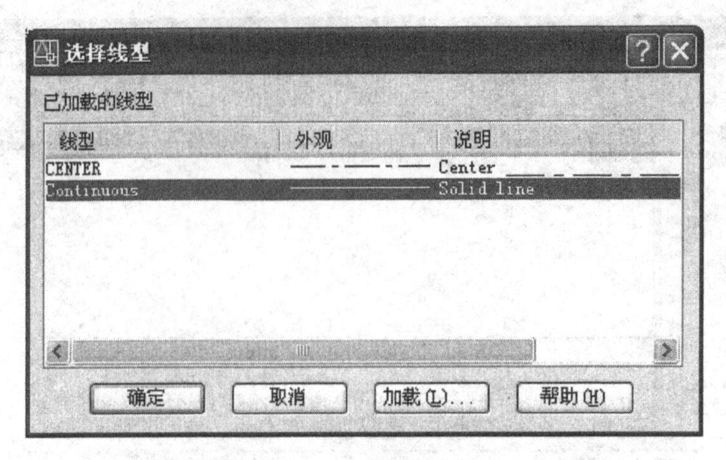

图9-33 “选择线型”对话框

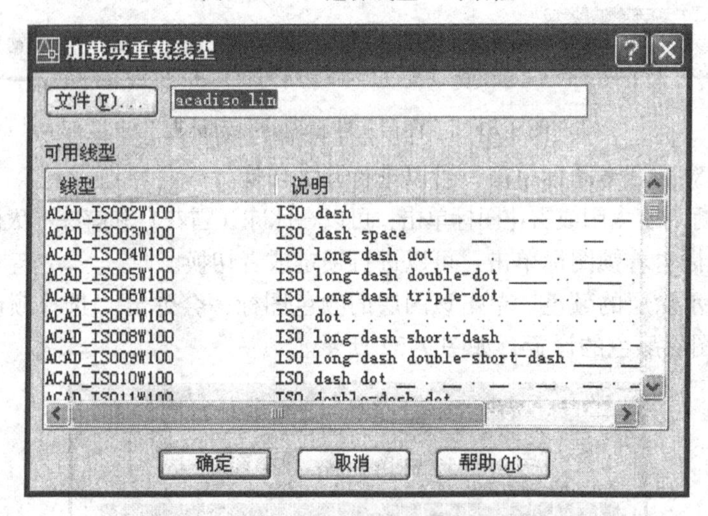

图9-34 “加载或重载线型”对话框

⑦ 线宽：控制线宽。单击该选项会弹出“线宽”对话框（图9-35），可以从中选取新的线宽。

⑧ 打印样式：设置图层的打印样式。

⑨ 打印：在保持图形可见性不变的前提下控制图形打印特性。

（3）当前图层　设置当前层。要设置某一图层为当前层，则先选取该涂层，然后单击“当前”按钮即可。

（4）删除　删除所选取的涂层。

（5）显示/隐藏细节　显示或隐藏所选图层的详细资料。

（6）反转过滤器　过滤器的反转功能可帮助用户方便地访问那些被过滤的图层。

（7）应用到对象特性工具栏

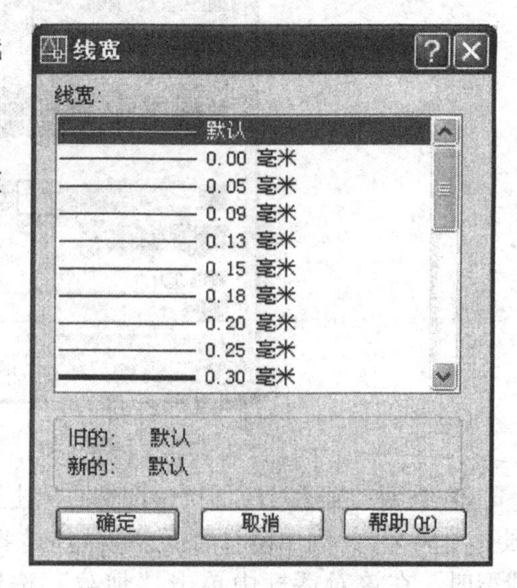

图9-35 “线宽”对话框

（8）命名图层过滤器

想一想

图层的特性如下：

1）系统对图层数没有限制，对每一图层上的对象数也没有任何限制，但只能在当前图层上绘图。

2）每个图层有一个名字以示区别，0层为自动生成的层。

3）每个图层都可以设置单独的线型和颜色，图层之间的线型和颜色可以相同，也可以不同；在某一图层上绘图时，绘出线型为该图层的线型。一个图层只有一种线型和一种颜色。

4）各图层具有相同的坐标系、绘图界限、显示时的缩放倍数，可以对不同层上的对象同时进行编辑。

5）可以对各层进行打开/关闭、冻结/解冻、锁定/解锁等操作。各选项含义如下：

① 打开/关闭：一般情况下，图层是保持打开状态的；如果选择关闭，则隐藏层的画面，使其不可见。

② 冻结/解冻：该选项可以让用户关闭图层，并在随后重新生成层时消除它们。该命令不同于“打开/关闭”选项，当用户关闭层时，该层是不显示的，但可以再生；而冻结的层既不能显示也不能再生。不能冻结当前层，也不能将冻结层改为当前层。

③ 锁定/解锁：若选择锁定，则该层既不能编辑也不能设置为当前层，但可以执行一些特定的操作。不能锁定当前层、0层。

做一做

图9-36所示为一工程图，结合绘图与生产过程对其进行图层设置和绘图操作。

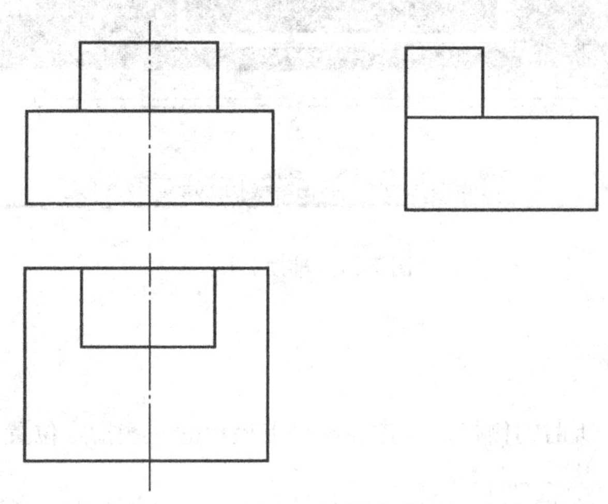

图9-36 视图

再了解

图层的应用：图层广泛应用于组织图形，通常可以按线型（如粗实线、细实线、虚线和点画线等）、图形对象类型（如图形、尺寸标注、文字标注、剖面线等）、功能或生产过程、管理需要来分层，并给每一层赋予适当的名称，使图形管理变得十分方便。

任务六　设计辅助工具

了解设计辅助工具命令的功能和格式，掌握设计辅助工具命令的操作方法和步骤。

看一看

看图 9-37。

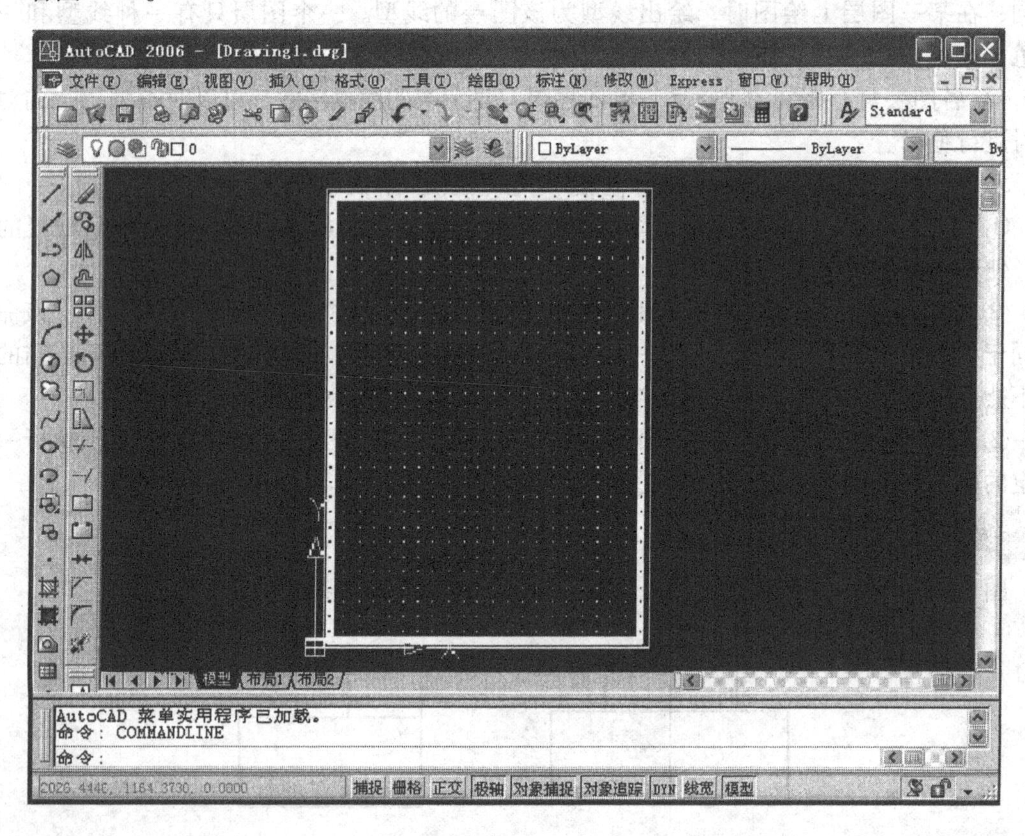

图 9-37　辅助工具

记一记

1. 栅格和捕捉

(1) 定义与特性　所谓的栅格，是指在屏幕上显示的一些指定位置上的小点，以便帮助用户定位对象。

捕捉命令用于设置栅格捕捉。栅格捕捉能控制光标移动的间距。栅格捕捉的特性与栅格的特性类似，但它是不可见的。

(2) 命令

① 菜单：工具→草图设计。

② 命令：Ddrmodes/Dsettings（可透明使用）。

(3) 功能　利用对话框打开或关闭捕捉和栅格功能，并对其模式进行设置。

（4）操作　通过命令：Ddrmodes，打开“草图设置”对话框，其中的“捕捉和栅格”选项卡用来对捕捉和栅格功能进行设置，如图9-38所示。

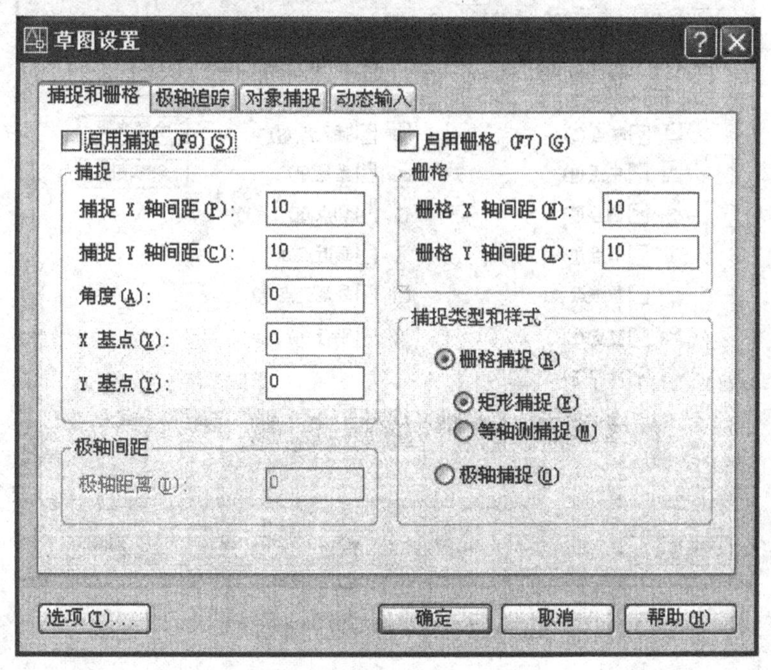

图9-38　“草图设置”对话框

2. 正交模式

（1）命令　Ortho。

（2）功能　控制是否以正交方式画图。

（3）格式

命令：Ortho

输入模式［开（ON）/关（OFF）］＜OFF＞：

3. 对象捕捉

（1）命令

① 菜单：工具→草图设计。

② 命令：Osnap。

（2）功能　设置对象捕捉模式。

（3）操作　通过命令：Osnap，打开“草图设置”对话框，在“对象捕捉”选项卡中对其进行设置，如图9-39所示。

想一想

如图9-39所示，各捕捉模式的含义如下：

① 端点：捕捉直线段或圆弧的端点，捕捉到离靶框较近的端点。

② 中点：捕捉直线段或圆弧的中点。

③ 圆心：捕捉圆或圆弧的圆心，靶框放在圆周上，捕捉到圆心。

④ 节点：捕捉到靶框内的孤立点。

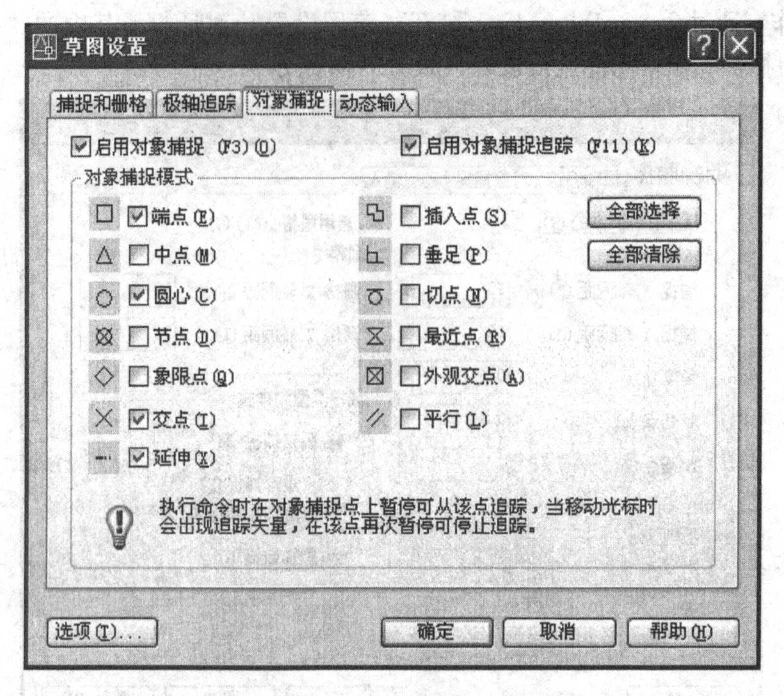

图9-39 “草图设置”对话框

⑤ 象限点：相当于前UCS，圆周上最左、最右、最上、最下的四个点称为象限点，靶框放在圆周上，捕捉到最近的一个象限点。

⑥ 交点：捕捉两线段的显示交点和延伸交点。

⑦ 延伸：当靶框在一个图形对象的端点处移动时，捕捉正在绘制的图形与该延长线的交点。

⑧ 插入点：捕捉到图块、图像、文本和属性等的插入点。

⑨ 垂足：当向一对象画垂线时，把靶框放在对象上，可捕捉到对象上的垂足位置。

⑩ 切点：当向一对象画切线时，把靶框放在对象上，可捕捉到对象上的切点位置。

⑪ 最近点：当靶框放在对象附近拾取时，捕捉到对象上离靶框中心最近的点。

⑫ 外观交点：当两对象在空间交叉而在一个平面上的投影相交时，可以从投影交点捕捉到某一对象上的点，或者捕捉两投影延伸相交时的交点。

⑬ 平行：捕捉图形对象的平行线。

做一做

设置一张A3图幅，单位精度选小数点后两位，捕捉间隔为2.0，栅格间距为20.0。

步骤：

① 开始画新图，采用默认设置。

② 选择“格式→单位”命令，打开“图形单位”对话框，将长度单位的类型设置为“小数”，精度设为“0.00”。

③ 调用Limits命令，设置图形界线左下角为“10，10”，右上角为“430，307”。

④ 使用Zoom命令的All选项，按设定的图形界线调整屏幕显示。

⑤ 选择“工具→草图设置”命令，打开“草图设置”对话框，设置捕捉X轴间距为“2.0”、捕捉Y轴间距为“2.0”，设置栅格X轴间距为“20.0”、栅格Y轴间距为“20.0”，

选中“启用捕捉”和“启用栅格”复选框，打开捕捉和栅格功能。

⑥ 用 Pline 命令，画出图幅边框。

⑦ 用 Pline 命令，用粗实线画出图框。

再了解

“对象捕捉”工具栏如图 9-40 所示，从“视图”菜单中选择“工具栏”选项，打开“工具栏”对话框，在该对话框中选中“对象捕捉”复选框，即可使“对象捕捉”工具栏显示在屏幕上。从内容上看，它和“对象捕捉”菜单类似。

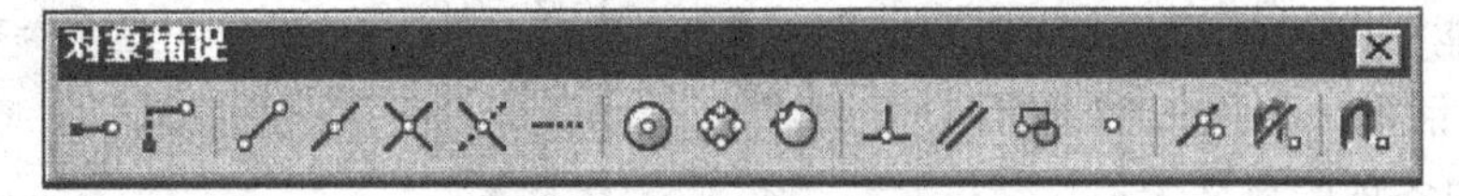

图 9-40　“对象捕捉”工具栏

任务七　块

了解块的功能和格式，掌握块命令的操作方法和步骤。

看一看

看图 9-41。

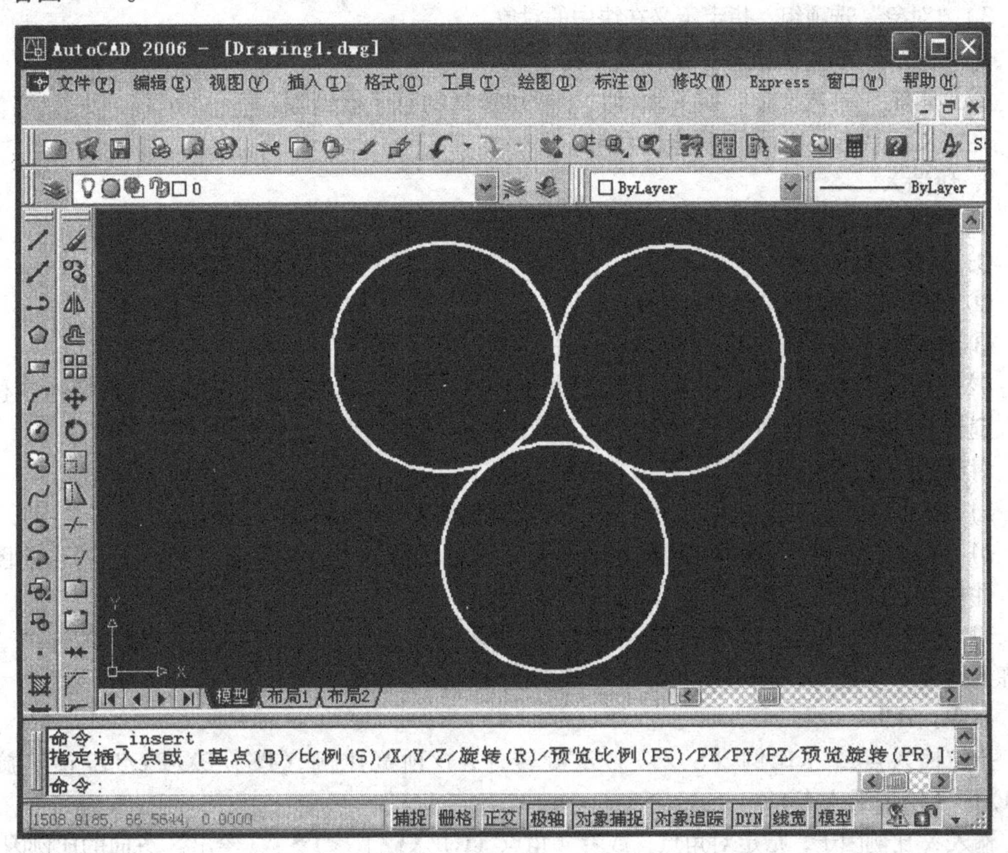

图 9-41　块

记一记

1. 块定义

(1) 命令

① 菜单：绘图→块→创建。

② 命令：Bmake/B。

③ 工具栏：在“绘制”工具栏上单击“创建块”按钮。

(2) 功能 以对话框方式创建块定义，弹出“块定义”对话框，如图9-42所示。

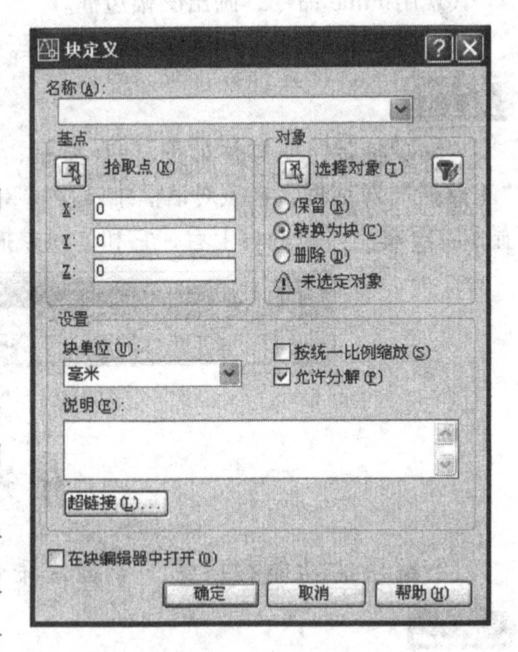

图9-42 “块定义”对话框

对话框内各项的意义为：

1) “名称”文本框：在“名称”文本框中指定块名，它可以是中文或由字母、数字、下划线构成的字符串。

2) “基点”选项组：在块插入时作为参考点。可以用两种方式指定基点，一是单击“拾取点”按钮，在图形窗口给出一点；二是直接输入基点的X、Y、Z坐标值。

3) “对象”选项组：指定定义在块中的对象。

①“保留”单选按钮：保留构成块的对象。

②“删除”单选按钮：定义块后，生成块定义的对象被删除。

在定义完块后，单击“确定”按钮。

2. 块插入

(1) 命令

① 菜单：插入→块。

② 命令：Ddinsert/I。

③ 工具栏：在“绘制”工具栏上单击“插入块”按钮。

(2) 功能 弹出“插入”对话框，如图9-43所示，将块或另一个图形文件按指定位置插入到当前图中。插入时可改变图形的X、Y方向上的比例和旋转角度。

对话框内各项的意义为：

1) 利用“名称”下拉列表框，可以弹出当前图中已定义的块名表供选用。

2) 利用“浏览”按钮，弹出“选择文件”对话框，可选一图形文件插入到当前图形中，并在当前图形中生成一个内部块。

3) 可以在对话框中，用输入参数的方法指定插入点、缩放比例和旋转角，若选中“在屏幕上指定”复选框，则可以在命令行依次出现相应的提示：

命令：Ddinsert/I

指定插入点或［比例(S)/X/Y/Z/旋转(R)/预览比例(PS)/PX/PY/PZ/预览旋转(PR)］:（给出插入点）

输入X比例因子，指定对角点，或者［角点(C)/XYZ］<1>:（给出X方向的比例因子）

输入Y比例因子或<使用X比例因子>:（给出Y方向的比例因子或回车）

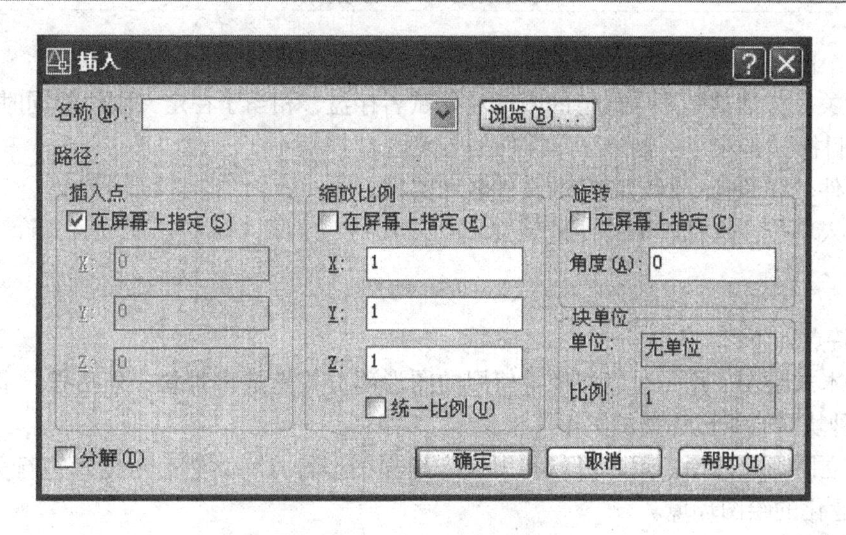

图 9-43　“插入”对话框

指定旋转角度 <0 >:（给出旋转角度）

3. 块存储

（1）命令　Wblock/W

（2）功能　将当前图形中的块或图形存为图形文件，以便其他图形文件引用。输入命令后，屏幕上将弹出“写块”对话框，如图 9-44 所示。

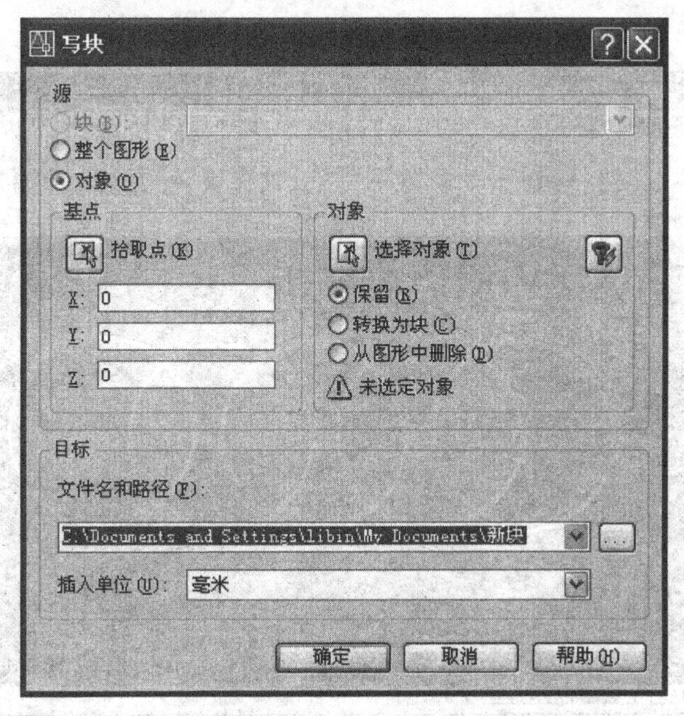

图 9-44　“写块”对话框

对话框内各项的意义为：

1）“源”选项组：指定存盘对象的类型。

① 块：当前图形文件中已定义的块，可从下拉列表中选定。

② 整个图形：将当前图形文件存盘。

③ 对象：将当前图形中指定的图形对象赋名存盘，相当于在定义图块的同时将其存盘。

2）“目标”选项组：制定存盘文件的有关内容。

① 文件名和路径：制定存盘的文件名和路径。

② 插入单位：选择图形的计量单位。

想一想

块的特点如下：

① 积木式绘图。用户可以将经常使用的图形部分构造成多种块，然后按“搭积木”的方法将各种块拼合组成完整的图形。

② 建立图形符号库。用户可以利用块来建立图形符号库，然后对图库进行分类，以营造一个专业化的绘图环境。

③ 块的处理。

④ 块的嵌套。

⑤ 块的分解。

⑥ 块的属性。

⑦ 节省存储空间。

做一做

创建一名为“圆”的块，并将其插入到图形中，如图9-45所示。

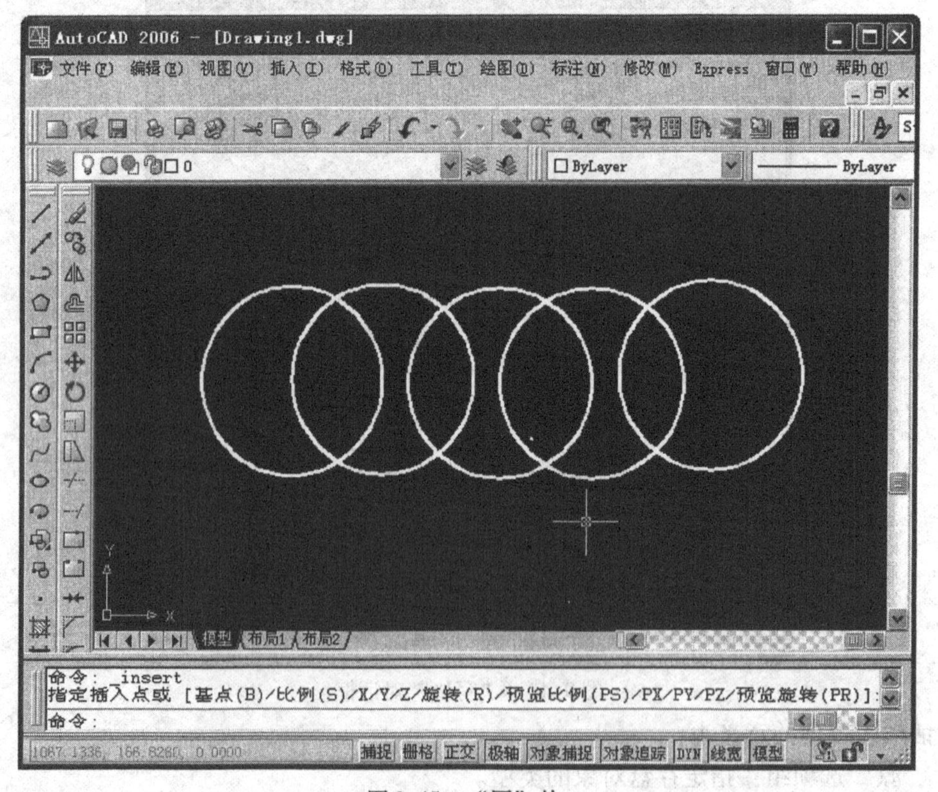

图9-45 “圆”块

再了解

更新块定义的步骤如下：

① 插入要修改的块或使用图中已存在的块。

② 用 Explode 命令将块分解，使之成为独立的对象。

③ 用编辑命令按新块图形要求修改旧图形。

④ 运行 Bmake 或 Block 命令，选择新块图形作为块定义选择对象，给出与分解前的块相同的名字。

⑤ 完成此命令后会出现警告框，并提示“×××已定义，是否重定义?”单击“是”按钮，块被重新定义。

任务八　尺寸标注与图案填充设计

了解尺寸标注与图案填充命令的功能和格式，掌握尺寸标注与图案填充命令的操作方法和步骤。

看一看

看图 9-46 所示零件图。

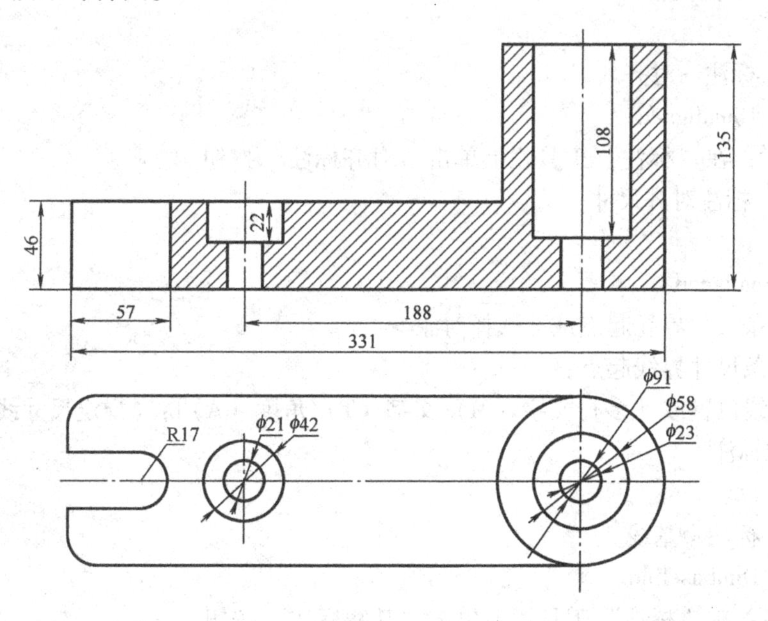

图 9-46　零件图

记一记

1. 尺寸标注

完整的尺寸标注由尺寸线、尺寸界线、箭头和尺寸数字组成。

尺寸“标注”工具栏如图 9-47 所示。

图 9-47 “标注”工具栏

(1) 线性尺寸标注

1) 命令

① 菜单：标注→线性。

② 命令：Dimliner。

③ 工具栏：在“标注”工具栏上单击“线性标注”按钮。

2) 功能：标注垂直、水平或倾斜的线性尺寸。

3) 格式

命令：Dimliner

指定第一条尺寸界线起点或 <选择对象>：(指定第一条尺寸界线的起点)

指定第二条尺寸界线起点：(指定第二条尺寸界线的起点)

指定尺寸线位置或 [多行文字 (M)/文字 (T)/角度 (A)/水平 (H)/垂直 (V)/旋转 (R)]：(指定尺寸线的位置)

(2) 对齐尺寸标注

1) 命令

① 菜单：标注→对齐。

② 命令：Dimaligned。

③ 工具栏：在“标注”工具栏上单击“对齐标注”按钮。

2) 功能：标注对齐尺寸。

3) 格式

命令：Dimaligned

指定第一条尺寸界线起点或 <选择对象>：

指定第二条尺寸界线起点：

指定尺寸线位置或 [多行文字 (M)/文字 (T)/角度 (A)]：(指定尺寸线的位置)

(3) 基线标注

1) 命令

① 菜单：标注→基线。

② 命令：Dimbaseline。

③ 工具栏：在“标注”工具栏上单击“基线标注”按钮。

2) 功能：标注具有共同基线的一组线性尺寸或角度尺寸。

3) 格式

命令：Dimbaseline

指定第二条尺寸界线起点或 [放弃 (U)/选择 (S)] <选择>：(回车作为基准的尺寸标注)

选择基准标注：

指定第二条尺寸界线起点或 [放弃 (U)/选择 (S)] <选择>：

指定第二条尺寸界线起点或［放弃（U）/选择（S）］ <选择>：

在执行命令操作之前，应先标出一个尺寸，并将该尺寸的尺寸界线作为基线。

（4）连续标注

1）命令

① 菜单：标注→连续。

② 命令：Dimcontinue。

③ 工具栏：在“标注”工具栏上单击“连续标注”按钮。

2）功能：标注连续型尺寸。

3）格式

命令：Dimcontinue

指定第二条尺寸界线起点或［放弃（U）/选择（S）］ <选择>：（回车作为基准的尺寸标注）

选择连续标注：

指定第二条尺寸界线起点或［放弃（U）/选择（S）］ <选择>：

指定第二条尺寸界线起点或［放弃（U）/选择（S）］ <选择>：

注：在执行命令操作之前，应先标出一个相应的尺寸。

（5）角度标注

1）命令

① 菜单：标注→角度。

② 命令：Dimangular。

③ 工具栏：在“标注”工具栏上单击“角度标注”按钮。

2）功能：标注角度。

3）格式

命令：Dimangular

选择圆弧、圆、直线或 <指定定点>：（选择一条直线）

选择第二条直线：（选择角的第二条边）

指定标注弧线位置或［多行文字（M）/文字（T）/角度（A）］：（确定尺寸弧的位置）

（6）半径标注

1）命令

① 菜单：标注→半径。

② 命令：Dimradius。

③ 工具栏：在“标注”工具栏上单击“半径标注”按钮。

2）功能：标注半径。

3）格式

命令：Dimradius

选择圆弧或圆：

指定尺寸线位置或［多行文字（M）/文字（T）/角度（A）］：（确定尺寸线的位置，尺寸线总是指向或通过圆心）

（7）直径标注

1）命令

① 菜单：标注→直径。

② 命令：Dimdiameter。

③ 工具栏：在“标注”工具栏上单击“直径标注”按钮。

2）功能：标注直径。

3）格式

命令：Dimdiameter

选择圆弧或圆：

指定尺寸线位置或［多行文字（M)/文字（T)/角度（A)]：

(8）引线标注

1）命令

① 菜单：标注→引线。

② 命令：Qleader。

③ 工具栏：在“标注”工具栏上单击“引线标注”按钮。

2）功能：快速绘制引线并进行引线标注。

3）格式

命令：Qleader

指定第一条引线或［设置（S)] <设置>：

指定下一点：

指定下一点：

指定文字宽度<0>：

输入注释文字的第一行<多行文字（M）>：

输入注释文字的下一行：

如果在提示：“指定第一条引线或［设置（S)] <设置>：”时回车，则打开“引线设置”对话框，如图9-48所示。

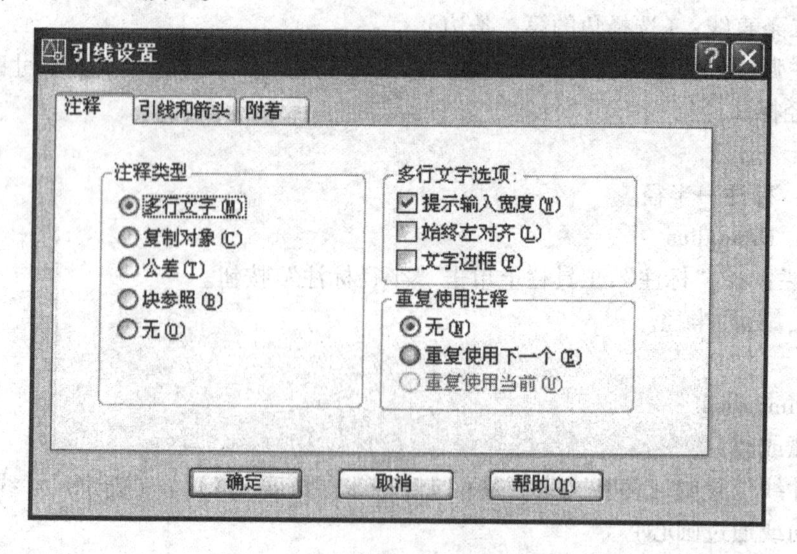

图9-48 “引线设置”对话框

(9) 快速标注

1) 命令

① 菜单：标注→快速标注。

② 命令：Qdim。

③ 工具栏：在“标注”工具栏上单击“快速标注”按钮。

2) 功能：快速生成尺寸标注。

3) 格式

命令：Qdim

选择要标注的几何图形：(选择要标注的对象，回车则结束选择)

指定尺寸线位置或［连续（C)/相交（S)/基线（B)/坐标（O)/半径（R)/直径（D)/基准点（P)/编辑（E)］<Continuous>：

(10) 形位公差标注

1) 命令

① 菜单：标注→形位公差标注。

② 命令：Tolerance。

③ 工具栏：在“标注”工具栏上单击“形位公差标注”按钮。

2) 功能：标注形位公差。

3) 操作：调用命令后，打开“形位公差”对话框，如图9-49所示。

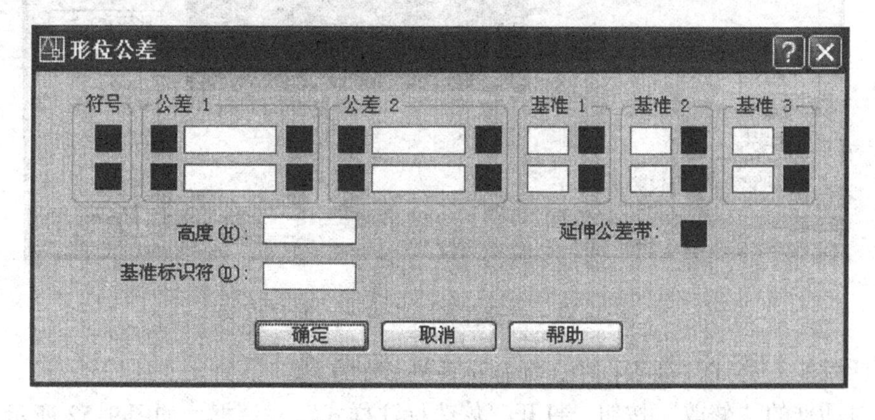

图9-49　“形位公差”对话框

在对话框中，单击“符号”下面的黑色方块，打开“特征符号”对话框，如图9-50所示，通过该对话框可以设置形位公差的代号。

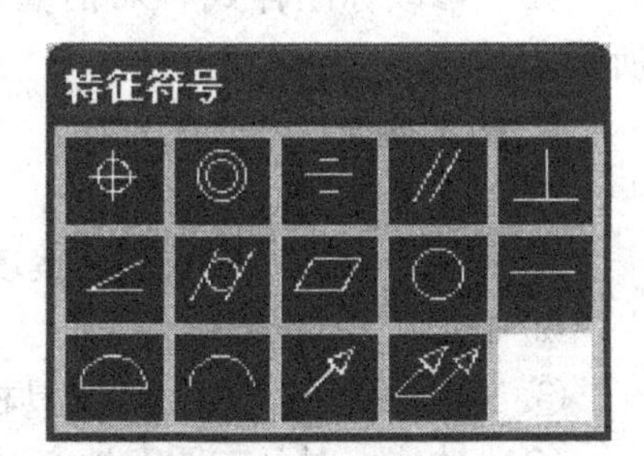

图9-50　“特征符号”对话框

(11) 尺寸标注的编辑

1) 命令

① 命令：Dimedit。

② 工具栏：在“标注”工具栏上单击“编辑标注”按钮。

2) 功能：修改选定标注对象的文字位置、文字内容和倾斜尺寸。

3）格式

命令：Dimedit

输入标注编辑类型［默认（H）/新建（N）/选转（R）/倾斜（O）］<默认>：

（12）标注样式的设置

1）命令

① 菜单：标注→样式。

② 命令：Dimstyle。

③ 工具栏：在“标注”工具栏上单击“标注样式”按钮。

2）功能：创建和修改标注样式，设置当前标注样式。

3）操作：调用Dimstyle命令后，打开“标注样式管理器”对话框，如图9-51所示。

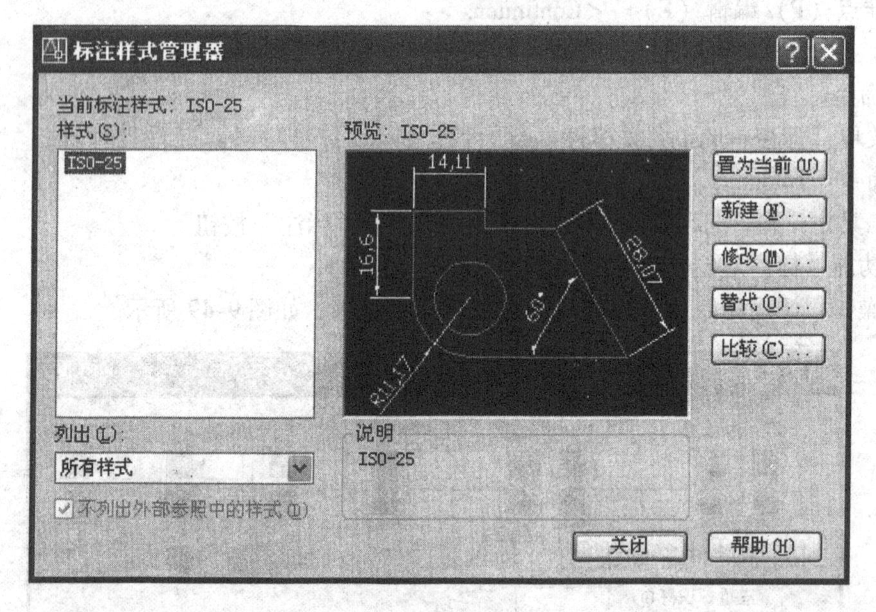

图9-51 “标注样式管理器”对话框

在对话框的“样式”列表框中，显示标注样式的名称。

单击对话框的“修改”按钮，打开“修改标注样式”对话框，如图9-52所示。

在“修改标注样式”对话框中，通过各选项卡可以实现标注样式的修改，如图9-52所示。

2. 图案填充

（1）命令

① 菜单：修改→对象→图案填充。

② 命令：Hatchedit。

③ 工具栏：在“标注”工具栏上单击“图案填充”按钮。

（2）功能　对已有图案填充对象，可以修改图案类型和图案特性参数等。

（3）操作　输入Hatchedit命令后，弹出“图案填充编辑”对话框，其中单击“图案”按钮，会弹出“填充图案控制板”对话框，用户可以根据要求和提示进行操作。

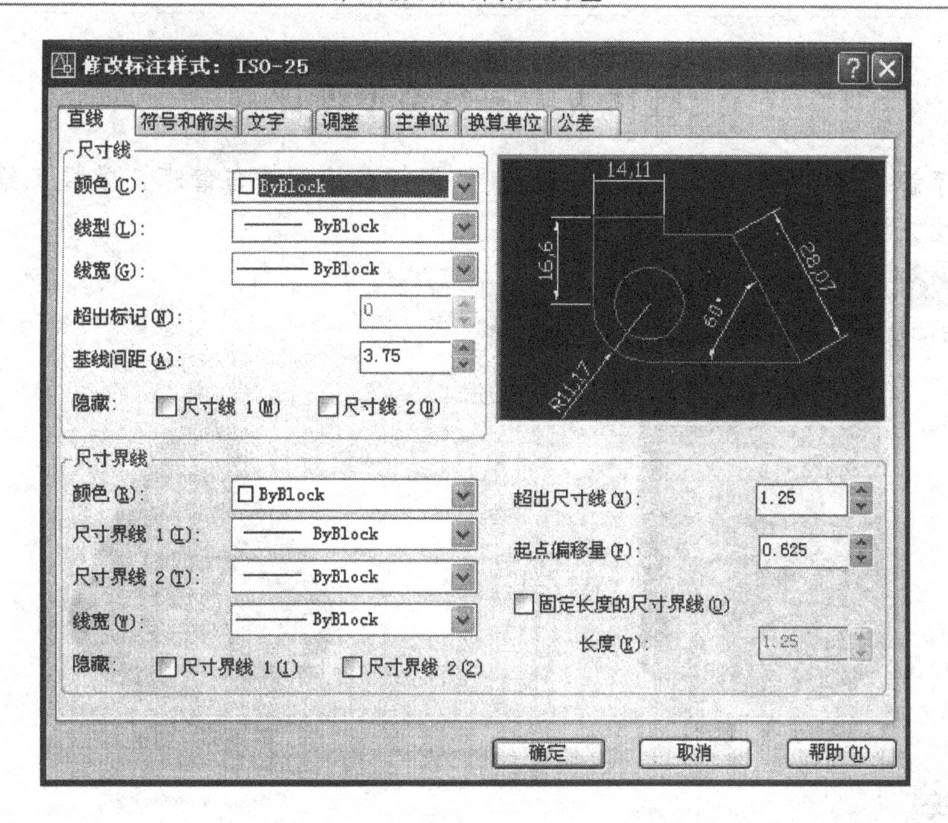

图 9-52　“修改标注样式”对话框

想一想

通过使用尺寸标注样式，用户可以设置并控制尺寸标注的布局和外观。在 AutoCAD 中，预先设置了 ISO 和 ANSI 两种系列的尺寸标注样式。

AutoCAD 提供了称为尺寸标注样式管理器的工具，可用于新建、储存标注样式及管理、修改已有的尺寸标注样式。这样，通过对尺寸标注样式管理器的操作，就直观地实现了对尺寸标注样式的设置和修改。

做一做

已知图 9-53 所示零件视图，在 AutoCAD 中绘图，并标注尺寸。

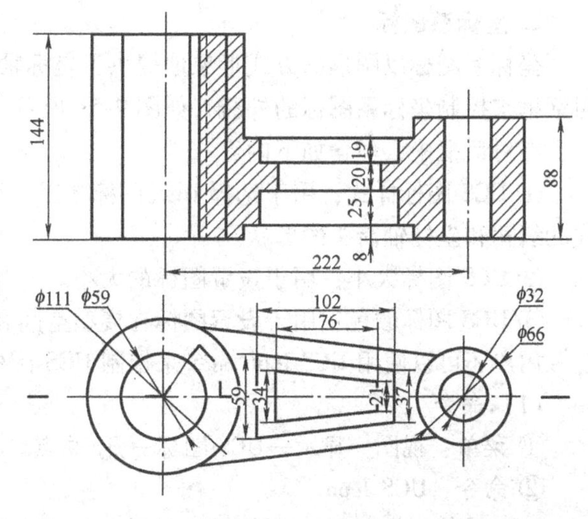

图 9-53　零件视图

再了解

在修改尺寸文本或者用键盘输入尺寸文本时，有些尺寸标注中所用的符号（如直径、角度等符号）没有直接对应的键码，因此必须用特定的代码来表示，如：

(1)%%c　表示直径符号“ϕ”。

(2)%%d　表示角度符号“°”。

(3)%%p　表示公差中的“±”。

任务九　三维造型设计

了解模型空间和图纸空间的概念，掌握视口的创建与管理，掌握三维曲面的绘图方法，掌握三维实体造型。

看一看

看图9-54、图9-55所示圆柱和圆锥模型。

图9-54　圆柱

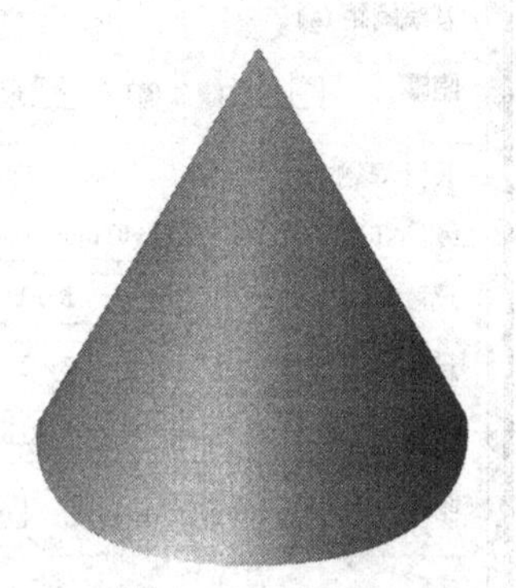

图9-55　圆锥

记一记

1. 坐标系概述

（1）世界坐标系（WCS）　世界坐标系是一种在绘图过程中固定不变的坐标系。在世界坐标系中，坐标系的原点（0，0，0）位于屏幕的左下角，X轴的正方向水平向右，Y轴的正方向垂直向上，Z轴的正方向垂直于屏幕向外。

（2）用户坐标系（UCS）　AutoCAD允许用户根据需要灵活地设置区别于WCS的专用坐标系，这称为用户坐标系。在一个世界坐标系中，可以设置任意个用户坐标系，并可以命名及保存它们。

2. 坐标系图标

坐标系图标以图形的方式形象地提供了坐标轴的定位情况，AutoCAD可用“UCS图标”对话框来控制坐标系图标的外貌，如图9-56所示。

在对话框中，包含如下内容：

① UCS图标样式：用于选择UCS图标是以二维还是三维形式显示，以及设置图标中轴线的线宽和坐标轴箭头的形状。

② UCS图标大小：用于设置图标的大小。

③ UCS图标颜色：用于设置图标在模型空间和图纸空间中的显示颜色。

用户还可以使用UCS Icon命令来控制UCS图标的显示和位置。

（1）命令

① 菜单：视图→显示→UCS图标→开/原点。

② 命令：UCS Icon。

（2）功能　控制UCS图标是否显示和是否放在UCS原点位置。

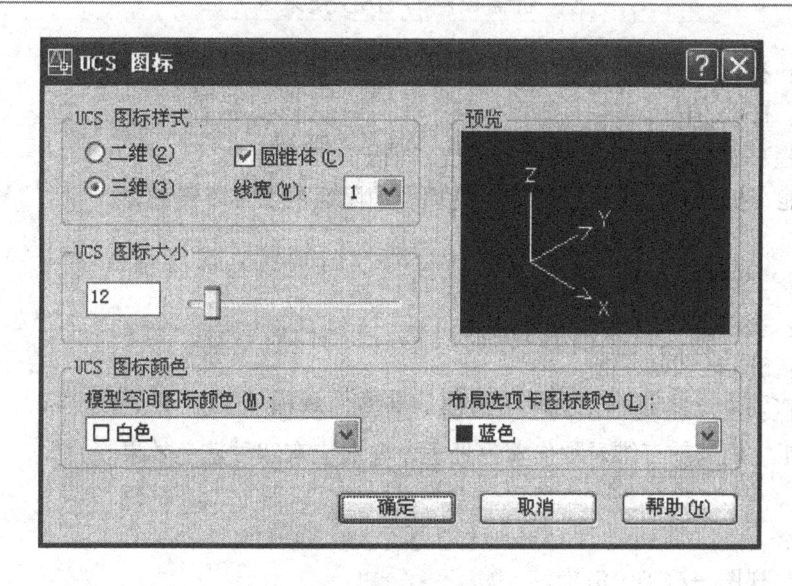

图 9-56 “UCS 图标”对话框

（3）格式

命令：UCS Icon

[开（ON)/关（OFF)/全部（A)/非原点（N)/原点（O)] <. 当前>：

3. 用户坐标系

（1）命令

① 菜单：工具→UCS→级联菜单。

② 命令：UCS。

③ 工具栏：在 UCS 工具栏上单击 UCS 按钮。

（2）功能 设置与管理 UCS。

（3）格式

命令：UCS

[新建（N)/移动（M)/正交（G)/上一个（P)/恢复（R)/保存（S)/删除（D)/应用（A)/？/世界（W)] <世界>：

4. 三维视点

（1）命令

① 菜单：视图→三维视点→旋转/三轴架/矢量。

② 命令：Vpoint/Vp。

（2）格式

命令：Vpoint/Vp

旋转（R)/<视点><0，0，1>：

如果选择“旋转（R)”，则：

输入 XY 平面中和 X 轴的夹角：（输入方位角）

输入与 XY 平面的夹角：（输入俯仰角）

5. 消隐

（1）命令

① 菜单：视图→消隐。

② 命令：Hide/Hi。

③ 工具栏：在“渲染”工具栏上单击“消隐”按钮。

（2）功能　把当前三维显示作消隐处理，消隐后的图形不能编辑。

6. 着色

（1）命令

① 菜单：视图→着色。

② 命令：Shade/Sha。

③ 工具栏：在“渲染”工具栏上单击“着色”按钮。

（2）功能　把当前三维显示作着色处理，它对应有四种着色效果。

7. 渲染

（1）命令

① 菜单：视图→渲染→渲染。

② 命令：Render/Rr。

③ 工具栏：在“渲染”工具栏上单击“渲染”按钮。

（2）功能　弹出“渲染”对话框，如图9-57所示，如果使用默认选项，则直接拾取“渲染”按钮，产生渲染图。

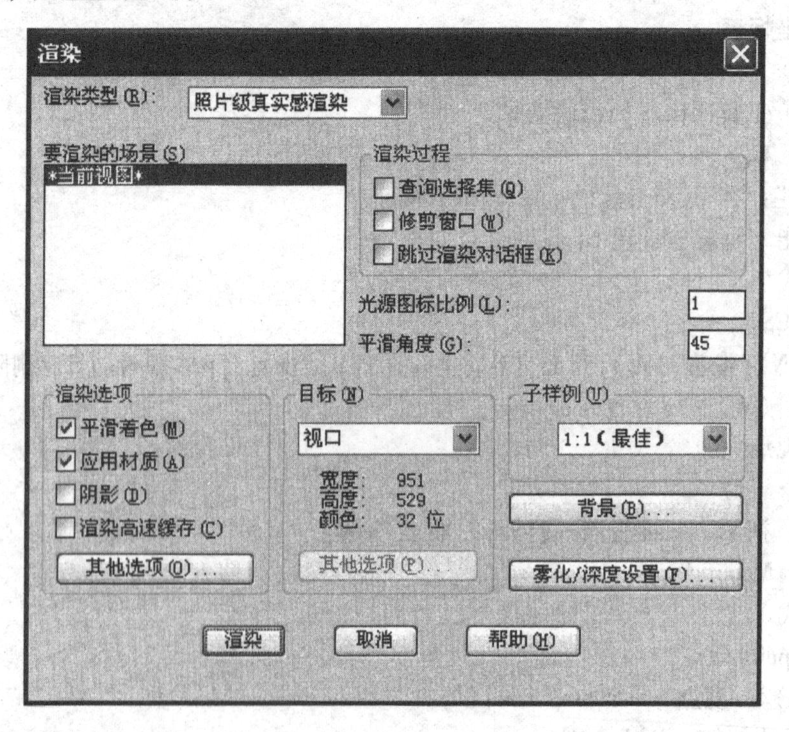

图9-57　“渲染”对话框

8. 三维动态视图

（1）命令

① 菜单：视图→三维动态视图。

② 命令：Dview/Dv。

(2) 功能　Dview 命令是 Vpoint 命令的一种扩展，它采用相机和目标来动态模拟取景过程，相机到目标的连线就是视线，利用 Dview 命令还可以产生透视图。

(3) 格式

命令：Dview/Dv

选择对象：(可以选择一个预视对象，以查看取景效果，如回车，则采用系统提供的 Viewblock 块作为预视对象，Viewblock 是一所小房子)

相机 (CA)/目标 (TA)/距离 (D)/点 (PO)/平移 (PA)/缩放 (Z)/旋转 (TW)/裁减 (CL)/消隐 (H)/关闭 (O)/放弃 (U)/<退出>：(可以选择选项，查看预视对象取景效果)

9. 三维曲面

(1) 旋转曲面

1) 命令

① 菜单：绘图→表面→旋转曲面。

② 命令：Revsure。

③ 工具栏：在“表面”工具栏上单击“旋转曲面”按钮。

2) 功能：指定路径曲线与轴线，创建旋转曲面。

3) 格式

命令：Revsure

选择路径曲线：(可选直线、圆弧、圆、二维或三维多段线)

选择旋转轴：(可选直线、开式二维或三维多段线)

起始角<0>：(相对于路径曲线的起始角，逆时针为正)

包含角 (+=逆时针，-=顺时针) <整圆>：(输入旋转曲面所张圆心角)

(2) 平移曲面

1) 命令

① 菜单：绘图→表面→平移曲面。

② 命令：Tabsurf。

③ 工具栏：在“表面”工具栏上单击“平移曲面”按钮。

2) 功能：指定路径曲线与方向矢量，沿方向矢量平移路径曲线创建平移曲面。

3) 格式

命令：Tabsurf

选择路径曲线：(可选直线、圆弧、圆、椭圆、二维或三维多段线)

选择方向矢量：(可选直线或开式多段线)

(3) 直纹曲面

1) 命令

① 菜单：绘图→表面→直纹曲面。

② 命令：Rulesurf。

③ 工具栏：在“表面”工具栏上单击“直纹曲面”按钮。

2) 功能：指定第一和第二定义曲面，创建直纹曲面。

3）格式

命令：Rulesurf

选择第一条定义曲线：

选择第二条定义曲线：

（4）边界曲面

1）命令

① 菜单：绘图→表面→边界曲面。

② 命令：Edgesurf。

③ 工具栏：在“表面”工具栏上单击“边界曲面”按钮。

2）功能：指定首尾相连的四条边界，创建双三次孔斯曲面片。

3）格式

命令：Edgesurf

选择边1：（靠近拾取点的边界定点为起点）

选择边2：

选择边3：

选择边4：

10. 实体造型

（1）基本体

1）命令

① 菜单：绘图→实体→长方体/圆柱体……

② 命令：Box，Sphere，Cylinder，Cone，Wedge，Torus。

③ 工具栏：在“实体”工具栏上单击对应按钮。

2）功能：创建三维基本体。

3）格式

命令：Box（长方体）

中心点（C）/<长方体的角点><0，0，0>：（给出角点）

立方体（C）/长度（L）/<另一角点>：（给出地面上另一角点）

高度：（给出高度）

（2）拉伸体

1）命令

① 菜单：绘图→实体→拉伸。

② 命令：Extrude/Ext。

③ 工具栏：在“实体”工具栏上单击“拉伸”按钮。

2）格式

命令：Extrude/Ext

选择对象：（可选闭合多段线、正多边形、圆、椭圆、闭合样条曲线、圆环和面域）

路径（P）/<拉伸高度>：（给出高度，沿轴向方向拉伸）

拉伸锥角<0>：（可给拉伸时锥角：锥角为正，拉伸时向内收敛；锥角为负，拉伸时向外扩展。默认值为0）

(3) 旋转体

1) 命令

① 菜单：绘图→实体→旋转体。

② 命令：Revolve/Rev。

③ 工具栏：在“实体”工具栏上单击“旋转体”按钮。

2) 格式

命令：Revolve/Rev

选择对象：(可选闭合多段线、正多边形、圆、椭圆、闭合样条曲线、圆环和面域)

旋转轴：对象 (O)/X/Y <轴线起点>：(输入轴线起点)

轴线端点：(输入轴线起点)

旋转角 <整圆>：(指定旋转轴，按轴线指向，逆时针为正)

(4) 布尔运算

1) 并运算

① 命令

● 菜单：修改→布尔运算→并。

● 命令：Union/Uni。

● 工具栏：在“修改”工具栏上单击“并”按钮。

② 功能：把相交叠的面域或实体合并为一个组合面域或实体。

③ 格式

命令：Union

选择对象：(可选择面域或实体)

2) 交运算

① 命令

● 菜单：修改→布尔运算→交。

● 命令：Intersect/In。

● 工具栏：在“修改”工具栏上单击“交”按钮。

② 功能：把相交叠的面域或实体，取其交叠部分创建为一个组合面域或实体。

③ 格式

命令：Intersect/In

选择对象：(可选择面域或实体)

3) 差运算

① 命令

● 菜单：修改→布尔运算→差。

● 命令：Subtract/Su。

● 工具栏：在“修改”工具栏上单击“差”按钮。

② 功能：从需减对象（面域或实体）减去另一组对象，创建为一个组合面域或实体。

③ 格式

命令：Subtract/Su

选择需减去的实体或面域：

选择对象：(可选择面域或实体)

选择需被减去的实体或面域：

选择对象：(可选择面域或实体)

(5) 三维实体剖切

1) 命令

① 菜单：绘图→实体→剖切。

② 命令：Slice/Sl。

③ 工具栏：在“实体”工具栏上单击“剖切”按钮。

2) 格式

命令：Slice/Sl

选择对象：(可选择三维实体)

确定剖切平面：根据对象 (O)/Z轴 (Z)/视图 (V)/XY/YZ/ZX/ <3点>：

保留两侧 (B)/ <指定保留侧部分的一点>：

(6) 三维实体断面

1) 命令

① 菜单：绘图→实体→截面。

② 命令：Section/Sec。

③ 工具栏：在“实体”工具栏上单击“截面”按钮。

2) 格式

命令：Section/Sec

选择对象：

确定剖解平面，根据对象 (O)/Z轴 (Z)/视图 (V)/XY/YZ/ZX/ <3点>：

想一想

1. 创建面域

(1) 命令

① 菜单：绘图→面域。

② 命令：Region/Reg。

③ 工具栏：在“实体”工具栏上单击“面域”按钮。

(2) 格式

命令：Region/Reg

选择对象：(可选闭合多段线、圆、椭圆、样条曲线或由直线、圆弧、椭圆弧、样条曲线连接而成的封闭曲线)

2. 图形编辑命令

(1) 倒角　利用Chamfer命令，可将三维实体的棱边修改为倒角。

(2) 圆角　利用Fillet命令，可将三维实体的棱边修改为圆角。

做一做

在AutoCAD中绘制以下图形。

1. 在长方体上建一圆柱，如图9-58所示。

步骤：

① 利用 3D 命令，画长方体。

② 利用 Vpoint 命令，显示成轴测图。

③ 利用 Ucsicon 命令，设 UCS 图标放在原点处。

④ 利用 UCS 命令选“三点（3P）”，利用“端点”捕捉。

⑤ 利用 Cylinder 命令，画圆柱，将它直立在长方体顶面上。

⑥ 利用 Hide 命令消隐。

2. 做一零件（长方体，倒圆，中间一圆柱孔），如图 9-59 所示。

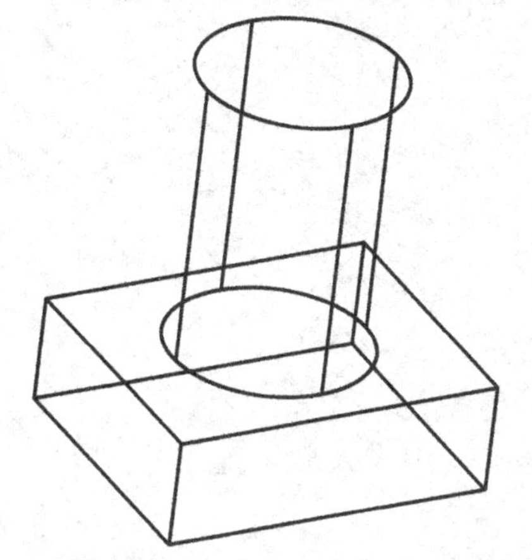

图 9-58 在长方体上建一圆柱零件

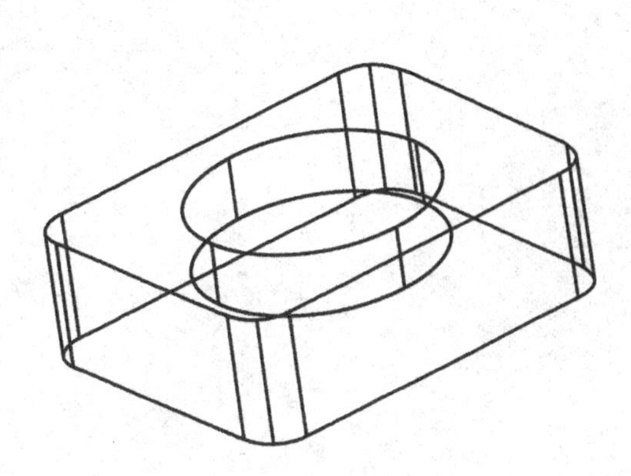

图 9-59 零件

再了解

三维模型的形式有以下几种：

（1）线框模型 线框模型仅通过点和线段的组合描述三维模型的轮廓，它不包含面和体的信息。因此，对线框模型不能进行消隐、阴影和渲染等操作。

（2）表面模型 表面模型是由面围成的，所以它具有面的特性。

（3）实体模型 实体模型的特征是一个实体，所以可以对它进行打孔、开槽、倒角及布尔运算等操作，还可以计算它的体积、重量、惯性矩等数据，进行工程分析。

参 考 文 献

[1] 陈树国. 机械制图［M］. 北京：机械工业出版社，2005.

[2] 大连理工大学工程画教研室. 机械制图［M］. 北京：高等教育出版社，2001.

[3] 毛之颖. 机械制图［M］. 北京：高等教育出版社，1998.

[4] 郭朝勇. AutoCAD2000中文版应用基础［M］. 北京：电子工业出版社，2002.